普通高等教育计算机类课改系列教材

微机原理及接口技术实验指导

主 编 郭 青 李 晶

副主编 冯晓东 马 静

王 芳 金翠云

西安电子科技大学出版社

内容简介

本书是与“微机原理及接口技术”课程配套使用的实验指导及课程设计辅助教材。本书内容包括汇编语言程序设计、电路设计仿真软件 Proteus、微机接口基本实验、基于 Proteus 的综合实验设计。本书将 Proteus 仿真与实验验证相结合，突破了实验硬件设备的限制，有助于培养学生的软硬件设计和联合调试的能力，以及应用计算机进行实际系统设计的能力。

本书可作为高等学校自动化、测控技术与仪器、电子信息工程、通信工程、机电一体化、物联网等专业及其他工科专业本科生的实验指导书，还可作为工程技术人员的自学参考书。

图书在版编目(CIP)数据

微机原理及接口技术实验指导 / 郭青，李晶主编. —西安：西安电子科技大学出版社，2022.11
ISBN 978-7-5606-6683-9

Ⅰ. ①微… Ⅱ. ①郭… ②李… Ⅲ. ①微型计算机—理论—教材 ②微型计算机—接口技术—教材 Ⅳ. ①TP36

中国版本图书馆 CIP 数据核字(2022)第 185690 号

策　　划　刘小莉
责任编辑　刘小莉
出版发行　西安电子科技大学出版社(西安市太白南路 2 号)
电　　话　(029) 88202421　88201467　　邮　　编　710071
网　　址　www.xduph.com　　电子邮箱　xdupfxb001@163.com
经　　销　新华书店
印刷单位　西安创维印务有限公司
版　　次　2022 年 11 月第 1 版　2022 年 11 月第 1 次印刷
开　　本　787 毫米×1092 毫米　1/16　印张 13.5
字　　数　316 千字
印　　数　1～2000 册
定　　价　37.00 元
ISBN　978-7-5606-6683-9 / TP

XDUP 6985001-1

前　言

"微机原理及接口技术"是高等院校自动化、测控技术与仪器、电子信息类、电气工程类等专业学生的必修专业基础课，是一门理论与实际紧密结合、实践性很强的课程。实验是教学过程必不可少的组成部分。通过实验操作可以加深学生对理论知识的理解，使学生掌握微型计算机接口电路的软硬件设计方法，以及基本的软硬件调试工具的使用方法，培养学生的工程实践能力、应用能力与创新能力。

传统的微机接口实验教学普遍使用实验箱，实验电路是设定好的，不能更改，学生只能按照规定的步骤连接电路，设计程序，运行程序，观察实验结果，无法进行硬件电路的设计与验证；软件编程也受到实验箱电路的限制，无法进行扩展。本书将仿真软件与传统的实验箱相结合，所有的基本实验均给出仿真电路和原理图，且与实验箱电路一致，既可以在仿真软件上完成基本实验程序的设计和调试，也可以在实验箱电路上进行验证。利用仿真实验具有开放性、安全性和设计自主性的特点，可以在完成基本实验的基础上进行拓展，通过仿真软件完成思考题以及综合实验设计并进一步发挥想象力和创造力，克服实验设备硬件的束缚，进行微机应用系统的设计，这对激发学生的学习兴趣，提高其创新意识、设计能力和实践能力有着重要的意义。

本书分为三大部分。第一部分是汇编语言程序设计，介绍了汇编语言集成实验环境 Masm for Windows、调试工具 CodeView 和 DEBUG 的使用方法，并给出了汇编语言程序设计实验。第二部分介绍了 Proteus 仿真软件，其中包括 Proteus 的基本操作、使用 Proteus 进行电路原理图设计和 8086 最小系统设计以及仿真调试的方法等。第三部分是基本实验和综合实验设计，要求学生根据功能要求完成微机应用系统的设计，利用 Proteus 仿真软件绘制电路原理图，并进行软件和硬件的设计与调试，从而提高综合设计能力和创新能力。

本书中逻辑门符号均采用国际流行符号且所有源程序和仿真电路都经过测试。本书有配套的源程序和仿真电路等教学资源，读者可以联系作者索取，作者邮箱 guoqing@mail.buct.edu.cn。

本书由北京化工大学郭青、冯晓东、马静、金翠云和北京石油化工学院李晶、王芳共同编写。郭青、李晶为主编，冯晓东、马静、郭青共同编写了第1章，郭青编写了第3章，李晶、王芳、郭青共同编写了第2、4章，金翠云编写了附录，郭青对全书进行了统稿。

本书的编写得到了广州风标教育技术股份有限公司和清华科教仪器厂的大力支持，在此表示诚挚的谢意。本书得到了北京化工大学教材建设项目的资助，在此表示由衷的感谢。在编写本书的过程中，我们还得到了何苏勤教授、彭冰老师的大力支持和帮助，在此一并表示衷心的感谢。

由于编者水平有限，加之时间仓促，书中难免有不当之处，敬请读者批评指正。

编　者

2022年7月

目　　录

第 1 章　汇编语言程序设计

汇编语言程序设计实验是“微机原理及接口技术”课程实验的重要组成部分，通过完成实验，学生可以进一步熟悉 80x86 的指令系统、寻址方式以及程序设计方法，同时掌握集成实验开发环境的使用，学会使用调试工具对程序进行调试，培养编程能力以及使用软件工具、仿真平台的编程实现能力。本章介绍了汇编语言集成实验环境 Masm for Windows、调试工具 CodeView 和 DEBUG 的使用方法，以及汇编语言典型结构程序、综合程序的示例与实验。

1.1　汇编语言程序设计开发过程

汇编语言程序设计不仅仅是编写程序代码，与其他软件设计过程一样，包括分析问题、抽象问题、确定算法、编写代码等步骤，具体步骤如下：

(1) 分析问题，根据实际问题抽象出其数学模型。

要对问题有全面了解，包括原始数据的类型，输入数据的类型、数量和数值，输出数据的类型、数量和数值，运算结果的精度要求，运算结果的显示和存储，运算速度的要求。应在了解问题的基础上，建立数学模型，将问题用数学形式进行表达。

(2) 确定算法。

算法是解题方案的准确完整的描述。解决一个问题可以通过多种算法实现。在算法的选择上，要综合考虑算法实现的复杂程度、算法的时间效率、占用存储空间的大小等，选择最优算法。

(3) 根据算法绘制流程图。

流程图是算法的一种图形描述方法，它通过一些带方向的线段、矩形框、圆角矩形框和菱形图等表示算法，具有简便、直观等优点。绘制流程图有助于理清解题思路，有助于程序的设计、调试、修改和阅读。

(4) 分配存储空间和工作单元。

由于 CPU 寄存器的数目是有限的，而解决某些大型问题需要用到的寄存器和存储空间较大，因此在编写程序之前要合理分配存储空间和工作单元，以保证存储空间和工作单元的高效合理利用。

(5) 编写程序并进行静态检查。

利用汇编语言实现已经确定的算法。在编写程序的过程中，要注意进行结构化、模块化程序设计；要详细了解 CPU 的指令系统、寻址方式及相关的伪指令；在程序设计中选用顺序、分支和循环三种结构；将问题中具有独立功能的小问题、重复处理的问题设计成过程。程序编写后，首先在非运行状态下进行检查，为调试程序做好准备。

(6) 上机调试。

上机调试是程序设计的最后一步，也是保证程序正确运行的重要一步。调试过程中要进行功能测试，即按照程序的功能对程序进行测试，测试时要考虑测试数据的有效性、完备性。调试过程中要注意积累经验，提高调试效率。

从编写汇编语言源程序到程序的调试运行，一般包括以下几个步骤：

(1) 分析问题，画出流程图。

分析任务，确定算法，并画出描述算法的流程图，这样在编写程序时逻辑更加清晰。

(2) 编写源程序。

用编辑软件编辑汇编语言源程序，并将文件扩展名设定为 .ASM，得到源程序文件。

(3) 汇编、连接。

汇编语言源程序是由汇编语句组成的，不能为机器识别，必须通过汇编程序进行翻译，转换成用二进制代码表示的目标文件(扩展名为 .OBJ)。在转换过程中，如果源程序中有语法错误，则汇编程序会指出错误，且无法生成扩展名为 .OBJ 的文件。此时用户需再次编辑程序，修改源程序中的错误，最后才能得到无错误的 .OBJ 文件。.OBJ 文件不能直接运行，必须经过连接(LINK)把目标文件与库文件或其他目标文件连接在一起，形成可执行文件(扩展名为.EXE)才能运行。常见的汇编程序有 Microsoft 公司的 MASM 系列和 Borland 公司的 TASM 系列。本章介绍的 Masm for Windows 实验环境集成了 MASM 汇编程序。

(4) 运行。

运行可执行文件，并随时了解中间结果以及程序执行流程的情况。

(5) 调试。

可以设置单步执行，或者设置断点执行程序，在断点处查看寄存器或执行文件的内容。当程序存在逻辑错误或缺陷时，可以通过调试发现问题，改正错误。

汇编语言程序设计的流程如图 1.1.1 所示。

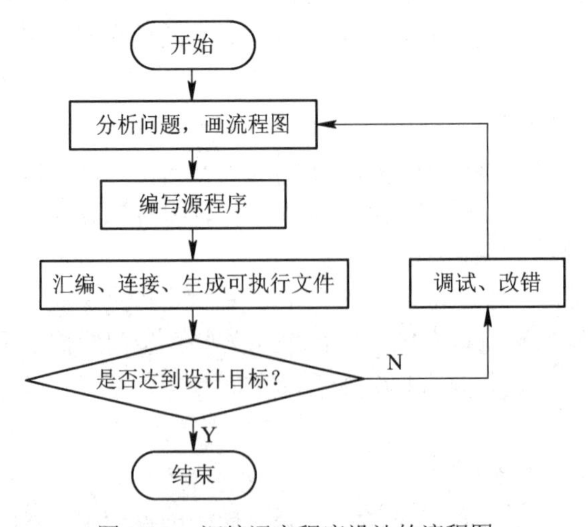

图 1.1.1　汇编语言程序设计的流程图

1.2　DOS 环境下汇编语言程序的设计与调试

汇编语言是一种低级计算机语言，早期汇编语言程序的编辑、运行均在 DOS 操作系统下进行。随着 Windows 操作系统的广泛应用，为了方便不熟悉 DOS 操作系统的初学者学习汇编语言编程，技术人员开发了多种汇编语言的集成开发环境软件，如 Masm for Windows、emu8086 等，这类软件可以在 Windows 环境下运行，方便初学者学习和使用。但此类集成开发环境软件容易被防病毒软件拦截，出现无法运行的情况，此时可以使用 DOSBox 软件，在 Windows 操作系统中模拟 DOS 环境，进行汇编语言程序的编辑、汇编、连接及调试运行。

1.2.1　DOSBox 的安装使用

在 DOSBox 模拟 DOS 环境下运行汇编程序，需要建立一个专用文件夹，并在文件夹中拷入：

(1) DOSBox 软件。

(2) 编辑程序。

(3) 汇编程序，如 MASM.EXE。

(4) 连接程序，如 LINK.EXE。

(5) 调试程序，如 DEBUG.EXE。

为了简化 DOS 环境下汇编、连接命令的使用，实验程序也存放在同一文件夹下。为避免影响系统软件的使用，前述文件夹不要设置在 C 盘中。本书将实验文件夹放在 D 盘中，命名为 MASM。安装步骤如下：

(1) 下载 DOSBox 软件，并解压安装，安装界面及安装路径如图 1.2.1 所示。安装完成之后，生成如图 1.2.2 所示的文件夹。

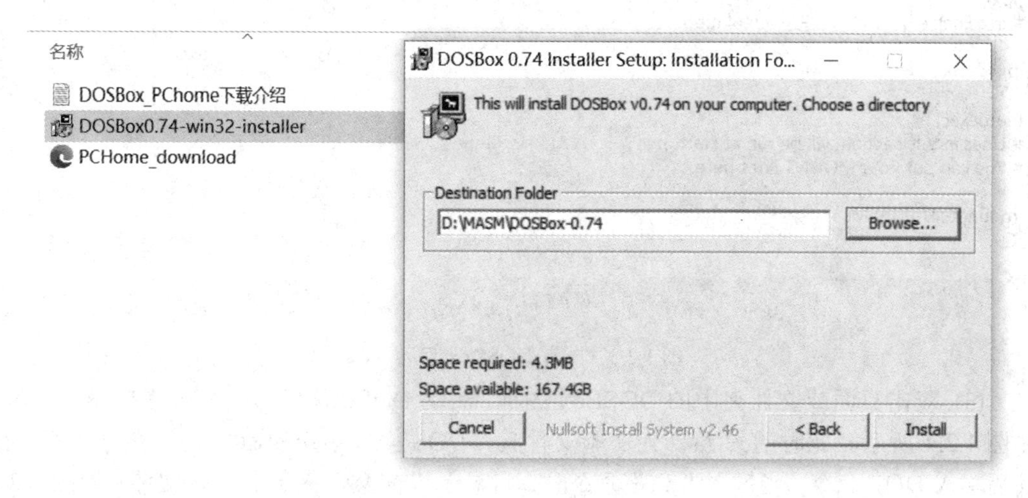

图 1.2.1　DOSBox 安装界面

电脑 > 工作 (D:) > MASM > DOSBox-0.74 >　　在 DOSBox-0.74 中搜索

名称	修改日期	类型	大小
Documentation	2022/4/16 21:30	文件夹	
Video Codec	2022/4/16 21:30	文件夹	
DOSBox 0.74 Manual	2010/5/12 17:52	文本文档	62 KB
DOSBox 0.74 Options	2010/4/10 3:10	Windows 批处理文件	1 KB
DOSBox	2010/5/12 17:55	应用程序	3,640 KB
Reset KeyMapper	2010/5/9 4:17	Windows 批处理文件	1 KB
Reset Options	2010/5/9 4:17	Windows 批处理文件	1 KB
Screenshots & Recordings	2010/4/10 3:10	Windows 批处理文件	1 KB
SDL.dll	2010/4/10 3:04	应用程序扩展	438 KB
SDL_net.dll	2010/4/10 3:04	应用程序扩展	13 KB
uninstall	2022/4/16 21:30	应用程序	37 KB

图 1.2.2　DOSBox 文件夹

(2) 双击 DOSBox 0.74 Options.bat，打开 dosbox-0.74.conf 文件，配置启动步骤。在打开的.conf 文件的最后一行加入以下两行代码(如图 1.2.3 所示)：

```
mount C: D:\MASM
C:
```

上述两行代码的作用是将实验程序所在的文件夹(D:\MASM)挂载为 C 盘，并进入该文件夹。启动 DOSBox 后就会运行这行代码。第一行代码的路径可以修改，指向自己的实验程序专用文件夹即可。需要注意的是，前述汇编、连接、调试程序都必须安装在此文件夹下，否则无法执行相关操作。

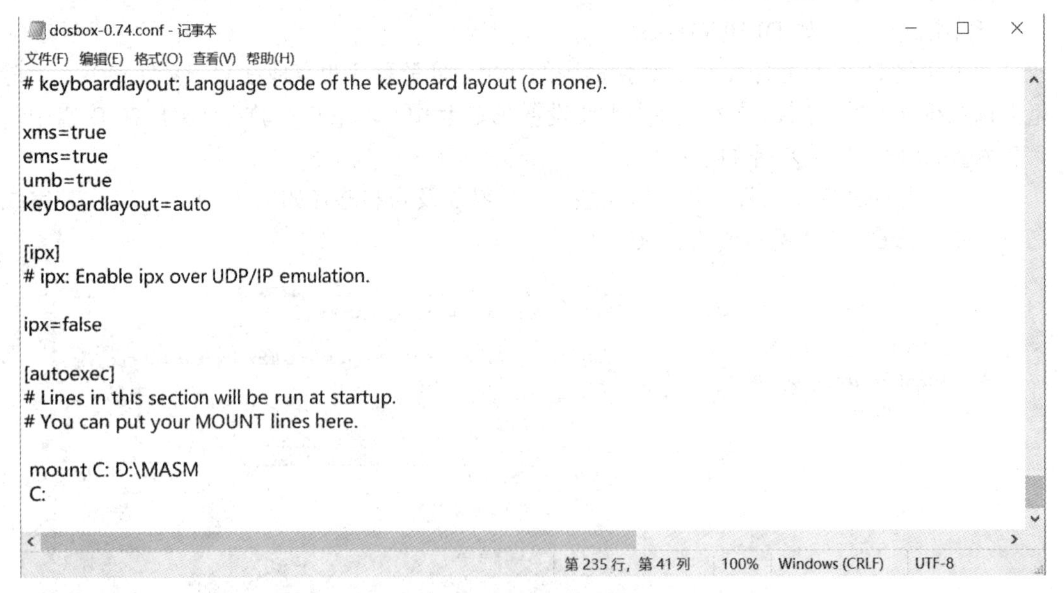
dosbox-0.74.conf - 记事本

文件(F) 编辑(E) 格式(O) 查看(V) 帮助(H)

```
# keyboardlayout: Language code of the keyboard layout (or none).

xms=true
ems=true
umb=true
keyboardlayout=auto

[ipx]
# ipx: Enable ipx over UDP/IP emulation.

ipx=false

[autoexec]
# Lines in this section will be run at startup.
# You can put your MOUNT lines here.

mount C: D:\MASM
C:
```

第 235 行，第 41 列　100%　Windows (CRLF)　UTF-8

图 1.2.3　配置 DOSBox 启动步骤

(3) 双击桌面或文件夹中的 DOSBox 图标，启动 DOSBox，进入 DOS 虚拟操作环境，如图 1.2.4 所示。此时的 C 盘即为实验文件夹，DOS 操作系统的命令提示符为“>”，在其后输入 DOS 命令。当键入“dir”命令时，将显示当前文件夹下的所有文件，如图 1.2.5 所示。

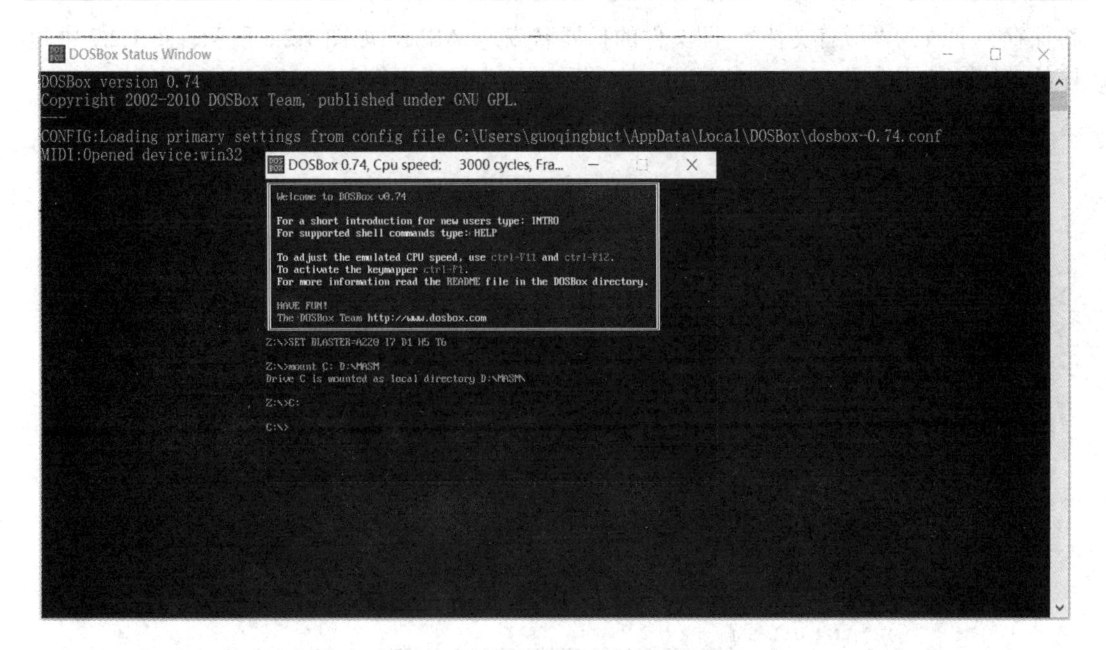

图 1.2.4　虚拟 DOS 操作环境

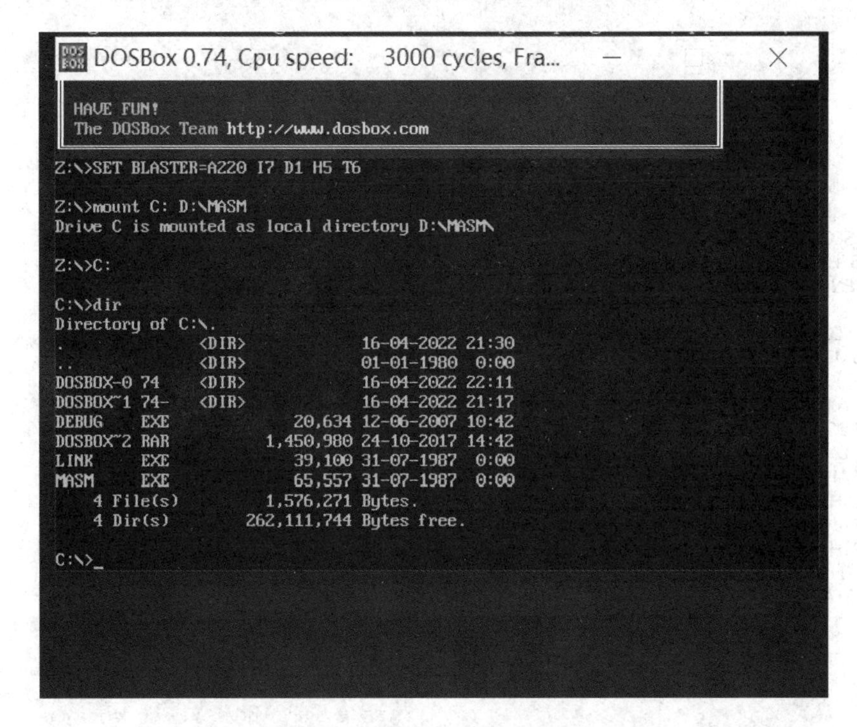

图 1.2.5　dir 命令显示文件夹下的所有文件

1.2.2　DOS 环境下汇编语言上机过程

1. 编写源程序

可使用记事本编辑源程序文件。需要注意的是，记事本默认的文件类型为 .txt，必须将保存类型改为“所有文件”，即文件的扩展名应为.ASM，如图1.2.6所示。图1.2.7中程序的功能是使用9号DOS功能调用，在屏幕上输出显示字符串“HELLO WORLD!”。

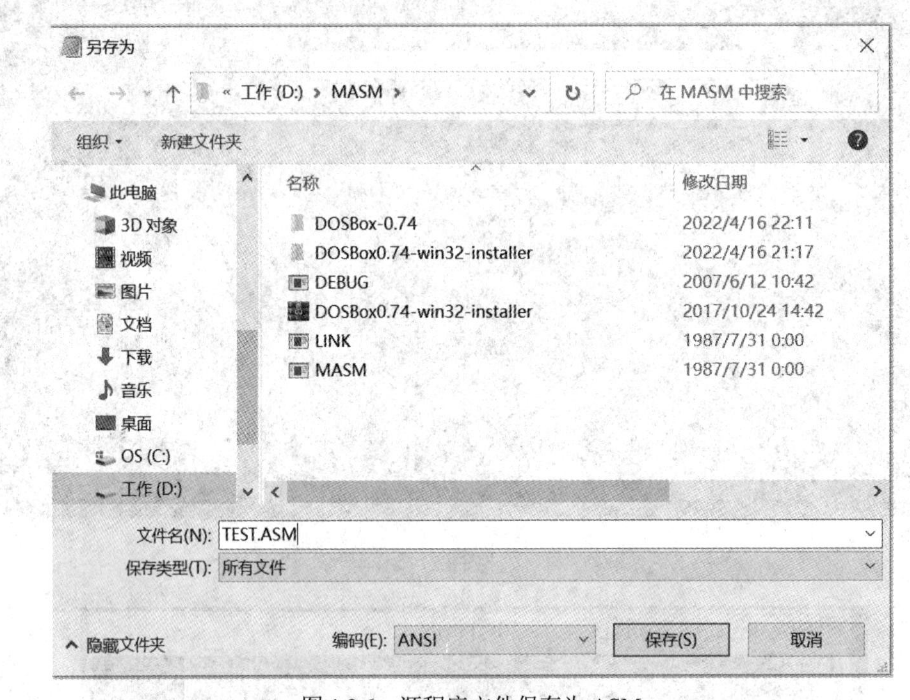

图1.2.6　源程序文件保存为.ASM

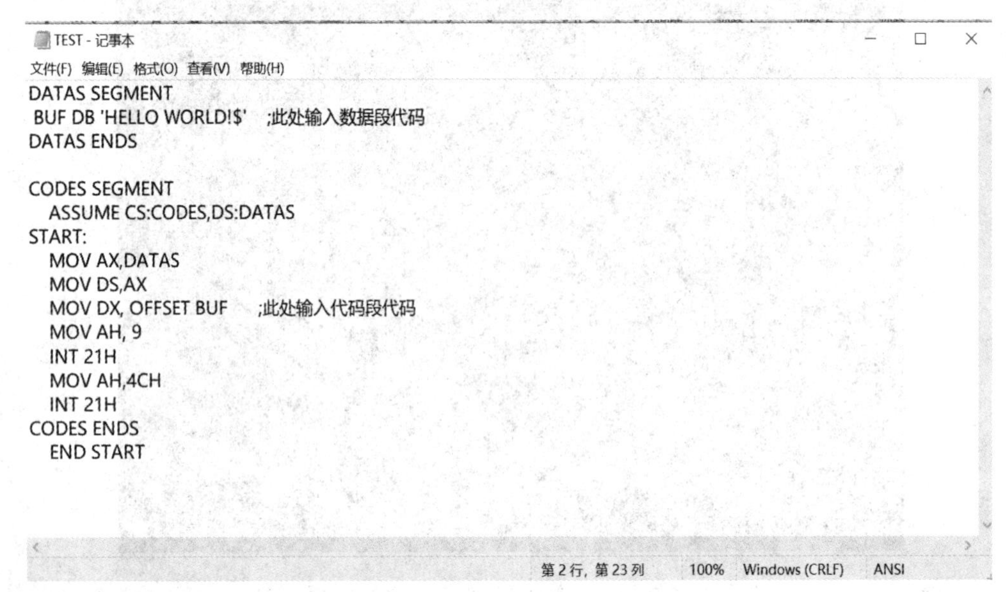

图1.2.7　记事本编辑源程序

需要注意的是，汇编程序使用的文件夹及所在路径，以及编写保存汇编语言源程序的文件名，均应使用英文字符串，或者是由英文字母和数字组成的字符串，且文件名的第一个字符必须是英文字母。不能使用中文来命名，也不能使用纯数字命名，因为汇编程序无法识别这一类文件名，将在汇编时报错。

2. 用 MASM 程序产生 OBJ 文件

源程序建立后，就要用汇编程序对源文件汇编，产生二进制的目标文件(OBJ 文件)，操作命令如下：

C > masm test;

汇编程序运行后产生的目标文件名为 TEST.OBJ，如图 1.2.8 所示。

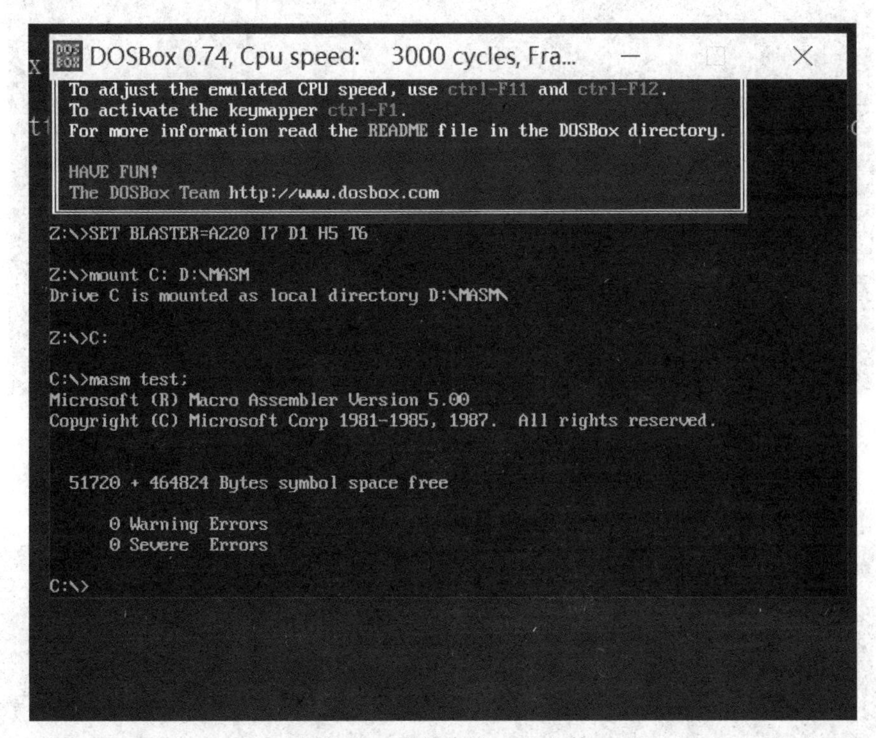

图 1.2.8　汇编生成 OBJ 文件

如果源程序有错，汇编程序运行后将输出错误信息。此时，应重新打开记事本修改源程序，并重新汇编直到汇编程序运行无误通过为止。汇编程序只能指出程序中的语法错误，如程序存在算法错误或其他错误，则应通过程序调试来解决。

注意：DOS 命令、DEBUG 命令与汇编语言源程序类似，英文字母没有大小写之分。

3. 用 LINK 程序产生 EXE 文件

汇编程序产生的二进制目标文件(OBJ)也不是可执行文件，必须使用连接程序(LINK)将 OBJ 文件转换为可执行的 EXE 文件。操作命令如下：

C > link test;

运行结果如图 1.2.9 所示。图中显示了命令最后是否有“;”的区别。如果有“;”，则直接输出连接结果；如果没有“;”，则程序会提问 EXE、List、LIB 文件的名称，如无特殊要求，按回车键即可。连接程序给出的无堆栈段警告不影响程序的运行，至此，可执行文件已经产生，并且可以执行了。用 dir 命令显示文件夹可以看到(见图 1.2.10)，文件夹下名为 TEST 的文件共有 3 个，分别为 TEST.ASM(源程序文件)、TEST.OBJ(目标文件)和 TEST.EXE(可执行文件)。

```
DOSBox 0.74, Cpu speed:   3000 cycles, Fra...
LINK     EXE          39,100 31-07-1987  0:00
MASM     EXE          65,557 31-07-1987  0:00
TEST     ASM             300 16-04-2022 22:47
TEST     OBJ             126 16-04-2022 22:47
    6 File(s)      1,576,697 Bytes.
    4 Dir(s)     262,111,744 Bytes free.

C:\>link test;

Microsoft (R) Overlay Linker  Version 3.60
Copyright (C) Microsoft Corp 1983-1987.  All rights reserved.

LINK : warning L4021: no stack segment

C:\>link test

Microsoft (R) Overlay Linker  Version 3.60
Copyright (C) Microsoft Corp 1983-1987.  All rights reserved.

Run File [TEST.EXE]:
List File [NUL.MAP]:
Libraries [.LIB]:
LINK : warning L4021: no stack segment

C:\>_
```

图 1.2.9　连接产生 EXE 文件

```
DOSBox 0.74, Cpu speed:   3000 cycles, Fra...
Microsoft (R) Overlay Linker  Version 3.60
Copyright (C) Microsoft Corp 1983-1987.  All rights reserved.

Run File [TEST.EXE]:
List File [NUL.MAP]:
Libraries [.LIB]:
LINK : warning L4021: no stack segment

C:\>dir
Directory of C:\.
.              <DIR>            16-04-2022 22:56
..             <DIR>            01-01-1980  0:00
DOSBOX-0 74    <DIR>            16-04-2022 22:46
DOSBOX~1 74-   <DIR>            16-04-2022 21:17
DEBUG    EXE            20,634 12-06-2007 10:42
DOSBOX~2 RAR         1,450,980 24-10-2017 14:42
LINK     EXE            39,100 31-07-1987  0:00
MASM     EXE            65,557 31-07-1987  0:00
TEST     ASM               300 16-04-2022 22:47
TEST     EXE               544 16-04-2022 22:57
TEST     OBJ               126 16-04-2022 22:47
    7 File(s)        1,577,241 Bytes.
    4 Dir(s)       262,111,744 Bytes free.

C:\>
```

图 1.2.10　实验程序文件夹

4. 程序的执行

建立 EXE 文件后，可以在 DOS 提示符后输入文件名，直接运行程序。

　　C > TEST

运行结果在屏幕上显示为“HELLO WORLD！”，如图 1.2.11 所示。

```
DOSBox 0.74, Cpu speed:    3000 cycles, Fra...
Run File [TEST.EXE]:
List File [NUL.MAP]:
Libraries [.LIB]:
LINK : warning L4021: no stack segment

C:\>dir
Directory of C:\.
.              <DIR>              16-04-2022 22:56
..             <DIR>              01-01-1980  0:00
DOSBOX-0 74    <DIR>              16-04-2022 22:46
DOSBOX~1 74-   <DIR>              16-04-2022 21:17
DEBUG    EXE              20,634  12-06-2007 10:42
DOSBOX~2 RAR           1,450,980  24-10-2017 14:42
LINK     EXE              39,100  31-07-1987  0:00
MASM     EXE              65,557  31-07-1987  0:00
TEST     ASM                 300  16-04-2022 22:47
TEST     EXE                 544  16-04-2022 22:57
TEST     OBJ                 126  16-04-2022 22:47
    7 File(s)          1,577,241  Bytes.
    4 Dir(s)         262,111,744  Bytes free.

C:\>TEST
HELLO WORLD!
C:\>_
```

图 1.2.11　程序的运行结果

1.2.3　DEBUG 调试命令

DEBUG 是许多程序设计软件都提供的程序调试工具，利用它可以查看 CPU 中各种寄存器的值，还可以观察和更改内存，以及输入、更改、跟踪、运行汇编语言程序。实验中，主要用到以下 DEBUG 命令：

(1) R 命令：显示和修改指定寄存器的值。

(2) D 命令：查看指定内存范围的数据。

(3) E 命令：修改指定内存范围的数据。

(4) A 命令：以汇编指令的格式在内存中写入一条机器指令。

(5) U 命令：从指定地址开始反汇编机器指令。

(6) T 命令：执行一条机器指令。

(7) G 命令：从指定地址开始执行指令，执行到断点地址为止。

1. DEBUG 的启动

DEBUG 的启动格式如下：

DEBUG[<文件说明>][<参数>]

其中，文件说明是指被调试的程序的全名，参数是该程序所涉及的参数，例如：

C > DEBUG TEST.EXE

C > DEBUG

上述第一行命令启动 DEBUG，并装入 TEST.EXE 文件。第二行命令只是启动 DEBUG，不装入文件。

当需要对汇编程序进行调试运行时，必须先编写源程序，汇编连接产生 EXE 可执行文件后，再使用 DEBUG 命令进行调试运行。DEBUG 启动后，从磁盘上查找被调试的程序，将其装入内存(对于后缀为.EXE 的文件，DEBUG 将它装入到最低可用的区段中，从偏移地址 0000H 开始装入)。

如直接输入 DEBUG，没有调入任何程序，此时可以用 DEBUG 命令直接编写汇编程序，并执行该程序。两种启动方式分别如图 1.2.12、图 1.2.13 所示。进入 DEBUG 后，显示命令提示符“-”，等待用户进一步输入命令。

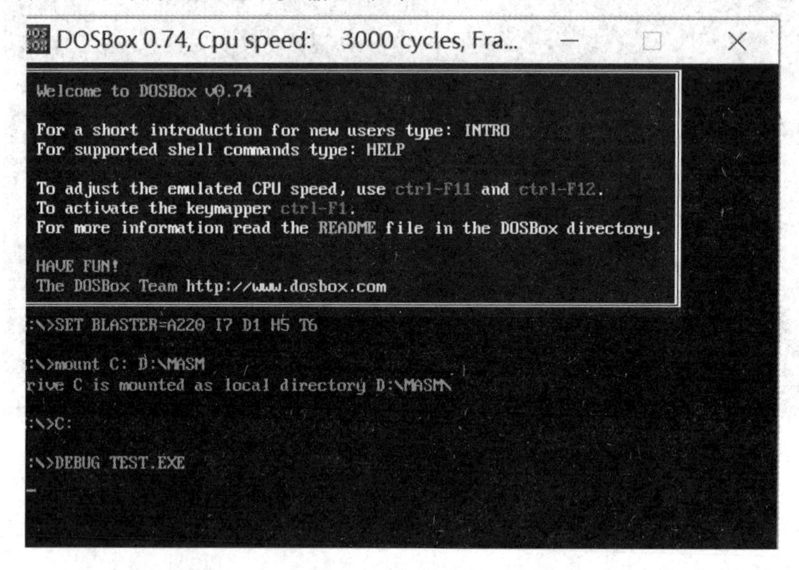

图 1.2.12　启动方式：调试运行已产生的 EXE 文件

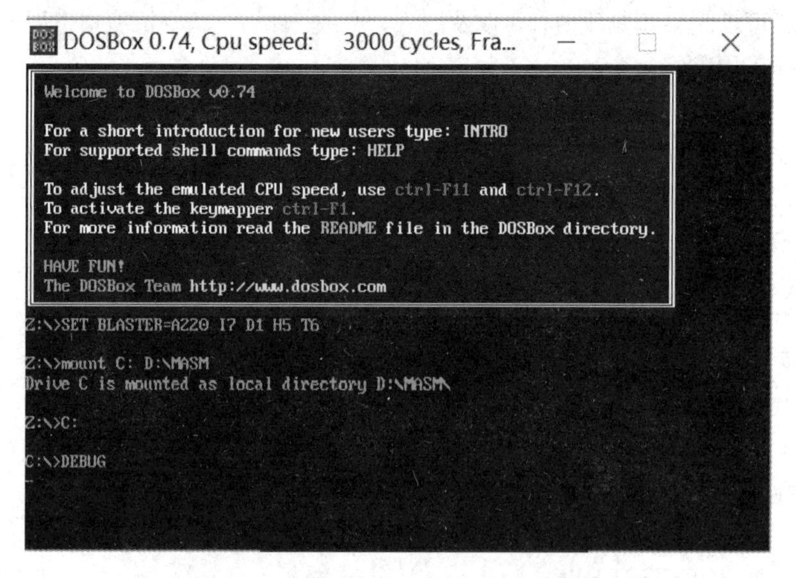

图 1.2.13　启动方式：直接运行 DEBUG

DEBUG 命令均为单个字母，命令及参数不区分大小写。命令与参数之间、两个参数之间使用空格作为分隔符，也可以不加分隔符，但两个十六进制数之间必须加分隔符。DEBUG 的所有数值参数，包括数据和地址均采用十六进制数表示。

注意： DEBUG 里的十六进制数后不加“H”。

使用的地址格式约定如下：

[段地址：]偏移地址

其中，段地址可以是段寄存器名，或者是十六进制数，也可以省略。此时为该命令默认的段寄存器名。

例如：

CS:0100

2212:0100

地址范围的格式如下：

[段地址:] 起始偏移地址　末偏移地址

或　[段地址:] 起始偏移地址　L 长度

例如：

CS:100 105

2123:100 L 10

2. 退出 DEBUG

当完成调试任务时，可使用 Q 命令退出 DEBUG。命令格式如下：

-Q

“-”是 DEBUG 提示符，无须键入，键入 Q 之后，自动退到 DOS 状态下。

注意：所有 DEBUG 命令均以回车结束。

3. R 命令

R 命令的功能是显示寄存器的内容。命令格式如下：

-R (显示所有寄存器和标志)

-R 寄存器名 (显示指定寄存器)

-RF (显示所有标志)

第 1 种命令格式仅输入 R，不输入寄存器名称，将显示 8086CPU 所有寄存器的值，包括寄存器 AX、BX、CX、DX、SP、BP、SI、DI，段寄存器 DS、ES、SS、CS，指针寄存器 IP 以及标志寄存器的值，标志位在 DEBUG 中的表示见表 1.2.1。在寄存器下方，还列出了 CS:IP 值、相应内存单元存放的机器码以及该机器码对应的汇编指令。

表 1.2.1　寄存器标志位在 DEBUG 中的表示

标志位	DEBUG 中的表示(1)	DEBUG 中的表示(0)
OF	OV(溢出)	NV(不溢出)
DF	DN(减少)	UP(增加)
IF	EI(允许)	DI(禁止)
SF	NG(负)	PL(正)
ZF	ZR(等于零)	NZ(不等于零)
AF	AC(有进位)	NA(无进位)
PF	PE(偶)	PO(奇)
CF	CY(有进位)	NC(无进位)

第 2 种命令格式可用于修改寄存器的值。如果在命令显示的“:”后键入十六进制数，则该寄存器的值被修改为新值；如果不键入新值，直接回车，则寄存器内容不变。R 命令的示例见图 1.2.14。

```
-
-r
AX=FFFF  BX=0000  CX=0020  DX=0000  SP=0000  BP=0000  SI=0000  DI=0000
DS=075A  ES=075A  SS=0769  CS=076B  IP=0004   NV UP EI PL ZR NA PE NC
076B:0004 D8BA0000          FDIVR   DWORD PTR [BP+SI+0000]       SS:0000=00
-r ax
AX FFFF
:1000
-r
AX=1000  BX=0000  CX=0020  DX=0000  SP=0000  BP=0000  SI=0000  DI=0000
DS=075A  ES=075A  SS=0769  CS=076B  IP=0004   NV UP EI PL ZR NA PE NC
076B:0004 D8BA0000          FDIVR   DWORD PTR [BP+SI+0000]       SS:0000=00
-r ax
AX 1000
:
-r
AX=1000  BX=0000  CX=0020  DX=0000  SP=0000  BP=0000  SI=0000  DI=0000
DS=075A  ES=075A  SS=0769  CS=076B  IP=0004   NV UP EI PL ZR NA PE NC
076B:0004 D8BA0000          FDIVR   DWORD PTR [BP+SI+0000]       SS:0000=00
-rf
NV UP EI PL ZR NA PE NC  -
```

图 1.2.14　R 命令的示例

4. D 命令

D 命令的功能是查看内存单元的内容，此命令将内存单元的内容以十六进制形式以及对应的 ASCII 字符形式显示出来。命令格式如下：

-D[地址]

-D[地址范围]

第 1 种命令格式显示从指定地址开始，连续 128 个字节的内容，每行 16 个字节，最左边是地址，中间是十六进制表示的内存数据，右边是这些数据作为 ASCII 码对应的字符。第 2 种命令格式显示指定范围的内存数据。D 命令的示例见图 1.2.15。

```
-
-d 076b:0000
076B:0000  29 CB 31 DB D8 BA 00 00-B4 09 CD 21 B4 4C CD 21   ).1........!.L.!
076B:0010  00 00 00 00 00 00 00 00-00 00 00 00 00 00 00 00   ................
076B:0020  00 00 00 00 00 00 00 00-00 00 00 00 00 00 00 00   ................
076B:0030  00 00 00 00 00 00 00 00-00 00 00 00 00 00 00 00   ................
076B:0040  00 00 00 00 00 00 00 00-00 00 00 00 00 00 00 00   ................
076B:0050  00 00 00 00 00 00 00 00-00 00 00 00 00 00 00 00   ................
076B:0060  00 00 00 00 00 00 00 00-00 00 00 00 00 00 00 00   ................
076B:0070  00 00 00 00 00 00 00 00-00 00 00 00 00 00 00 00   ................
-d ds:0000 000f
075A:0000  CD 20 FF 9F 00 EA FF FF-AD DE 4F 03 A3 01 8A 03   . ........O.....
-d 0 l 10
075A:0000  CD 20 FF 9F 00 EA FF FF-AD DE 4F 03 A3 01 8A 03   . ........O.....
-
```

图 1.2.15　D 命令使用示例

图 1.2.15 显示了 3 个 D 命令使用的例子。“d 076b:0000”显示从内存 076BH:0000H 开

始的 128 个单元的内容，右侧为数据作为 ASCII 码对应的字符，如果没有对应字符，则显示为“.”。“d ds:0000 000f”显示内存数据段地址范围为 0000H～000FH 单元的内容。“d 0 l 10”显示的是从 075AH:0000H 单元开始的 16 个内存单元的内容，与“d ds:0000 000f”显示的地址范围相同，由此说明当 D 命令只给出偏移地址时，默认的逻辑段是数据段。

5. E 命令

E 命令的功能是将数据写入指定的存储单元。命令格式如下：

-E[地址][字节串]

-E[地址]

第 1 种命令格式表示将字节串写入从指定地址开始的存储单元中。第 2 种命令格式采用交互方式，将数据依次写入从指定地址开始的存储单元。E 命令的示例见图 1.2.16。

```
-e 1000:0 1 2 3 '4' '5' 'e'
-d 1000:0 0a
1000:0000  01 02 03 34 35 65 00 00-00 00 00                ...45e.....
-
-e ds:0 a b c d e f
-d ds:0 l 9
073F:0000  0A 0B 0C 0D 0E 0F FD FF-AD                      .........
-e 0
073F:0000  0A.1    0B.2    0C.3    0D.4    0E.5    0F.6

-d 0 09
073F:0000  01 02 03 04 05 06 FD FF-AD DE                   ..........
-e 0
073F:0000  01.a    02.b    03.     04.     05.11   06.22

-d 0 09
073F:0000  0A 0B 03 04 11 22 FD FF-AD DE                   ....."....
-_
```

图 1.2.16　E 命令的使用示例

第 1 个例子用 E 命令修改地址范围从 1000H:0000H 单元开始的 6 个单元的内容，然后依次写入数据 1、2、3 及字符“4”“5”“e”，并用 D 命令查看修改后的情况。

第 2 个例子用 E 命令将十六进制数 a、b、c、d、e、f 依次写入数据段从 0000H 开始的存储单元中。

第 3 个例子采用的是 E 命令的交互方式，“e 0”只给出偏移地址，段地址缺失，执行结果显示 E 命令默认的段地址为 DS。如果 E 命令只给出指定地址，则 DEBUG 给出当前数据段指定存储单元的内容“0A.”，此处键入准备写入的数据“1”，紧跟着键入空格就完成了数据改写，DEBUG 继续显示下一单元的内容；如果不修改此单元内容，可直接键入空格；如果完成所有修改，则按回车键，退出 E 命令。以上 E 命令的执行结果见图 1.2.16 中 D 命令的显示结果。

6. A 命令

A 命令的功能是将用户输入的汇编语言指令汇编为机器代码，并存入指定地址开始的内存单元中。命令格式如下：

-A[地址]

若只给出偏移地址，则默认的逻辑段是代码段，即以 CS 当前值作为段地址。若未指定地址，则从前一个 A 命令的最后一个单元开始；若前面未使用过 A 命令，则地址缺省为 CS:IP。

在执行 A 命令时，DEBUG 等待用户输入指令。输入每条指令后回车，DEBUG 汇编输入的指令并存入存储单元中。如果指令有误，则 DEBUG 会指出错误，不存入内存单元，而是重新指向原地址单元，等待用户重新输入正确的指令。所有指令输入完毕后，直接按回车键结束 A 命令。

分别在默认地址，即 CS:IP 处和指定地址 1000:0000 处写入 3 条指令，并用反汇编命令显示写入的指令，如图 1.2.17 和图 1.2.18 所示。

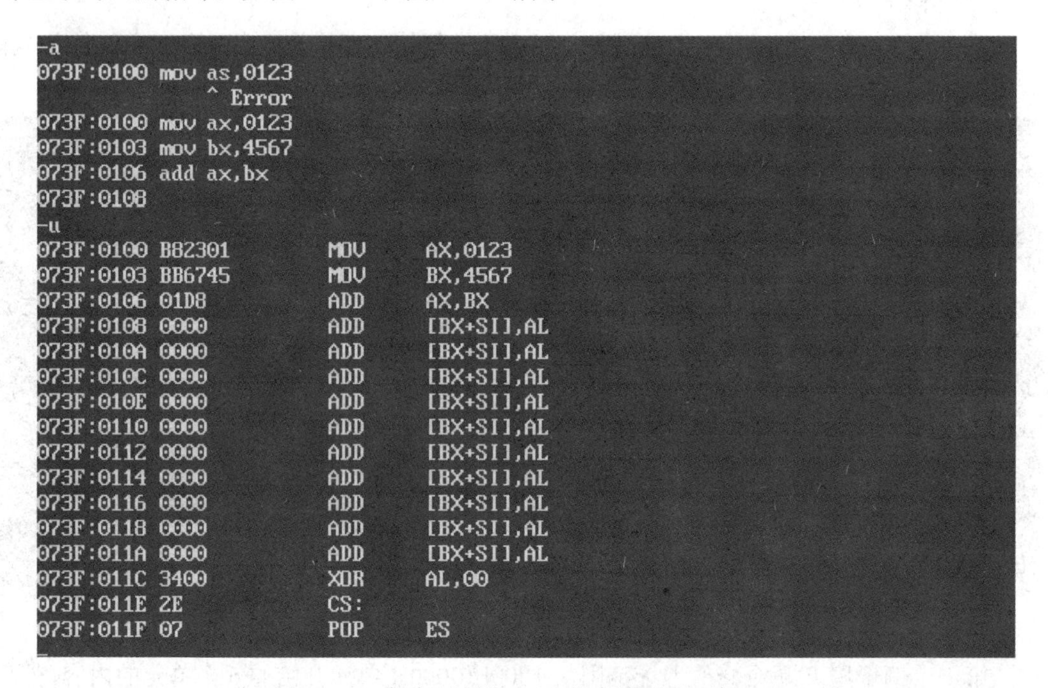

图 1.2.17　在默认地址处写入指令并用反汇编显示

```
-
-a 1000:0
1000:0000 mov ax,0123
1000:0003 mov bx,4567
1000:0006 add ax,bx
1000:0008
-u 1000:0 0008
1000:0000 B82301        MOV     AX,0123
1000:0003 BB6745        MOV     BX,4567
1000:0006 01D8          ADD     AX,BX
1000:0008 0000          ADD     [BX+SI],AL
-
```

图 1.2.18　在指定地址处写入指令并用反汇编显示

使用 A 命令汇编程序时，一般不允许使用标号和伪指令。但在 MS-DEBUG 中允许使用 DB 和 DW 这两条伪指令。

7. U 命令

U 命令的功能是将二进制代码程序反汇编为汇编语言的符号指令。命令格式如下：

-U[地址]

上述命令是从指定地址开始反汇编 32 个字节。为了保证最后一条指令的完整性，可能多于 32 个字节。如果未指定地址，则从上一个 U 命令的最后一个单元开始；如果前面未使用过 U 命令，则地址缺省为 CS:IP。也可以对指定范围的内存区进行反汇编。如果只给出偏移地址，则以 CS 当前值作为段地址。

执行 U 命令后，屏幕左边显示的是内存地址，中间显示的是机器代码，右边显示对应的汇编指令。图 1.2.17 中显示的是将当前 CS:IP 处开始的内存单元内容进行反汇编，图 1.2.18 中显示的则是将指定地址范围的内容进行反汇编。

U 命令常用于分析和调试可执行程序。图 1.2.19 所示为反汇编调入 DEBUG 的 TEST.EXE 可执行程序。

```
C:\>debug test.exe
-u
076B:0000 B86A07        MOV     AX,076A
076B:0003 8ED8          MOV     DS,AX
076B:0005 BA0000        MOV     DX,0000
076B:0008 B409          MOV     AH,09
076B:000A CD21          INT     21
076B:000C B44C          MOV     AH,4C
076B:000E CD21          INT     21
076B:0010 0000          ADD     [BX+SI],AL
076B:0012 0000          ADD     [BX+SI],AL
076B:0014 0000          ADD     [BX+SI],AL
076B:0016 0000          ADD     [BX+SI],AL
076B:0018 0000          ADD     [BX+SI],AL
076B:001A 0000          ADD     [BX+SI],AL
076B:001C 0000          ADD     [BX+SI],AL
076B:001E 0000          ADD     [BX+SI],AL
-
```

图 1.2.19　U 命令反汇编可执行程序

8. T 命令

T 命令用来逐条跟踪程序。命令格式如下：

-T[= 地址][跟踪指令条数]

上述命令是从指定地址开始，执行若干条指令。每条指令执行后，都要显示各寄存器的内容。跟踪执行实际上是单步执行。如果未指定指令条数，则只执行一条指令；如果未指定地址，则执行上一个 T 命令执行后的下一条指令；如果前面未用过 T 命令，则缺省为 CS:IP。

图 1.2.20 为 T 命令执行 TEST.EXE 程序。需要注意的是，不能用 T 命令执行 INT 21 指令，T 命令将进入中断服务程序逐条执行指令，使程序执行过程变得复杂费时。此时，可使用 P 或 G 命令执行程序。

P 命令的格式与 T 命令相同，作用类似，均为执行单步执行指令。其区别在于，T 命令对于 CALL 指令和 INT 指令，会进入过程逐条执行，类似于 step into；而 P 命令将 CALL 指令和 INT 指令当做一条指令，不进入过程，类似于 step over。

```
076B:0005 BA0000        MOV     DX,0000
076B:0008 B409          MOV     AH,09
076B:000A CD21          INT     21
076B:000C B44C          MOV     AH,4C
076B:000E CD21          INT     21
-t=0 2

AX=076A  BX=0000  CX=0020  DX=0000  SP=0000  BP=0000  SI=0000  DI=0000
DS=075A  ES=075A  SS=0769  CS=076B  IP=0003   NV UP EI PL NZ NA PO NC
076B:0003 8ED8          MOV     DS,AX

AX=076A  BX=0000  CX=0020  DX=0000  SP=0000  BP=0000  SI=0000  DI=0000
DS=076A  ES=075A  SS=0769  CS=076B  IP=0005   NV UP EI PL NZ NA PO NC
076B:0005 BA0000        MOV     DX,0000
-t

AX=076A  BX=0000  CX=0020  DX=0000  SP=0000  BP=0000  SI=0000  DI=0000
DS=076A  ES=075A  SS=0769  CS=076B  IP=0008   NV UP EI PL NZ NA PO NC
076B:0008 B409          MOV     AH,09
-t

AX=096A  BX=0000  CX=0020  DX=0000  SP=0000  BP=0000  SI=0000  DI=0000
DS=076A  ES=075A  SS=0769  CS=076B  IP=000A   NV UP EI PL NZ NA PO NC
076B:000A CD21          INT     21
-
```

图 1.2.20　T 命令执行 TEST.EXE 程序

9. G 命令

G 命令用来启动运行一个程序或程序的一段。命令格式如下：

G[= 起始地址][断点地址]

如果 G 命令不带参数，则从头运行装入的程序，运行后仍返回 DEBUG。如果 G 命令后有断点地址，则程序执行到断点地址时暂停并显示出各寄存器状态。图 1.2.21 所示为 G 命令执行 TEST 程序时，不带参数及带参数两种格式的运行结果。

```
-u
076B:0000 B86A07        MOV     AX,076A
076B:0003 8ED8          MOV     DS,AX
076B:0005 BA0000        MOV     DX,0000
076B:0008 B409          MOV     AH,09
076B:000A CD21          INT     21
076B:000C B44C          MOV     AH,4C
076B:000E CD21          INT     21
076B:0010 0000          ADD     [BX+SI],AL
076B:0012 0000          ADD     [BX+SI],AL
076B:0014 0000          ADD     [BX+SI],AL
076B:0016 0000          ADD     [BX+SI],AL
076B:0018 0000          ADD     [BX+SI],AL
076B:001A 0000          ADD     [BX+SI],AL
076B:001C 0000          ADD     [BX+SI],AL
076B:001E 0000          ADD     [BX+SI],AL
-g
HELLO WORLD!
Program terminated normally
-g=0 c
HELLO WORLD!
AX=096A  BX=0000  CX=0020  DX=0000  SP=0000  BP=0000  SI=0000  DI=0000
DS=076A  ES=075A  SS=0769  CS=076B  IP=000C   NV UP EI PL NZ NA PO NC
076B:000C B44C          MOV     AH,4C
-
```

图 1.2.21　G 命令运行程序

注意：如果程序中不含返回 DOS 的中断指令，用 G 命令执行程序时，则应设置断点地址，否则程序可能无法运行或出现故障。

1.3　Masm for Windows 集成实验环境

Masm for Windows 集成实验环境是面向汇编语言初学者开发的一个简单易用的汇编语言学习与实验软件，支持 32 位与 64 位的 Windows 7，支持 DOS 的 16/32 位汇编程序和 Windows 环境下的 32 位汇编程序(并提供调试通过的 35 个 Windows 汇编程序实例源代码)。它具有错误信息自动定位，关键字实时帮助并且在帮助中动画演示汇编指令的执行过程、语法着色、无限次撤销与恢复，Word 式的查找、替换、定位、支持中文、长文件名等功能。

1.3.1　软件安装方法

Masm for Windows 集成实验环境软件可以从网址 http://www.jiaminsoft.com 下载，下载之后得到压缩文件包 MSetup2020.rar。解压缩到指定目录中，双击 MasmSetup.exe 可执行文件，可以将软件安装到电脑中。

在安装有腾讯电脑管家的电脑上，直接双击安装文件 MainSetup.EXE 安装程序进行安装即可。

在安装有 360 卫士的电脑上安装本软件时需要注意，由于 360 卫士对安装程序的拦截，导致软件安装后不能正常运行，需要按以下步骤进行安装。

(1) 以管理员的身份运行安装程序 MasmSetup.exe，如图 1.3.1 所示。

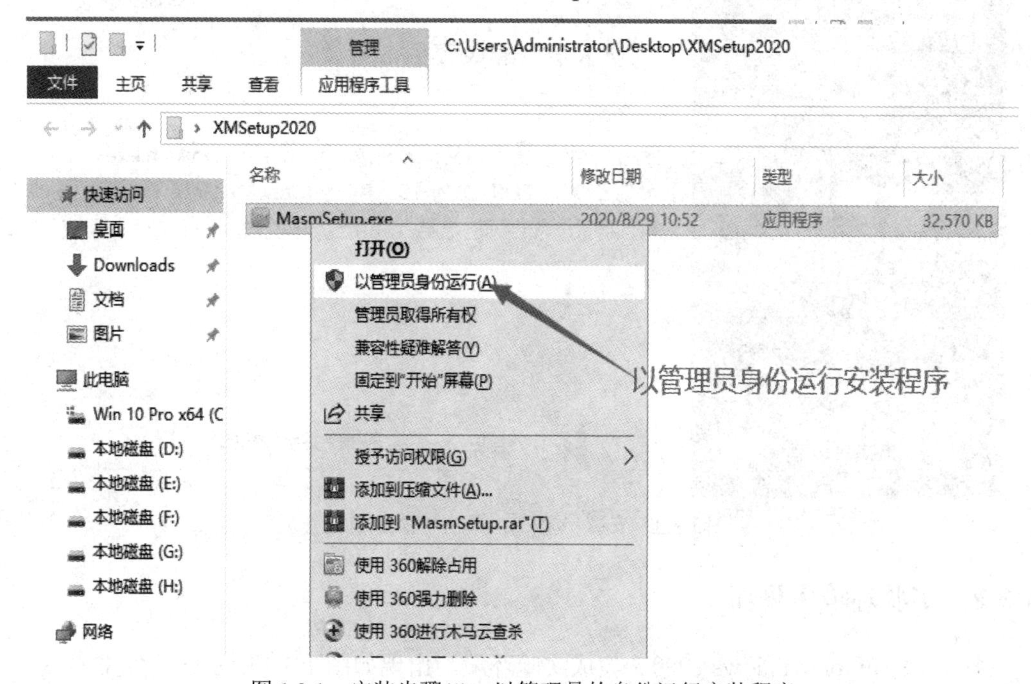

图 1.3.1　安装步骤(1)：以管理员的身份运行安装程序

(2) 如果在安装过程中出现图 1.3.2 所示的信息，则按图示操作即可。在图 1.3.2 所示的位置勾选“不再提醒”，再单击图中所示向下的箭头并选择“允许程序所有操作”。

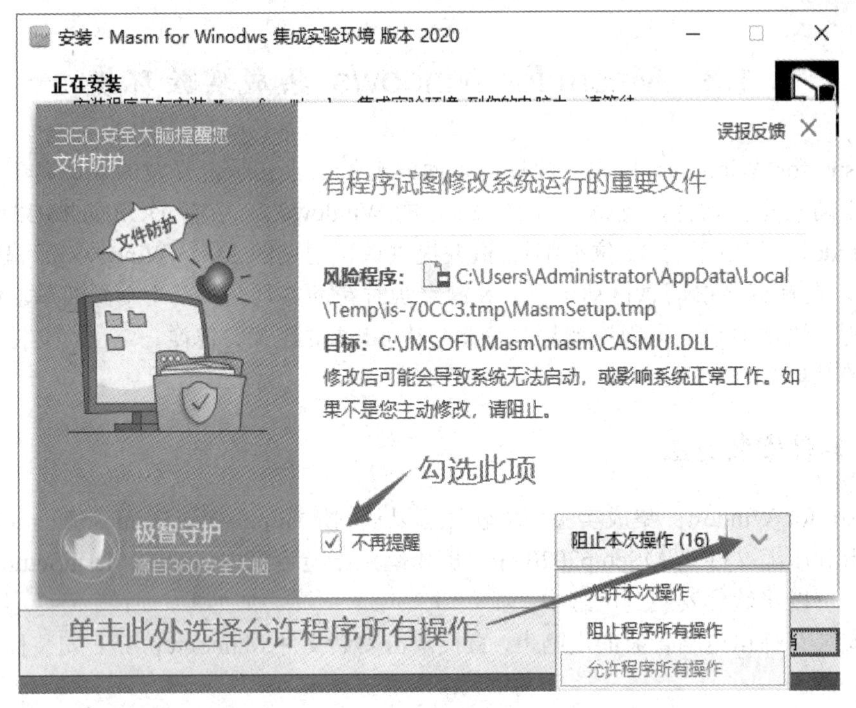

图 1.3.2　安装步骤(2)：勾选“不再提醒”，选择“允许程序所有操作”

(3) 出现图 1.3.3 所示的界面，单击“添加信任”。

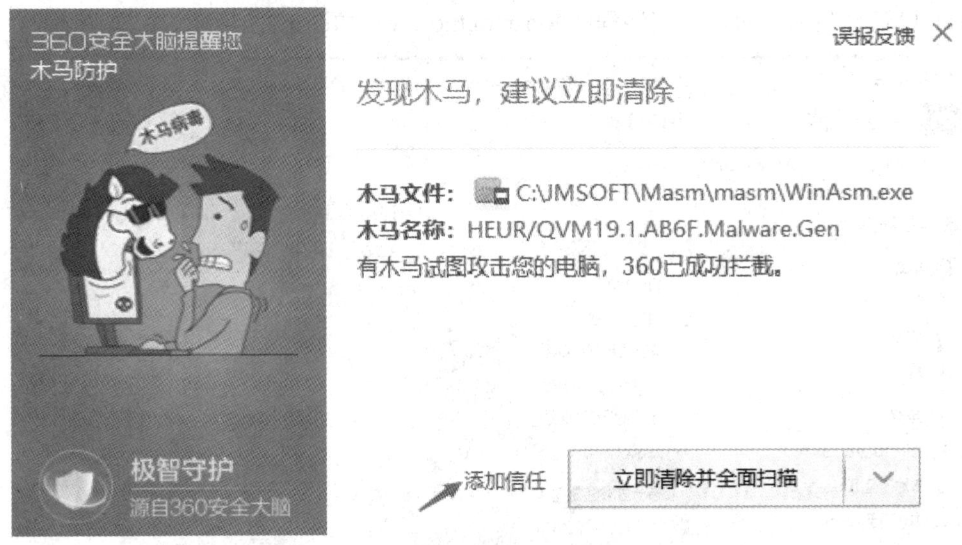

图 1.3.3　安装步骤(3)：单击“添加信任”

1.3.2　实验环境主界面

打开 Masm for Windows 2020.2 集成实验环境，出现如图 1.3.4 所示的软件主界面。

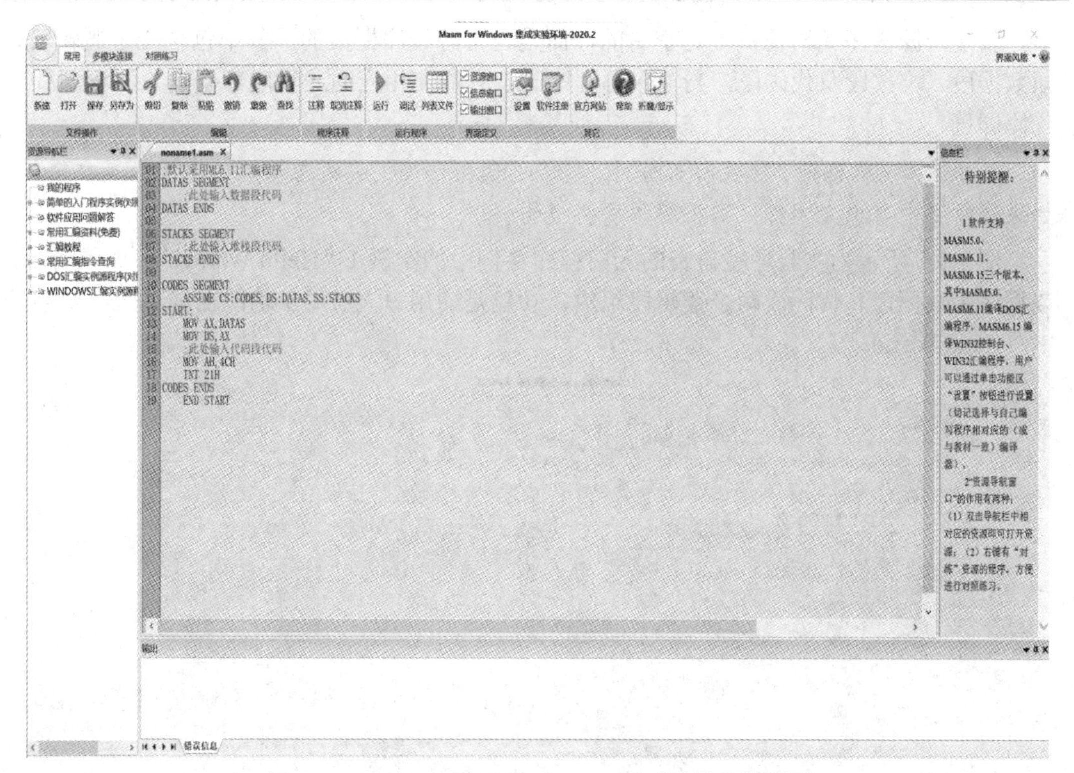

图 1.3.4　Masm for Windows 2020.2 集成实验环境界面

1. 软件主界面的组成

软件主界面由功能区、资源导航栏、程序编辑区、信息栏和输出栏组成。

资源导航栏提供相关的实例代码、常用的汇编指令查询、汇编教程以及常用的汇编资料等资源，点击栏目名称可打开相关资源。

软件界面的中间部分为汇编语言源程序编写框，实验环境提供汇编源程序的基本框架，根据程序设计要求，在相应的逻辑段内输入源程序代码。

2. 资源导航栏、信息栏、输出栏的打开与关闭

单击常用功能区上面“资源窗口”“信息窗口”“输出窗口”前面的方框可打开或关闭资源，R 表示打开，取消对钩表示关闭。

3. 功能区的切换

单击“常用功能区”“多模块连接功能区”“对照练习功能区”等功能区上部的选项卡，可以在功能区之间切换。上机实验时，一般使用“常用功能区”。

1.3.3　汇编语言程序的编辑与运行

下面以 Masm for Windows 2020 集成实验环境软件自带的简单入门程序实例为例，说明集成实验环境中汇编语言程序的编辑及运行过程。

1. 编辑输入汇编语言源程序

打开集成实验环境，初始界面如图 1.3.4 所示。初始界面的中间部分为源程序编辑窗

口，新建的源程序编辑窗口不是空白的，而是自带源程序框架的。其中包含三个逻辑段，即数据段、堆栈段及代码段，当输入源程序时，只需在相应的逻辑段部分输入汇编源程序代码即可。

注意：编写代码时，除注释部分外，指令、伪指令等汇编语句均应使用半角英文输入。如果源程序中有中文字符，则汇编程序将报错。

图 1.3.5 所示为实验环境自带的入门程序实例中的实例 1 “Hello World!”。如图所示，该程序由数据段和代码段两个逻辑段组成，功能是使用 9 号 DOS 功能在屏幕上显示字符串 “Hello World!”。

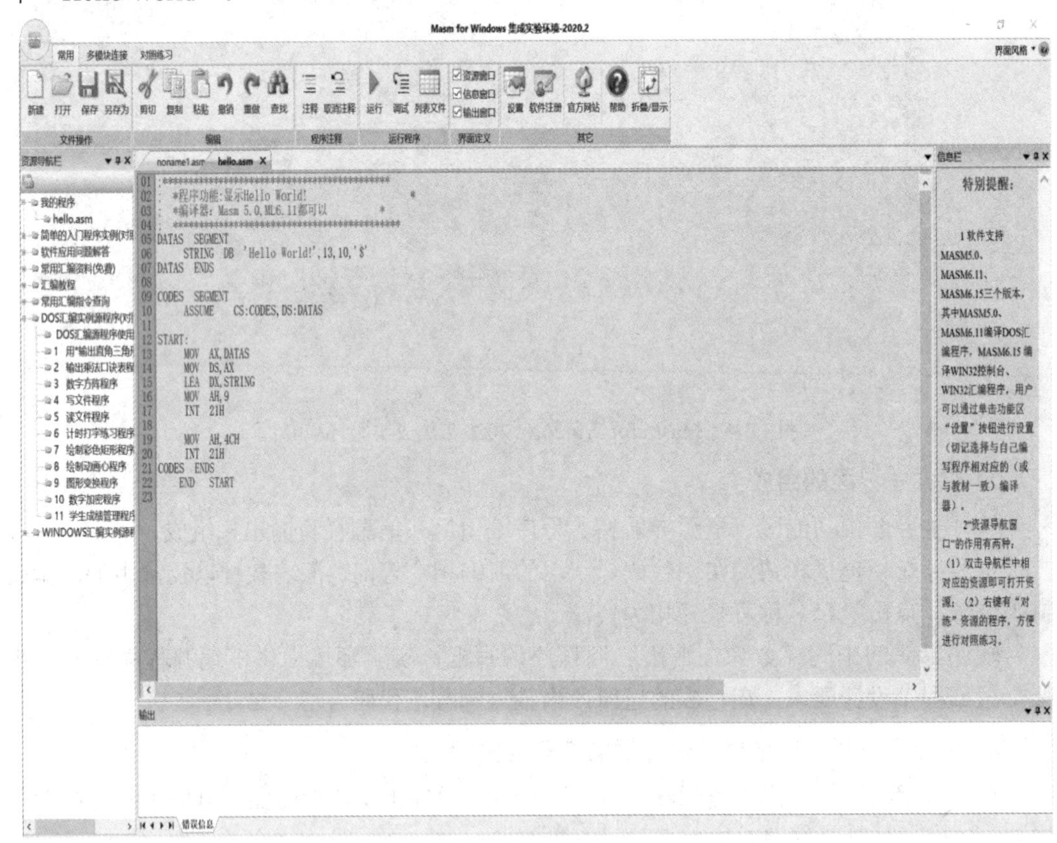

图 1.3.5　实验环境自带的入门程序实例 1

2. 汇编源程序命名保存

源程序编写完成后，首先命名并保存。点击工具栏中的保存按钮(文件操作的“保存”或“另存为”)，弹出如图 1.3.6 所示的“另存为”对话框，输入文件名，如“helloworld”，然后点击“保存”即可。程序默认的保存类型是.asm 文件，如果保存为其他类型的文件，则下一步的汇编、连接步骤将报错。

需要注意的是，汇编程序使用的文件夹及路径中的文件夹，以及编写保存的汇编语言.asm 文件名必须以英文字符串命名，或者是由英文字母和数字组成的字符串命令，且文件名的第一个字符必须是英文字母，不能使用中文进行命名，也不要使用纯数字命名。汇编程序无法识别这一类文件名，会在汇编时报错。

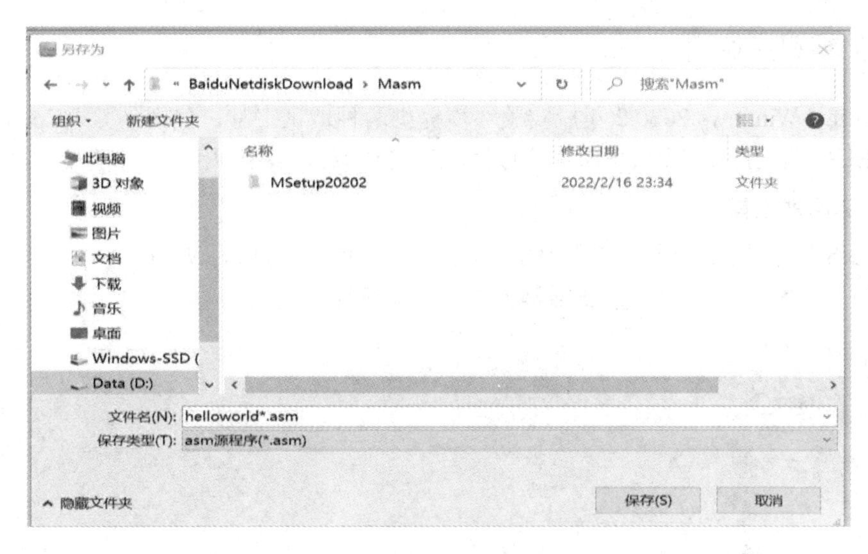

图 1.3.6　“另存为”对话框

3. 运行程序

源程序编写完成并命名后，点击工具栏中的运行按钮。Masm for Windows 将源程序的汇编、连接两个步骤集成在运行命令中，如果源程序有误，将输出错误信息，且无法生成 .EXE 文件，也无法输出运行结果。用户可返回源程序窗口，修改源程序并保存源程序后再次运行；如果源程序无语法错误，汇编、连接通过，即可出现程序的运行结果。如图 1.3.7 所示的窗口为 DOSBox 运行界面，汇编程序运行结果下面的“Press any key to exit”表示按任意键可以退出 DOS 窗口。

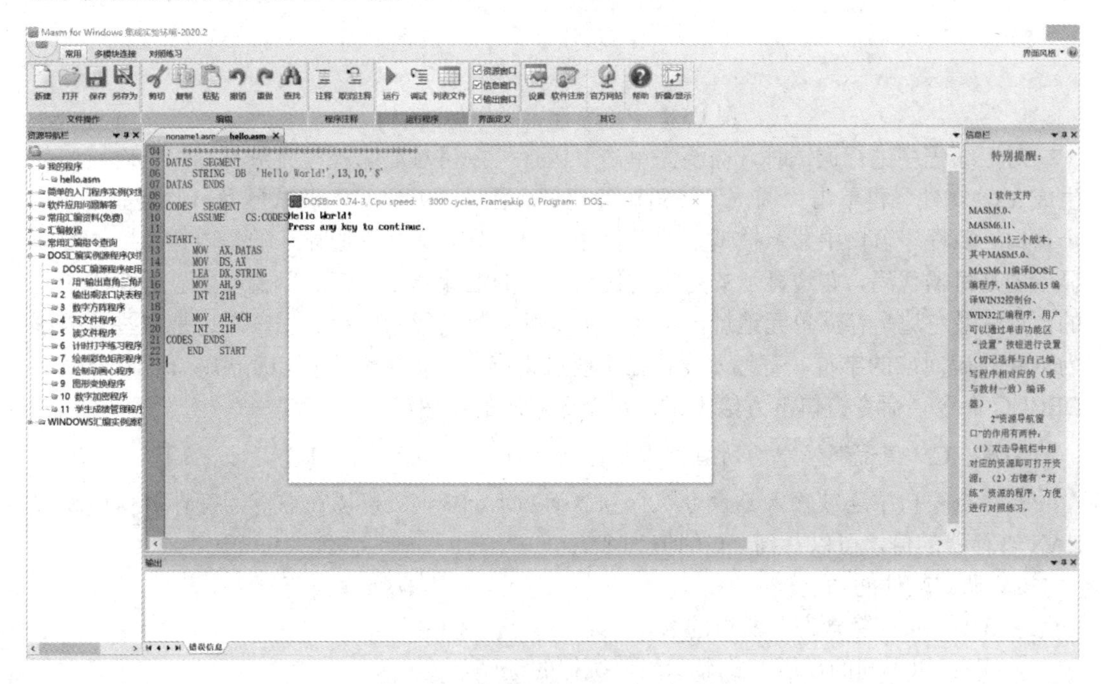

图 1.3.7　DOSBox 窗口显示运行结果

1.3.4　汇编程序调试

Masm for Windows 2020.2 集成实验环境提供两种调试工具，分别是 CV(CodeView)调试与 DEBUG 调试，默认为 DEBUG 调试程序，CV 调试需注册用户后才能使用。

1. CV 调试工具

图 1.3.8 所示为入门程序实例中的实例 10“求两个数的和的 Windows 汇编程序”，程序功能是计算“3+5”的和，并在屏幕上显示求和运算的结果。

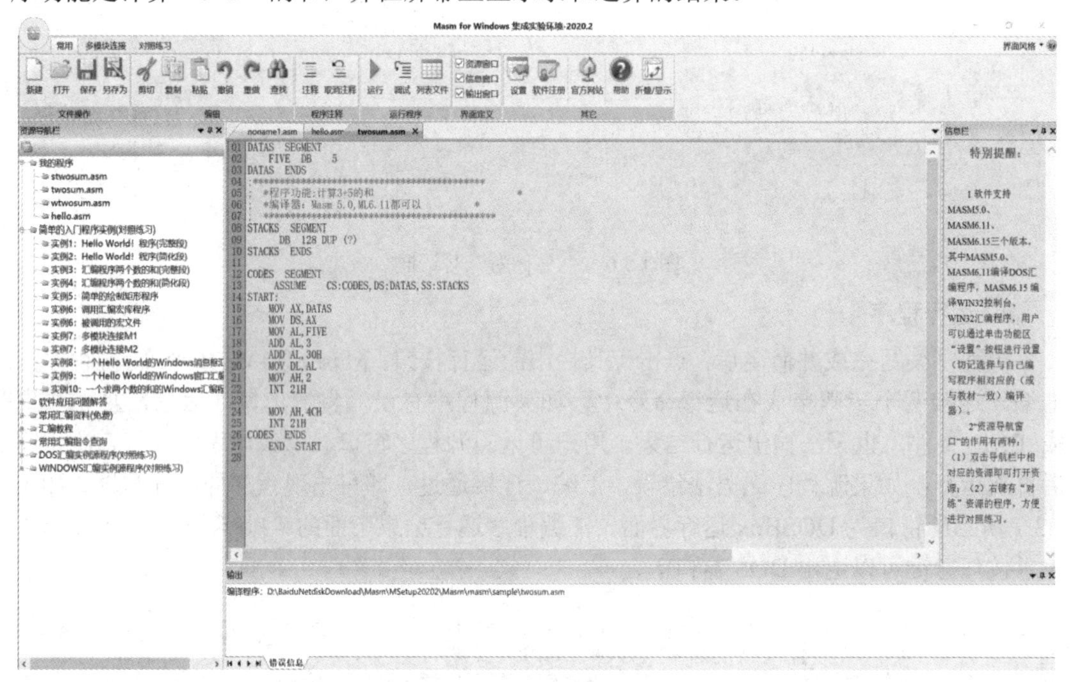

图 1.3.8　入门程序实例中的实例 10

对汇编程序进行调试时，需要先单击“运行”按钮对汇编源程序进行汇编、连接，并生成 .exe 文件，再单击“调试”按钮进行调试。图 1.3.9 为 CV 调试界面，此处显示了 4 个窗口。源程序窗口中显示被调试的源程序，由 3 列组成，左边显示的是内存地址，中间显示的是机器代码，右边显示的是机器代码对应的汇编指令。存储器窗口中显示存储单元的内容，最左边是存储单元地址，中间是十六进制数表示的内存数据，右边是这些数据作为 ASCII 码对应的字符。寄存器窗口显示所有寄存器的值。命令窗口可输入 1.2 节介绍的 DEBUG 命令，命令窗口下方给出了常用命令对应的快捷键。

注意：CV 调试环境中的所有数据均为十六进制数，且不带 H。

在命令窗口中连续输入 P 命令执行到 ADD AL，03 时，可以在右侧的寄存器窗口观察 EAX 寄存器的值，可以看到 AL 的值为 8。

CV 调试软件的功能键如下：

- F2：显示/隐含寄存器组的窗口。
- F3：以不同的显示方式显示当前执行的程序。
- F4：显示程序的输出屏幕。

- F5/F7：执行到下一个逻辑断点，或执行到程序尾。
- F6：依次进入当前屏幕所显示的窗口。
- F8：单步执行指令，并进入被调用的子程序。
- F9：在源程序行中设置/取消断点(用鼠标左键双击也可完成设置/取消)。
- F10：单步执行指令，但不进入被调用的子程序。

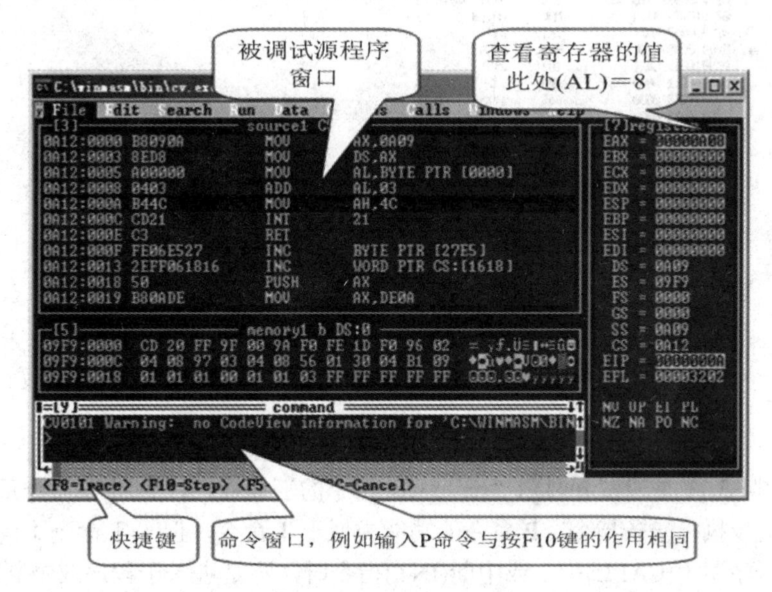

图 1.3.9　CV 调试界面

2. DEBUG 调试

在实验环境主界面单击常用功能区的“设置”按钮，打开如图 1.3.10 所示的设置对话框，在调试器中选中“Debug”，再单击“确定”按钮，将切换为使用 DEBUG 调试工具。

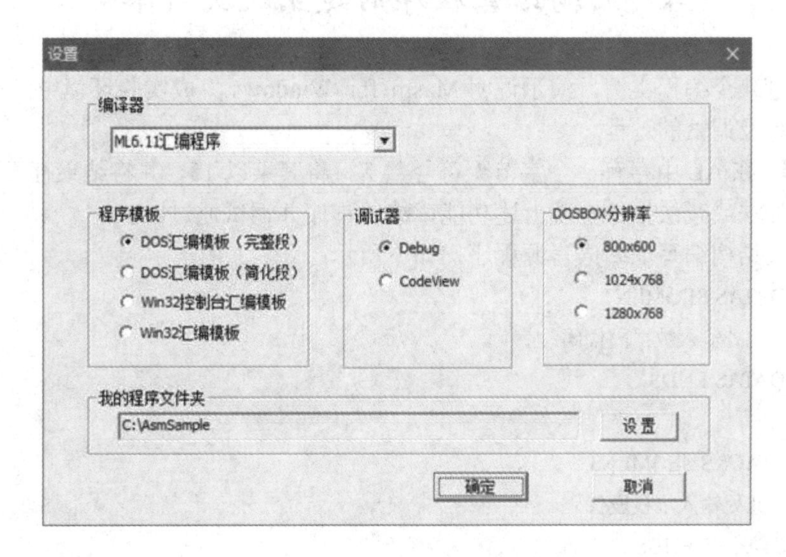

图 1.3.10　设置使用 DEBUG 调试

使用 DEBUG 调试前，需要先单击“运行”按钮生成.EXE 文件，再单击“调试”按钮进行调试。DEBUG 调试界面如图 1.3.11 所示。

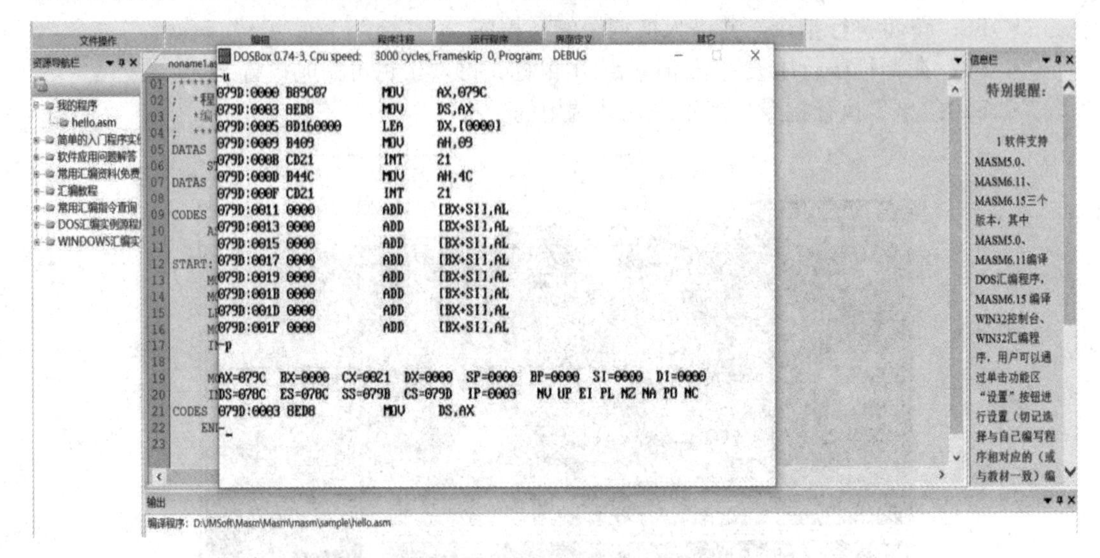

图 1.3.11　DEBUG 调试界面

说明：图 1.3.11 是调试并显示“hello world!”的汇编程序，先用 U 命令反汇编指令，再用 P 命令单步执行一条指令。P 命令的功能类似于 T 命令，但与 T 命令不同的是，P 命令在执行子程序调用(CALL)指令或中断(INT)指令时，不是进入子程序或中断服务程序逐条执行，而是当做一条指令执行完毕，输出结果。另外，P 命令在遇到循环指令时，会直接执行到 CX=0。T 命令的执行类似于 step into，而 P 命令则类似于 step over。

DEBUG 调试过程及调试命令详见 1.2 节。

1.4　汇编语言程序的建立及执行举例

本节通过 4 个编程实例，演示说明 Masm for Windows 集成实验环境中汇编语言程序的编辑、运行及调试的过程。

【例 1】 在 AL 中存有一个字节无符号数 X，将其乘以 15，并将结果存于 AL 中。用移位指令、加法或减法指令实现上述功能，编写程序并调试通过。

采用分段结构编写汇编语言源程序，如下所示：

```
DATAS SEGMENT
; 此处输入数据段代码
DATAS ENDS

STACKS SEGMENT
; 此处输入堆栈段代码
STACKS ENDS
```

```
        CODES SEGMENT
        ASSUME CS:CODES, DS:DATAS, SS:STACKS
START:
        MOV AX, DATAS
        MOV DS, AX
        ; 此处输入代码段代码
        MOV AL, 2
        MOV BL, AL
        MOV CL, 4
        SHL AL, CL
        SUB AL, BL

        MOV AH,4CH
        INT 21H
        CODES ENDS
        END START
```

上机运行步骤如下：

(1) 单击“新建”按钮，出现如图 1.4.1 所示的新建源程序的编辑窗口，如源程序窗口左上角的标签所示，新建源程序文件的默认名为 noname*.asm。

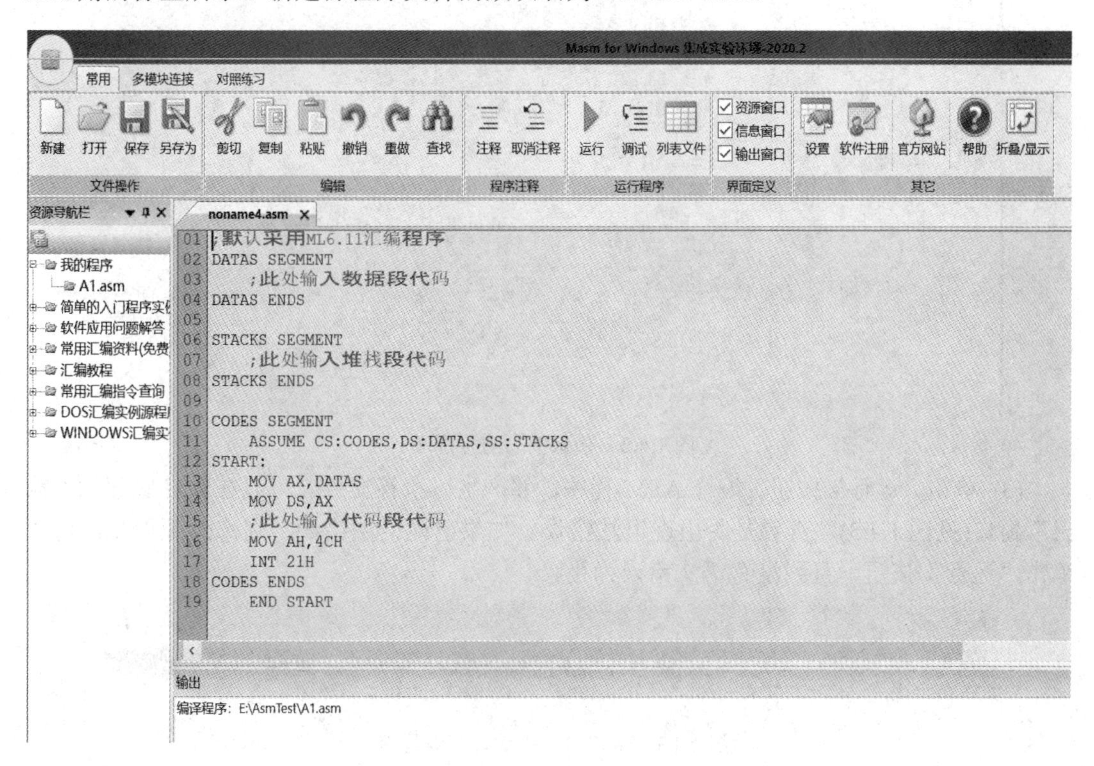

图 1.4.1　新建汇编源程序的编辑窗口

(2) 将源程序代码添加到汇编程序的代码段 CODES 中。源程序编辑完成后，单击“保存”或“另存为”按钮，将源程序文件保存为 A1.asm(也可以存为符合要求的任何文件名)，此时标签上的文件名转为保存的文件名，如图 1.4.2 所示。

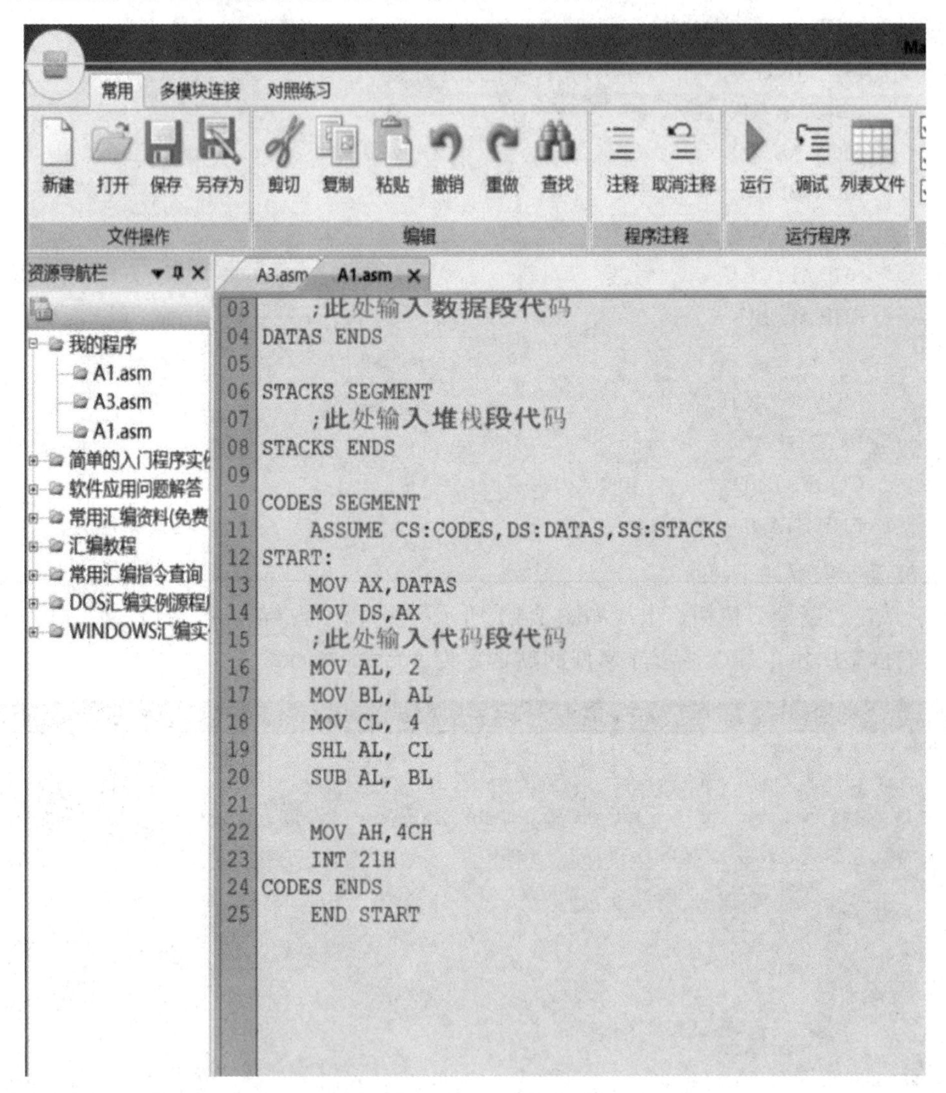

图 1.4.2　输入编写的源程序

(3) 单击“运行”按钮，编译 ASM 程序，并产生可执行文件。可以在软件底部的“输出”窗口(见图 1.4.3)，查看是否出现语法错误。如果出现语法错误，则修改源程序，再次单击“运行”按钮，直到没有语法错误为止。

图 1.4.3　输出窗口：编译汇编程序

(4) 单击“设置”按钮，在如图 1.4.4 所示的设置对话框中，选择 CodeView 调试器。

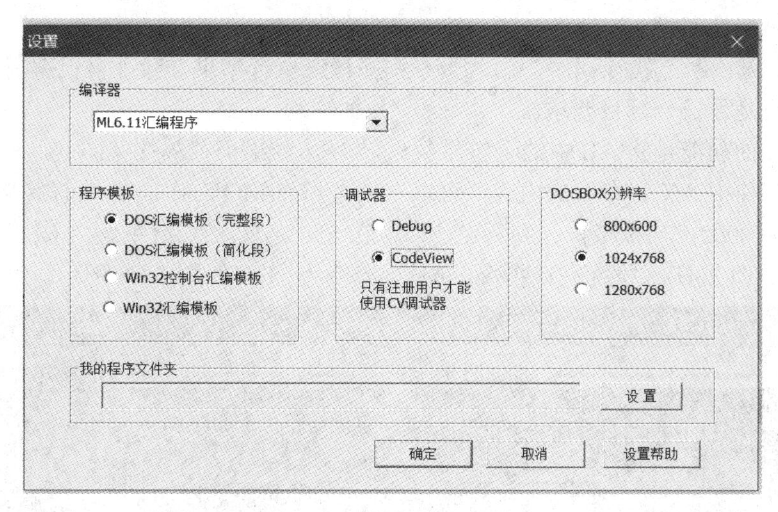

图 1.4.4　设置调试器为 CodeView

(5) 单击“调试”按钮，如图 1.4.5 所示，进入 CodeView 调试环境，调试编写的汇编程序。

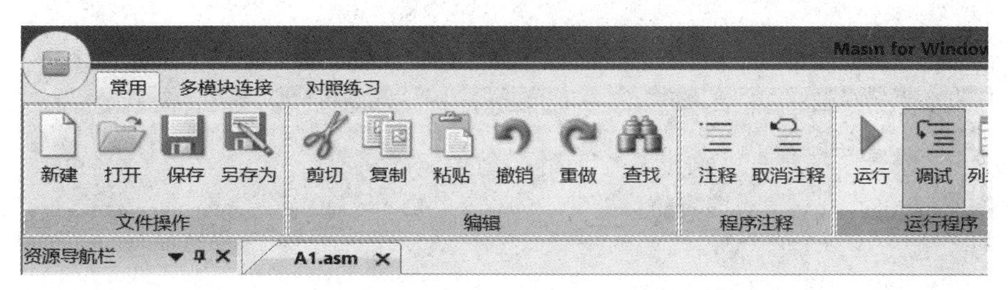

图 1.4.5　单击“调试”按钮，进入 CodeView 调试工具

例 1 的 CodeView 调试环境如图 1.4.6 所示。按 F8 键，单步执行程序，同时观察相应的寄存器或者存储单元的内容，验证自己编写的程序，是否按照题目的正确逻辑工作。

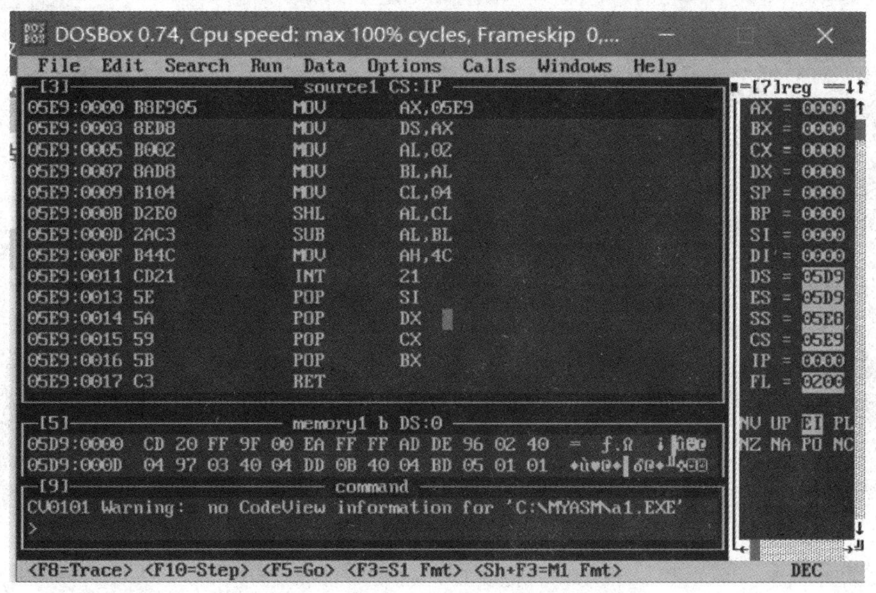

图 1.4.6　例 1 的 CodeView 调试环境

可以双击鼠标左键，光标点亮源程序中某一行代码，表示设置了“断点”，如图 1.4.7 所示。按 F5 键，断点执行程序，由此查看程序最终执行结果，验证自己编写的程序是否逻辑正确，且是否符合题目要求。

例 1 程序的功能是将 AL 中的无符号数乘以 15，结果仍存放在 AL 中。在执行过程中观察寄存器窗口中 AX 寄存器的内容，可以看到当指令 MOV AL，02 执行完毕后，AX 寄存器内容变为 0002；当程序执行到断点，即停在 SUB AL，BL 指令处，未执行该指令时，AL 内容为 20(即 20H)；执行完该指令，AL 内容变为 1E，如图 1.4.8 所示。

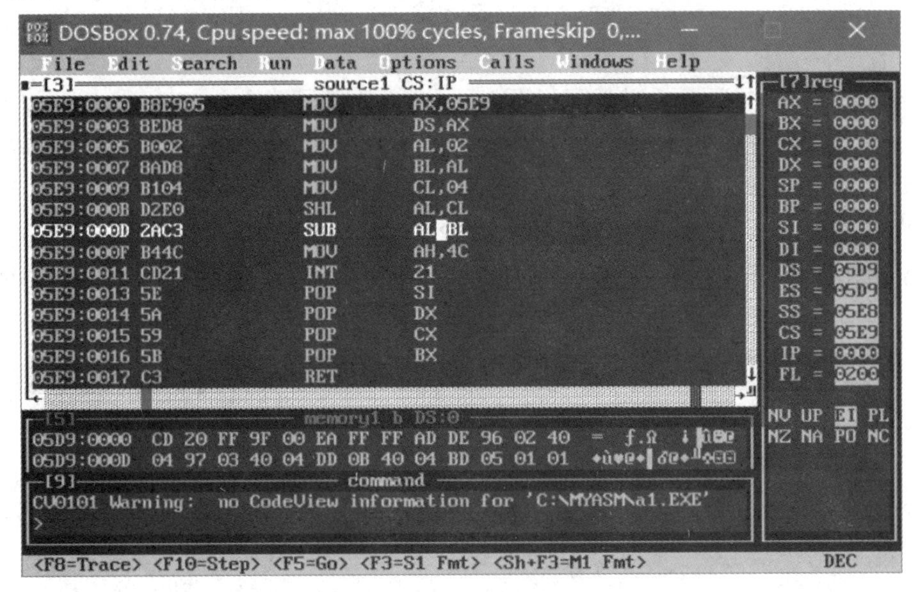

图 1.4.7　设置断点

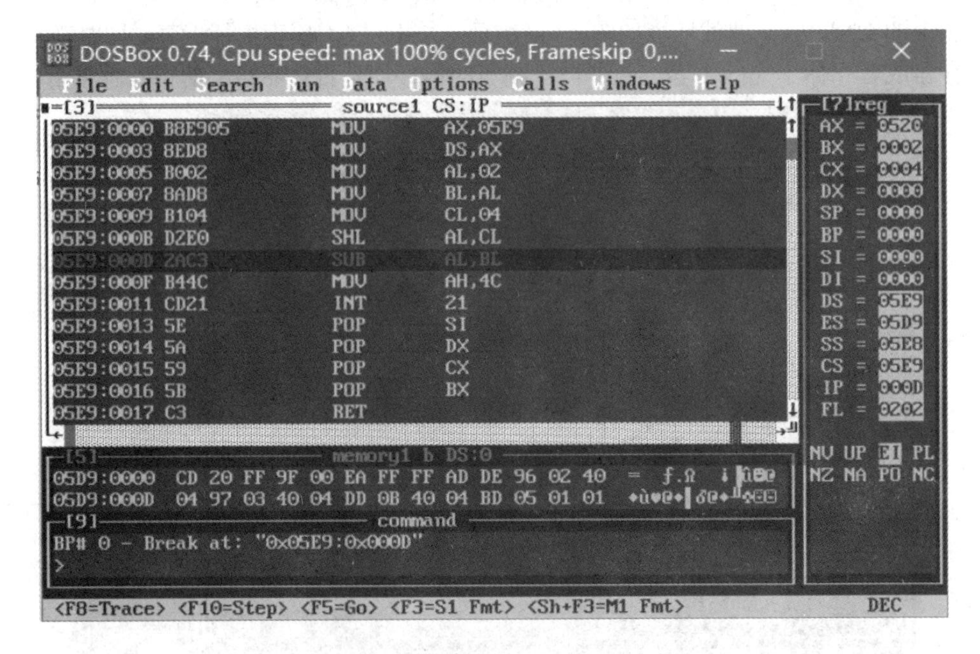

图 1.4.8　点击 F5，程序执行到断点

【例 2】 比较数据段中两个无符号字节数的大小，把大数存入 MAX 单元。编写程序，并调试通过。

汇编语言源程序采用分段结构，根据题目，编写程序如下：

```
        DATAS SEGMENT
        ；此处输入数据段代码
        SOURCE    DB 12,34
        MAX    DB    ?
        DATAS    ENDS
        STACKS SEGMENT
        ；此处输入堆栈段代码
        STACKS ENDS
        CODES SEGMENT
        ASSUME CS:CODES, DS:DATAS, SS:STACKS
START:
        MOV AX, DATAS
        MOV DS, AX
        ；此处输入代码段代码
BEGIN:  MOV    AX, DATAS
        MOV    DS, AX
        MOV    AL, SOURCE
        CMP    AL, SOURCE+1
        JNC    BRANCH
        MOV    AL, SOURCE+1
BRANCH: MOV    MAX, AL
        MOV    AH, 4CH
        INT    21H
        CODES ENDS
        END START
```

上机运行步骤如下：

(1) 单击“新建”按钮，新建立一个.asm 汇编源程序文件，新建源程序文件默认名为 noname*.asm，如图 1.4.9 所示。

(2) 将源程序代码分别添加到汇编程序的数据段 DATAS 和代码段 CODES 中。添加完成后，单击“保存”或“另存为”按钮，保存为 A2.asm(也可以存为符合要求的任何文件名)，如图 1.4.10 所示。

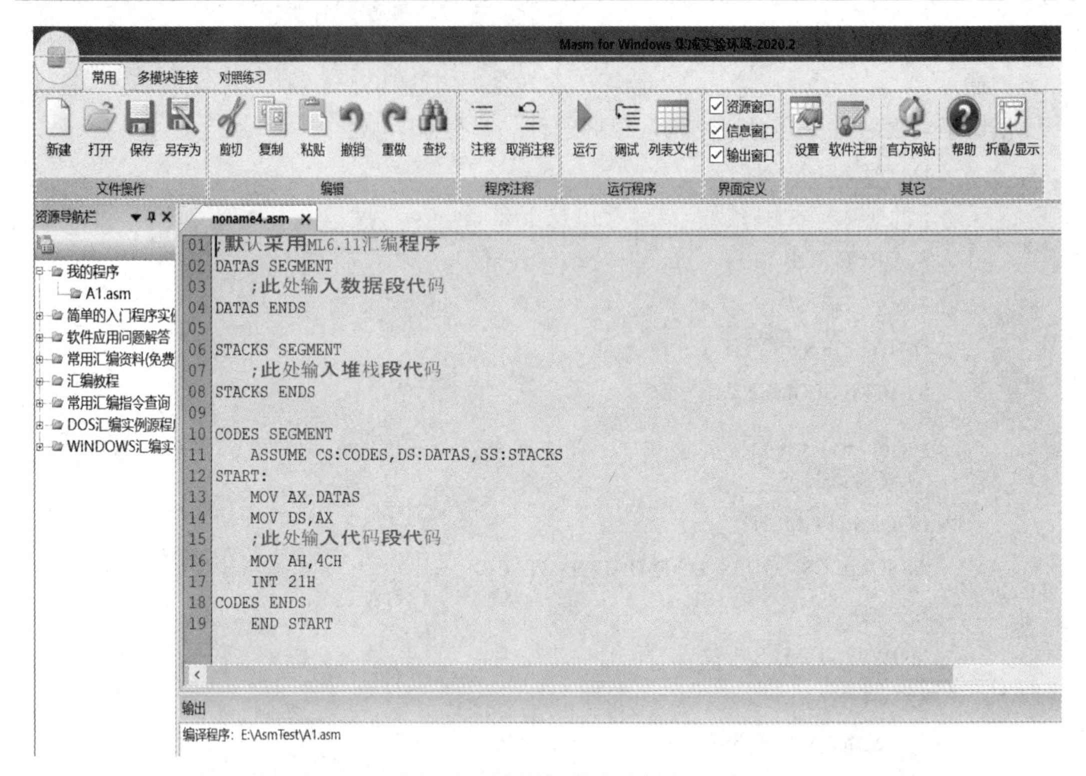

图 1.4.9　新建汇编程序框架

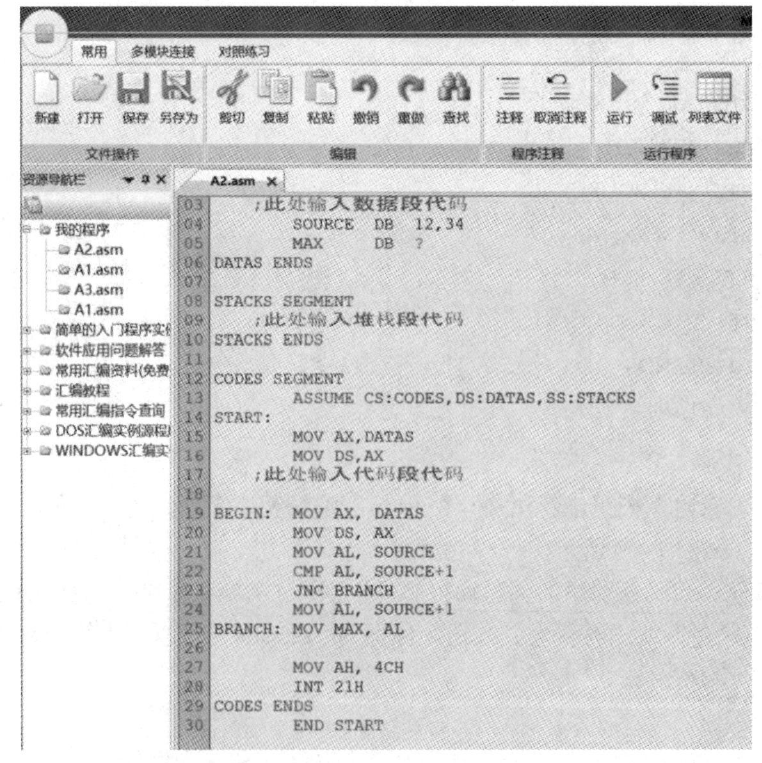

图 1.4.10　输入编写的汇编程序

(3) 单击“运行”按钮，编译 ASM 程序，并产生可执行文件。可以在软件底部的“输出”窗口，查看是否出现语法错误，如图 1.4.11 所示。如果出现语法错误，则修改源程序，再次点击“运行”按钮，直到没有语法错误为止。

图 1.4.11　编译汇编程序

(4) 单击“调试”按钮，进入 CodeView 工具，调试编写的汇编程序，如图 1.4.12 所示。

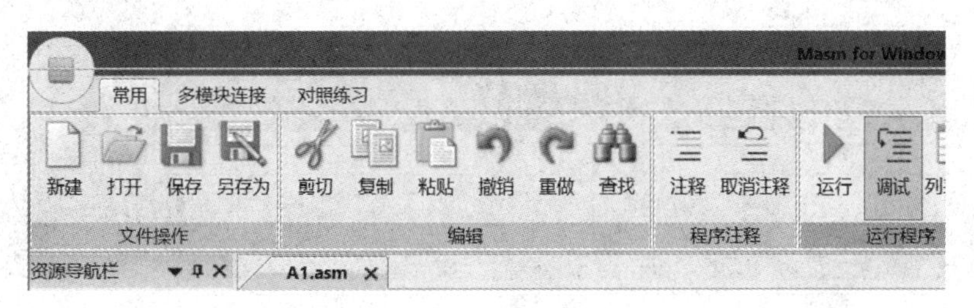

图 1.4.12　进入 CodeView 调试工具

CodeView 调试环境如图 1.4.13 所示，源程序窗口中显示例 2 的汇编语言源程序、对应的机器指令及内存存放地址。按 F8 键，单步执行程序，同时观察相应的寄存器或者存储器单元的内容，验证编写的程序，是否符合题目的要求且逻辑是否正确。

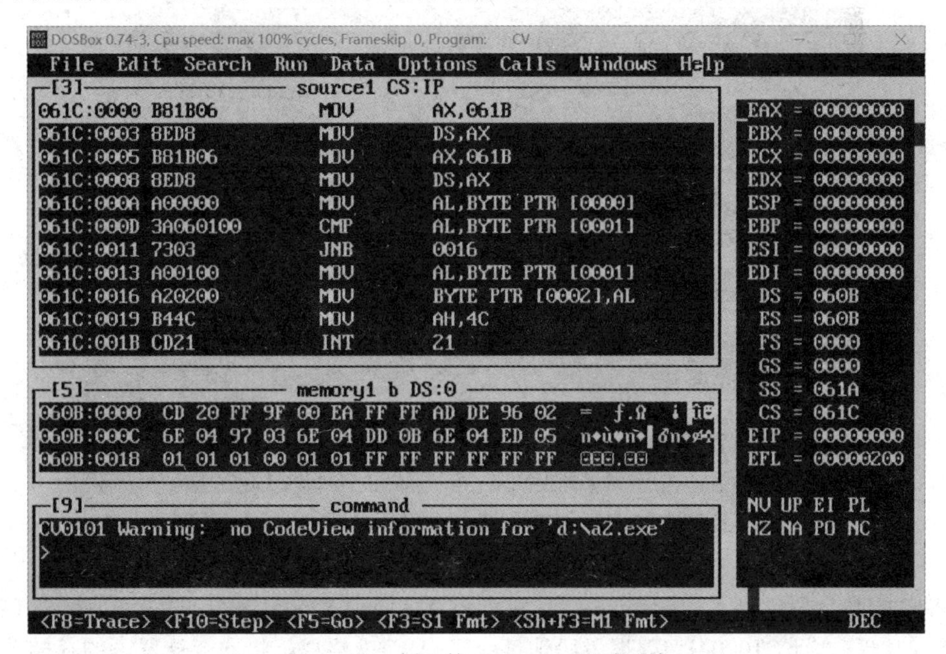

图 1.4.13　例 2 的 CodeView 调试环境

可以双击鼠标左键，光标点亮源程序中某一行代码，表示设置了“断点”，如图 1.4.14 所示。本例中，以 4C 号 DOS 功能调用结束程序，因此将 MOV AH，4C 设为断点。观察图 1.4.14 中的源程序代码，可以看到定义的数据段地址为 061BH。

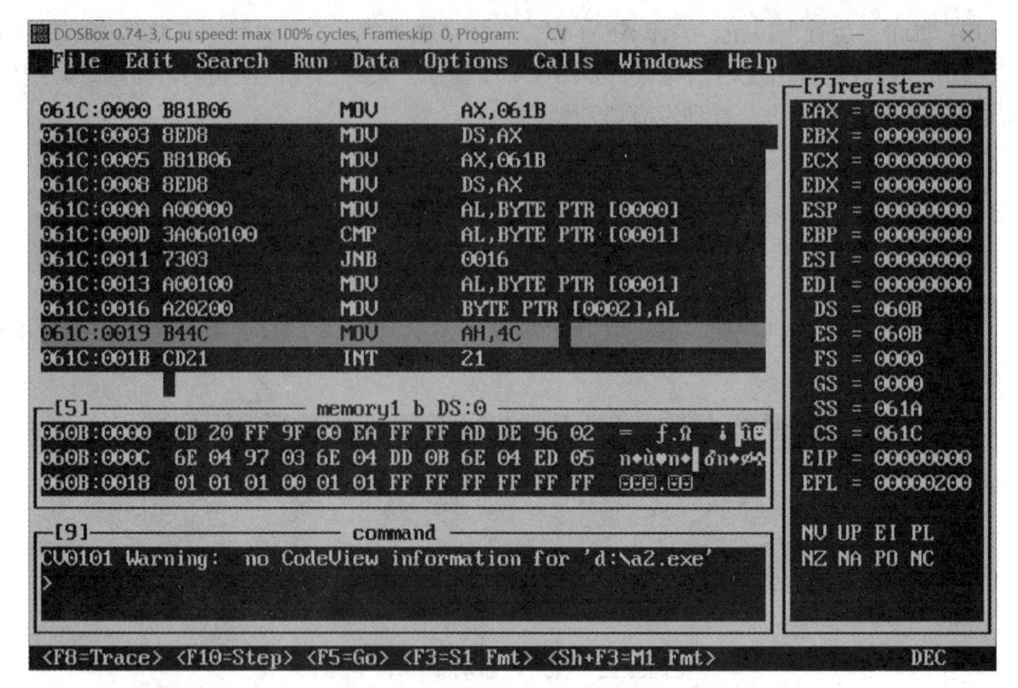

图 1.4.14　设置断点和点亮某行代码

按 F5 键，程序执行断点处，如图 1.4.15 所示。查看程序最终执行结果，验证所编写的程序的逻辑是否正确，是否符合题目的要求。

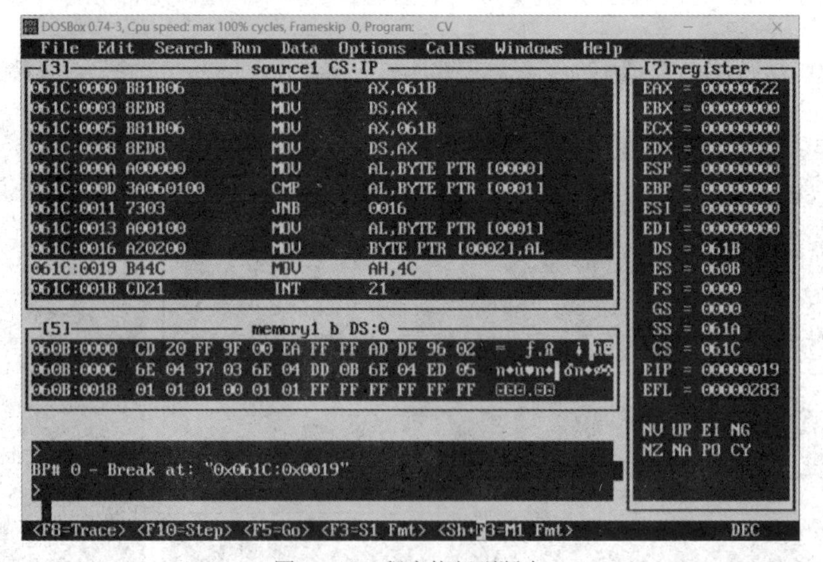

图 1.4.15　程序执行到断点

例 2 的数据段定义了两个字节变量，SOURCE 和 MAX，SOURCE 的偏移地址为[0000]，MAX 的偏移地址为[0002]，数据段段地址为 061BH。将鼠标指向存储器区的存储单元地址，单击直接修改段地址为 061B，如图 1.4.16 所示。观察存储单元内容，可以看到 061B：0000 开始，连续 3 个存储单元的内容依次为 0C、22、22，即 SOURCE 中待比较的两个数分别为 12 和 34，MAX 中的最大值为 34，符合程序的逻辑，运行结果正确。

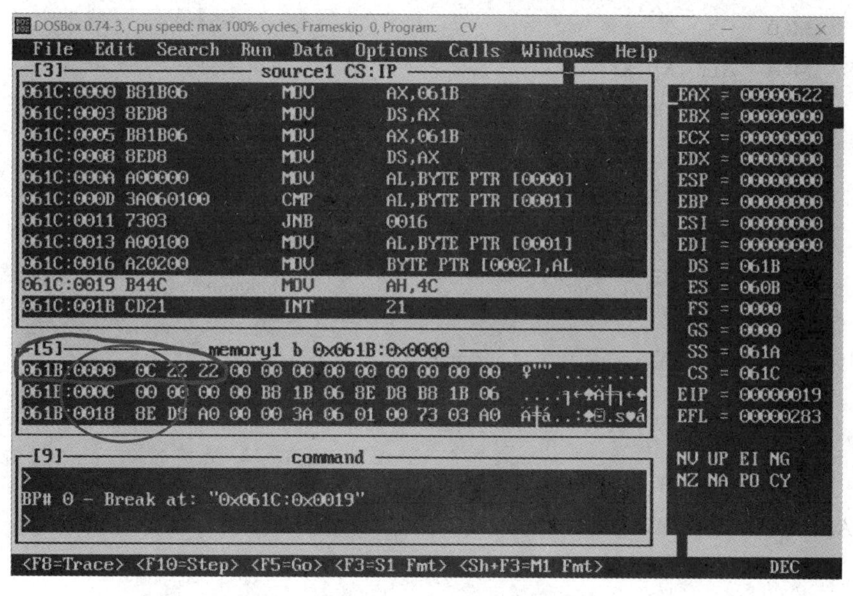

图 1.4.16　修改存储区段地址并观察程序运行结果

【例 3】 编程计算分段函数 Y 的数值：

$$Y=\begin{cases} X-15 & (X\geqslant 100) \\ 2X & (0\leqslant X<100) \\ 2X+10 & (X<0) \end{cases}$$

X 为内存地址单元的一个带符号字节数据(如 X 分别为 10，120，-1)，Y 为内存的字节单元。

采用分段结构编写汇编语言源程序，根据题目，编写程序如下：

```
        DATAS SEGMENT
         ；此处输入数据段代码
        X    DB  10,   120,    -1
        Y    DB    ?,      ?,      ?
        DATAS ENDS
        STACKS SEGMENT
        ；此处输入堆栈段代码
        STACKS ENDS
        CODES SEGMENT
        ASSUME CS:CODES, DS:DATAS, SS:STACKS
START:
        MOV   AX, DATAS
        MOV   DS, AX
        ；此处输入代码段代码

        MOV   BX,   0
        LEA   SI,   Y
```

```
        MOV   CX,  3
LOPS:   MOV   AL,  X[BX]
        CMP   AL,  100
        JGE   UP_100
        CMP   AL, 0
        JL    LOW_0
        ADD   AL,  AL
        JMP   EDEAL
UP_100: SUB   AL,  15
        JMP   EDEAL
LOW_0:  ADD   AL, AL
        ADD   AL, 10
EDEAL:  MOV   [SI],  AL
        INC   BX
        INC   SI
        LOOP  LOPS
        MOV   AH, 4CH
        INT   21H
CODES ENDS
        END START
```

上机运行步骤如下：

(1) 新建一个 .asm 文件，如图 1.4.17 所示。

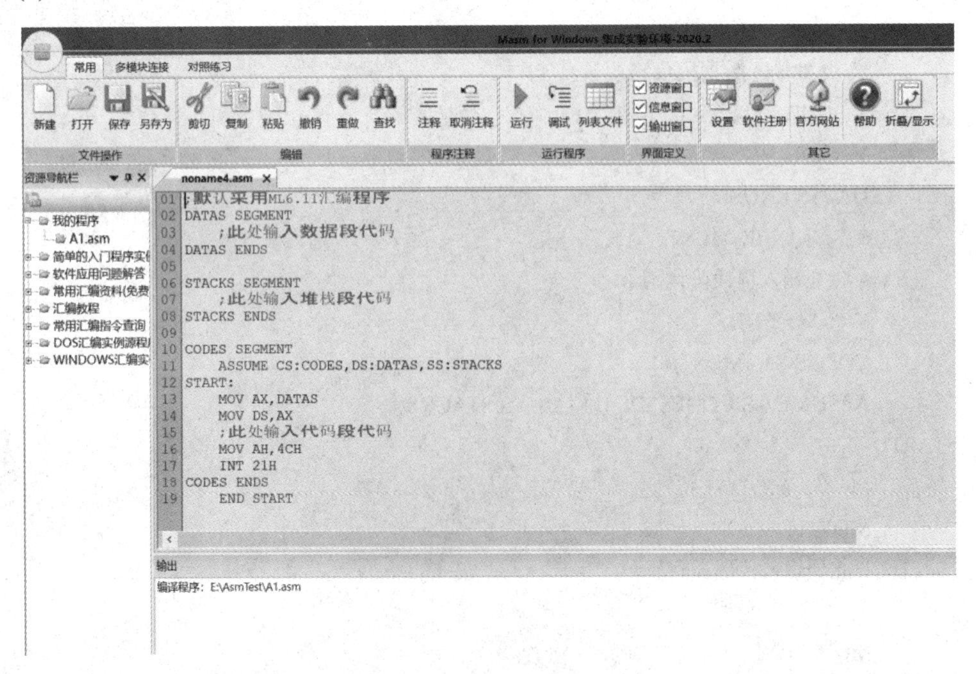

图 1.4.17　新建汇编程序框架

(2) 将编写好的程序分别添加到汇编程序的数据段 DATAS 和代码段 CODES 中。然后单击“保存”按钮，保存为 A3.asm(也可以存为符合要求的任何文件名)，如图 1.4.18 所示，源程序窗口标签显示此源程序名称为 A3.asm。

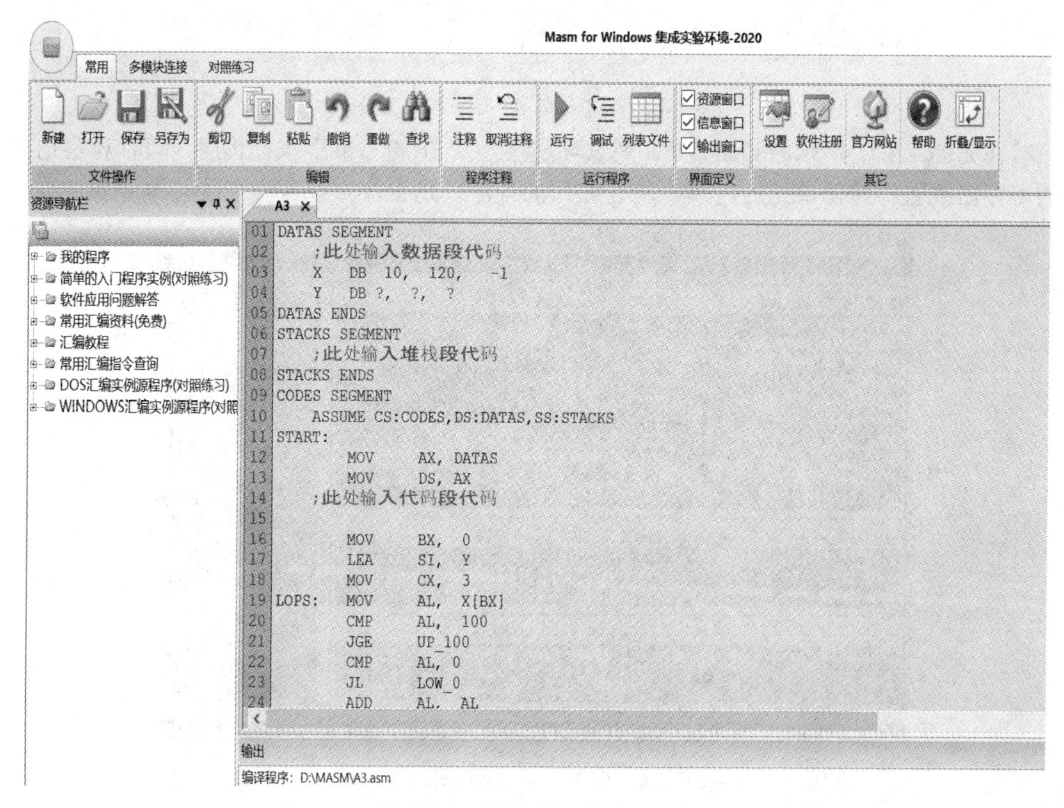

图 1.4.18　输入编写的汇编程序

(3) 单击“运行”按钮，编译 ASM 程序，并产生可执行文件。可以在软件底部的“输出”窗口，查看是否出现语法错误，如图 1.4.19 所示。该源程序的第 12 行存在语法错误，此时，需要修改源程序，再次单击“运行”按钮，直到没有语法错误为止。

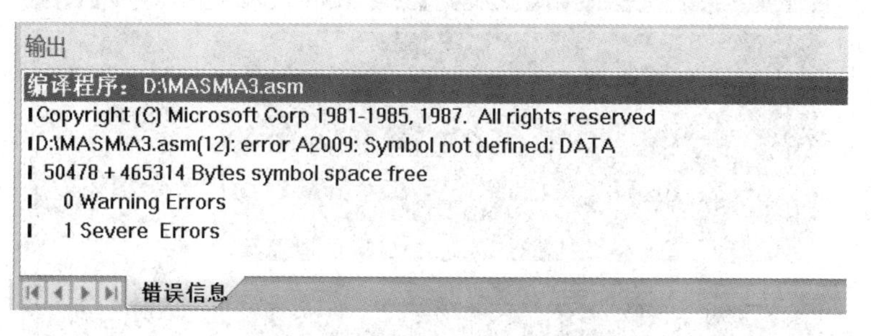

图 1.4.19　编译汇编程序错误信息示例

注意： 图 1.4.19 中所示仅为示例，是将源程序第 12 行的 MOV AX，DATAS 中的数据段名“DATAS”故意写作“DATA”，形成的语法错误。实际上例 3 及图 1.4.18 所示的汇编程序并没有语法错误。

(4) 单击“调试”按钮，进入 CodeView 工具，调试编写的汇编程序，如图 1.4.20 所示。

图 1.4.20　进入 CodeView 调试工具

在如图 1.4.21 所示的 CodeView 调试环境中，按 F8 键，单步执行程序，同时观察相应的寄存器或者存储器单元的内容，验证编写的程序，是否按照题目要求的正确逻辑工作。

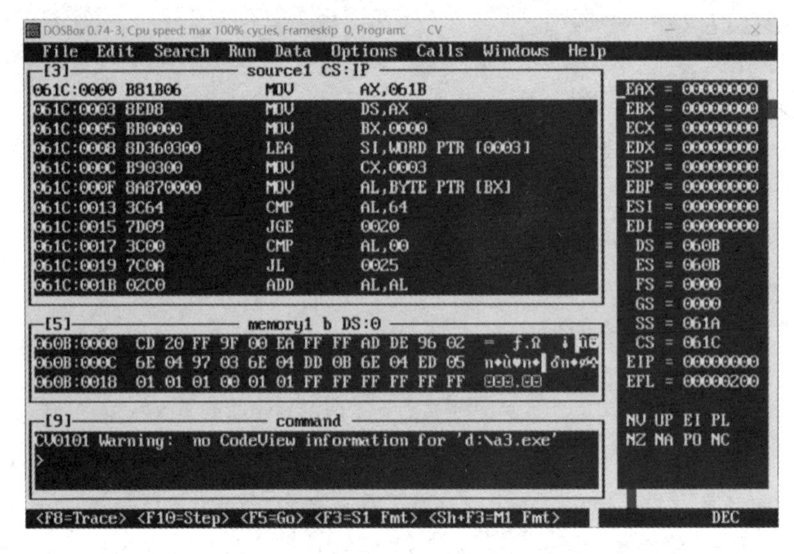

图 1.4.21　例 3 的 CodeView 调试环境

可以双击鼠标左键，光标点亮源程序中某一行代码，表示设置了“断点”，如图 1.4.22 所示。按 F5 键，断点执行程序，并修改存储区段地址，指向当前数据段寄存器 DS，即 061BH，查看程序最终执行结果，如图 1.4.23 所示。

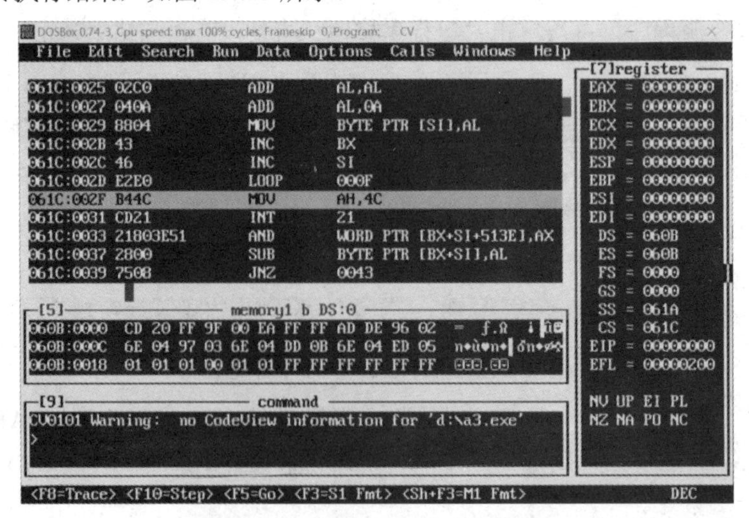

图 1.4.22　设置断点和点亮某行代码

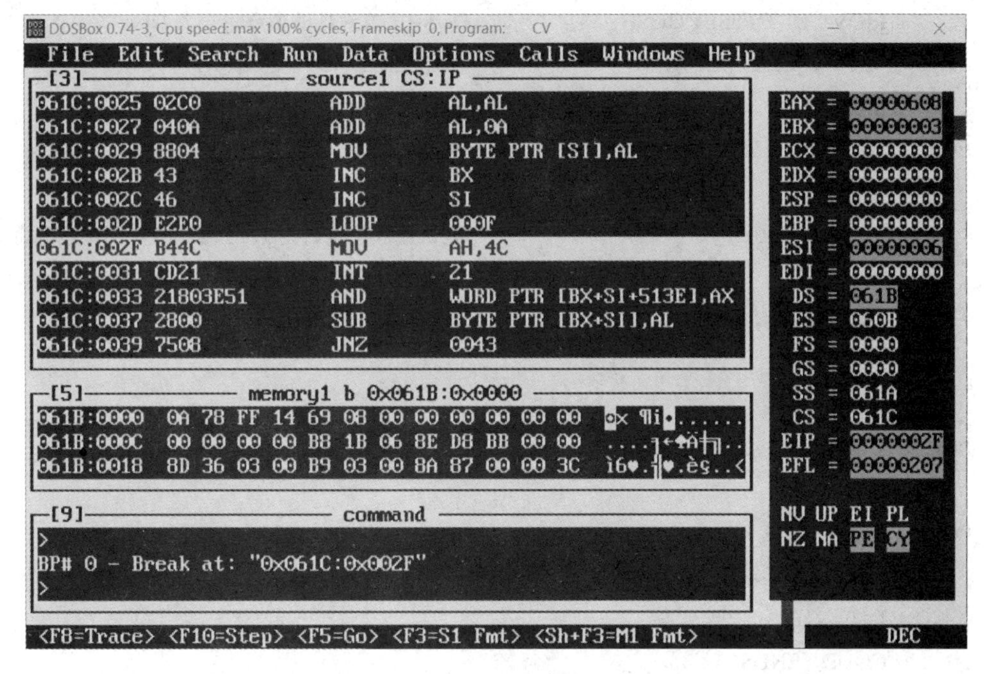

图 1.4.23　程序执行到断点

例 3 数据段中定义 X 分别为 10(0AH)、120(78H)、–1(FFH)，计算分段函数 Y 的值依次为 20(14H)、105(69H)、8(08H)，与存储区 061B:0000 开始的连续单元的内容一致，说明程序编写正确。

【例 4】 在内存数据区 buf 中存有 11 个无符号字节数据，要求把其中的奇数、偶数分开，分别送至同一数据段的两个缓冲区中。奇数放置到缓冲区自 100H 开始的 LDD 变量中，偶数放置到缓冲区自 110H 开始的 VVD 变量中。要求使用数据段定义变量。

采用分段结构编写汇编语言源程序，根据题目要求，编写程序如下：

```
    DATA      SEGMENT
    ARM       DB   1, 2, 3, 4, 5, 6, 7, 8, 9, 10, 11
    COUNT     EQU   $-ARM
    ORG   100H
    QISHU     DB  COUNT DUP (?)          ; 预留 11 个字节单元存放奇数
    ORG   110H
    OUSHU     DB  COUNT DUP (?)          ; 预留 11 个字节单元存放偶数
    DATA      ENDS

    CODE      SEGMENT
    ASSUME CS:CODE, DS:DATA
START:  MOV   AX, DATA
        MOV   DS, AX
        MOV   BX, OFFSET QISHU           ; QISHU 首地址的偏移量存入 BX
```

```
        MOV   DI, OFFSET OUSHU        ; OUSHU 首地址的偏移量存入 DI
        MOV   SI, OFFSET ARM          ; 数组 ARM 首地址的偏移量存入 SI
        MOV   CL, COUNT               ; 设置循环次数
LOP:    MOV   AL, [SI]                ; 循环体
        INC   SI
        TEST  AL, 01H                 ; 测试最低位是否为 1。如果为 1，则该数为奇数
        JZ    LOP1                    ; 如果为 0，则该数为偶数
        MOV   [BX], AL                ; 奇数依此存入 QISHU 中
        INC   BX
        JMP   LOP2
LOP1:   MOV   [DI], AL                ; 偶数依此存入 OUSHU 中
        INC   DI
LOP2:   LOOP  LOP
        MOV   AH, 4CH
        INT   21H
        CODE  ENDS
        END   START
```

上机运行步骤如下：

(1) 新建一个 .asm 文件，打开如图 1.4.24 所示的源程序编辑窗口。

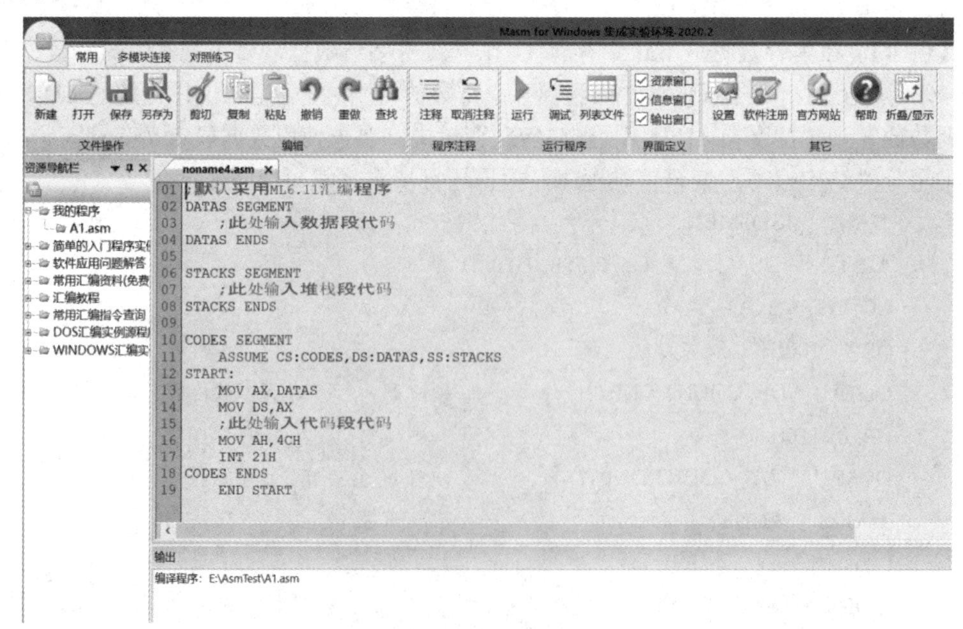

图 1.4.24　新建汇编程序框架

(2) 将编写好的程序分别添加到汇编源程序的数据段 DATAS 和代码段 CODES 中。点击“保存”按钮，保存为 A4.asm(也可以存为符合要求的任何文件名)，如图 1.4.25 所示。源程序窗口的标签显示为 A4.asm。

注意：源程序中数据段及代码段的名称分别为 DATA 和 CODE，与源程序框架有区别。

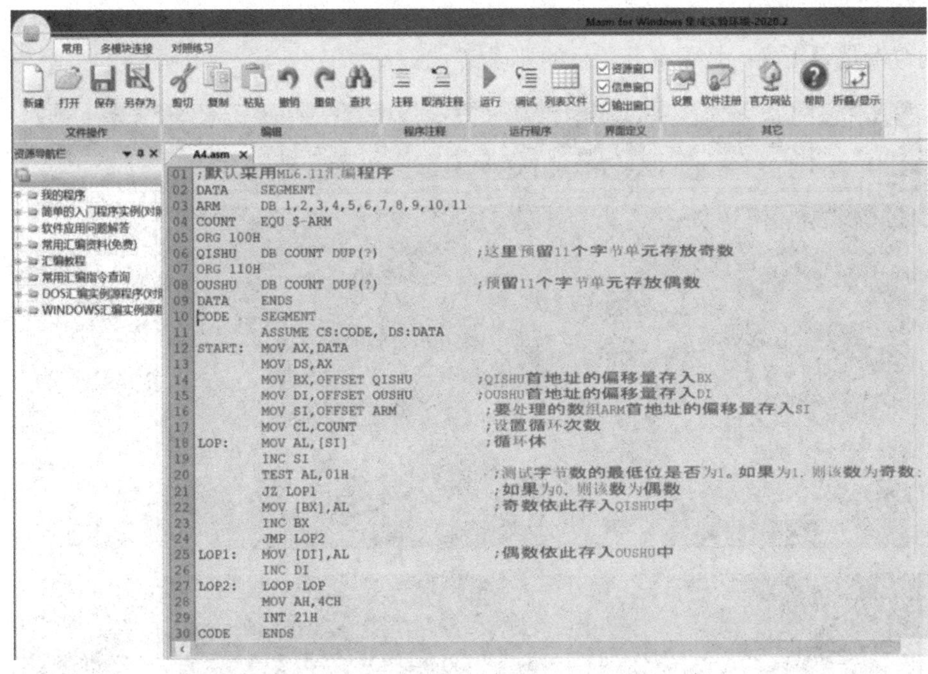

图 1.4.25　输入编写的汇编语言源程序

(3) 单击“运行”按钮，编译 ASM 程序，并产生可执行文件。可以在软件底部的“输出”窗口，查看是否出现语法错误，如果出现语法错误，则修改源程序，再次点击“运行”按钮，直到没有语法错误为止。

(4) 单击“调试”按钮，进入 CodeView 调试环境，如图 1.4.26 所示，调试编写的汇编程序。

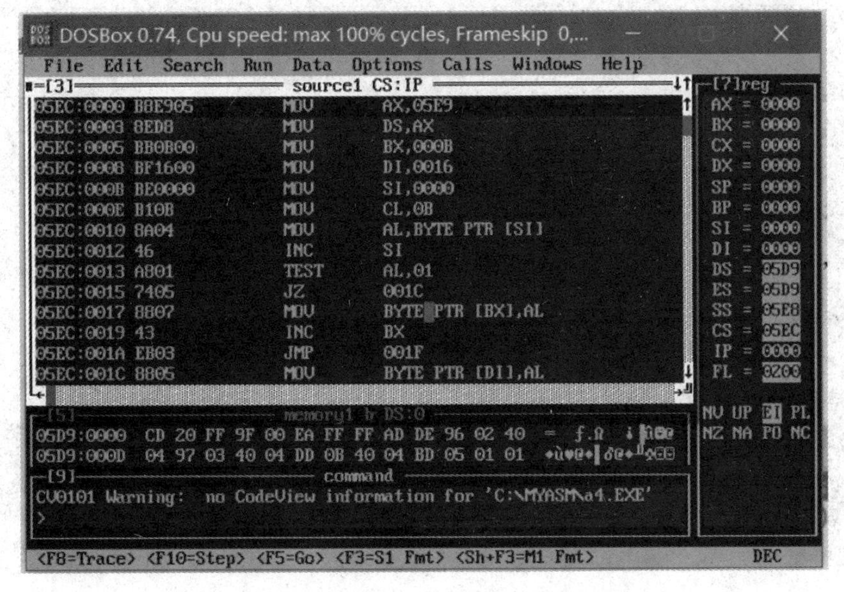

图 1.4.26　例 4 中 CodeView 调试环境

可以双击鼠标左键，光标点亮源程序中某一行代码，表示设置了“断点”，如图 1.4.27 所示。按 F5 键，断点执行程序，如图 1.4.28 所示。查看程序最终执行结果，验证编写的程序的逻辑是否正确，是否符合题目的要求。

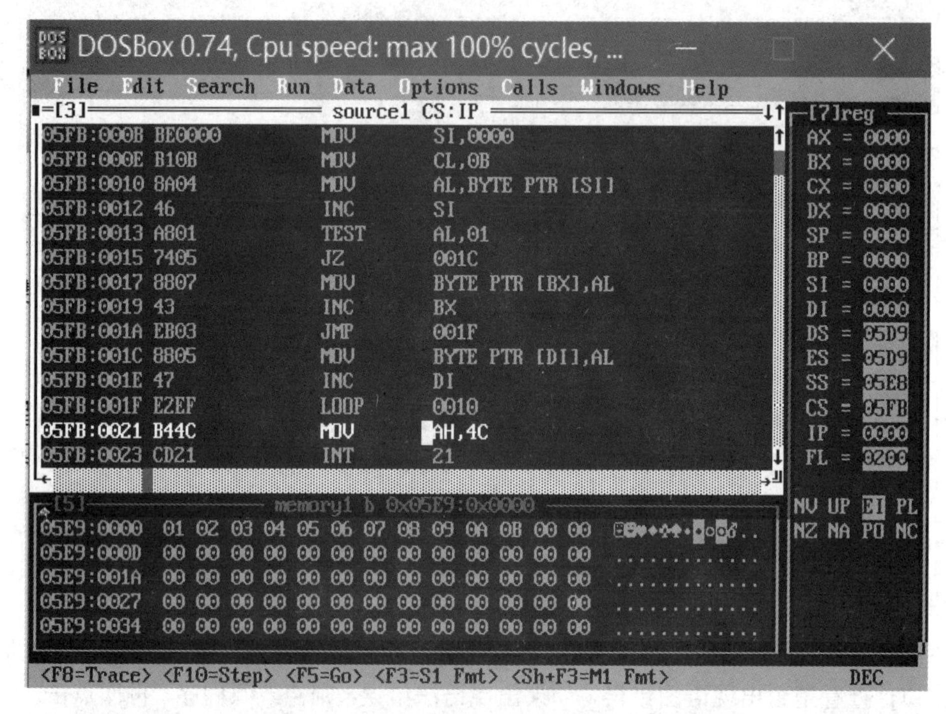

图 1.4.27　设置断点和点亮某行代码

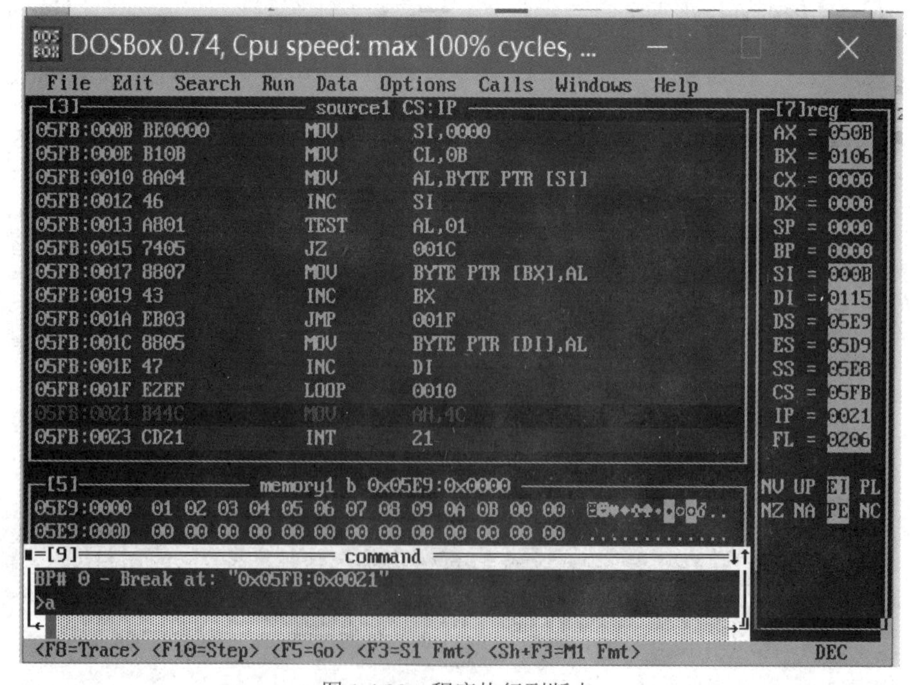

图 1.4.28　程序执行到断点

在内存窗口查看调试结果。CV 的内存窗口与 DEBUG 的 D 命令显示形式类似，窗口的最左侧是存储单元的地址，中间部分是存储单元的内容(以十六进制形式显示)，最右侧显示的是存储单元的内容是 ASCII 码形式所对应的字符。

图 1.4.26 所示为程序调试开始之前，CV 窗口的初始状态。将内存窗口显示的存储单元地址与寄存器中的内容相对照，可以看出，第一行存储单元的段地址与 DS 中的内容相同(均为 05D9H，此地址并非确定值，指向使用者计算机的自由内存地址)，偏移地址从 0 开始。鼠标单击内存窗口中的存储单元地址，可直接修改段地址及偏移地址，使内存窗口显示指定范围存储单元的内容。

按 F8 键，单步执行前两条指令：

```
MOV AX, DATA        ; DATA 在 CV 代码窗口被反汇编为立即数，即数据段地址
MOV DS, AX
```

此时，观察寄存器内容，可以看到 DS = 05E9H，指向定义的数据段。用鼠标单击内存窗口中的存储单元地址，把该地址直接修改为 05E9:0000，观察内存单元内容，可以看到从 05E9:0000 开始各存储单元内容依次为 1、2、3、4、5、6、7、8、9、0A、0B，与程序在数据段定义的 ARM 数组中的数据相同，如图 1.4.29 所示。

```
=[5]============ memory1 b 0x05E9:0x0000 ============
05E9:0000  01 02 03 04 05 06 07 08 09 0A 0B 00 00
05E9:000D  00 00 00 00 00 00 00 00 00 00 00 00 00
05E9:001A  00 00 00 00 00 00 00 00 00 00 00 00 00
05E9:0027  00 00 00 00 00 00 00 00 00 00 00 00 00
05E9:0034  00 00 00 00 00 00 00 00 00 00 00 00 00
```

图 1.4.29　查看内存单元初始数据

执行完程序后，修改内存窗口显示地址的范围，指向源程序定义的奇数及偶数的存放地址，即 05E9:0100。从该地址开始依次存放 ARM 数组中的奇数 1、3、5、7、9、B，如图 1.4.30 所示。从内存地址 05E9:0110 开始的单元中存放 ARM 数组中的偶数 2、4、6、8、A，如图 1.4.31 所示。

```
=[5]============ memory1 b 0x05E9:0x0100 ============
05E9:0100  01 03 05 07 09 0B 00 00 00 00 00 00 00
05E9:010D  00 00 00 31 04 06 08 0A 00 00 00 00 00
05E9:011A  00 00 00 00 00 00 B8 E9 05 8E D8 BB 00
05E9:0127  01 BF 10 01 BE 00 00 B1 0B 8A 04 46 A8
05E9:0134  01 74 05 88 07 43 EB 03 88 05 47 E2 EF
```

图 1.4.30　查看内存单元运行结果(奇数)

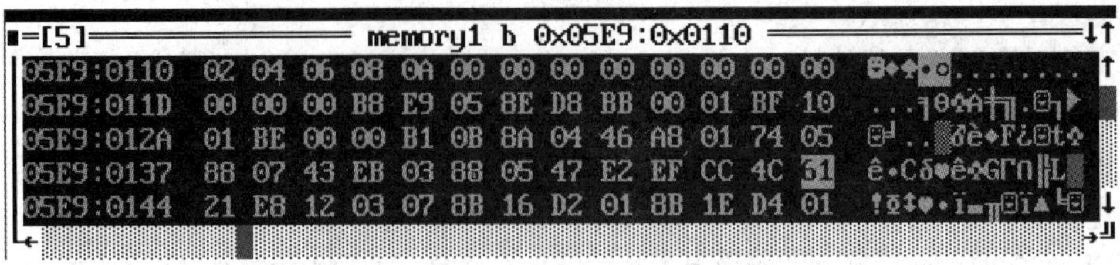

```
=[5]════════════ memory1 b 0x05E9:0x0110 ════════════
05E9:0110  02 04 06 08 0A 00 00 00 00 00 00 00 00
05E9:011D  00 00 00 B8 E9 05 8E D8 BB 00 01 BF 10
05E9:012A  01 BE 00 00 B1 0B 8A 04 46 A8 01 74 05
05E9:0137  88 07 43 EB 03 88 05 47 E2 EF CC 4C 61
05E9:0144  21 E8 12 03 07 8B 16 D2 01 8B 1E D4 01
```

图 1.4.31　查看内存单元运行结果(偶数)

1.5　汇编语言程序设计实验

汇编语言程序设计实验是微机原理及接口技术课程实验的重要组成部分，我们通过实验来学习 80x86 的指令系统、寻址方式以及程序设计方法，同时掌握集成实验开发环境的使用方法，学会使用调试工具对程序进行调试。本节重点在于培养学生的软件编程能力，以及使用软件工具、仿真平台的编程实现能力。

1.5.1　顺序结构程序设计

1. 实验目的

(1) 掌握顺序结构程序的设计方法。

(2) 掌握程序调试的方法。

2. 实验原理

顺序结构是程序设计中最简单、最常用的程序结构。顺序结构的程序在执行时按照其书写顺序执行。程序一般包括数据、数据的处理、结果的存储及显示 3 个部分。数据部分是解决问题时需要处理的原始数据，可能来自存储器、寄存器或者键盘输入；数据的处理部分就是按照公式或者一定的算法对原始数据进行处理，以得到正确的结果；结果可以在显示器上显示，也可存储到寄存器或存储器中。

在本节实验中，数据来自寄存器(通过 MOV 指令赋值获取)或者存储器(通过定义变量存储数据)，结果保存到寄存器中(通过 MOV 指令传送)或者在显示器上显示(通过 DOS 功能调用实现)。

在本节实验中，需要显示数字字符，可以使用 6 号 DOS 功能调用来实现。

6 号 DOS 功能调用：键盘输入字符/显示器输出字符。

功能：从键盘输入一个字符或者在显示器上输出一个字符。

输入功能时：

入口参数：将 0FFH 送至 DL，表示从键盘输入一个字符。

出口参数：如果有键按下，ZF = 0，按下字符的 ASCII 码送至 AL 寄存器；如果没有键按下，ZF = 1。

输出功能时：

入口参数：将要输出字符的 ASCII 码送至 DL(不能为 0FFH)。

出口参数：无。

3. 实验内容

实验 1：七段数码管段码值的查找。

已知某七段数码管为共阴型接法，数字 0～9 对应的段码依次为 3fh、06h、5bh、4fh、66h、6dh、7dh、07h、7fh、6fh。AL 中为要显示的数字(范围为 0～9)，编程查找 AL 中的数字(0～9 中的一个)对应的段码值，并将段码值送到 DL。

实验 2：求和实验。

将 DX:AX 中的双字数据与 BX:CX 中的双字数据相加，并将和存放到 DX:AX 中。已知 DX = 0DEF0H，AX = 11B5H，CX = 884FH，BX = 267EH。

实验 3：显示实验。

将 AL 中的数据(范围为 0～99)在显示器上以十进制数形式显示。如果 AL 中的数为 6，则显示 06；如果 AL 中的数据为 26，则显示 26。

4. 编程提示

实验 1：七段数码管段码值的查找。

分析：在程序的数据段定义段码值的表格，将 BX 指向段码值的表首，利用查表指令或者一般的数据传送指令，获取 AL 中数字对应的段码值并将其送至 DL。

程序流程图如图 1.5.1 所示。

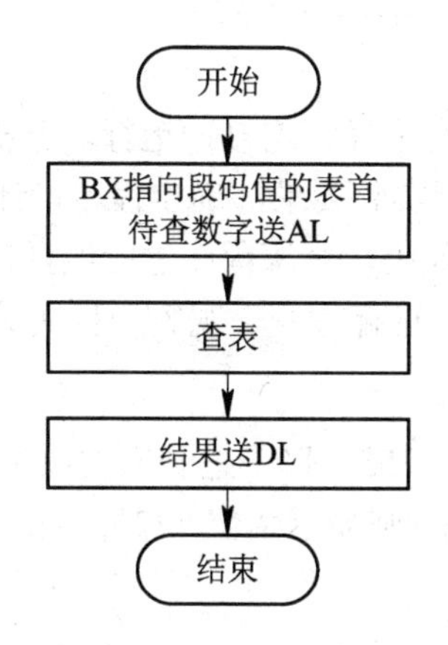

图 1.5.1　查找七段数码管段码值的程序流程图

实验 2：求和实验。

分析：将 DX:AX 中双字数据表示数据的高 16 位保存在 DX 中，低 16 位保存在 AX 中；将 BX:CX 中双字数据表示数据的高 16 位保存在 BX 中，低 16 位保存在 CX 中。

注意：求和时先将低位字相加，再把高位字相加，高位字相加时要考虑低位字的进位情况。

实验 3：显示实验。

分析：要将 AL 中的数据以两位十进制形式显示，首先要分离 AL 中的十位和个位。先将 AL 中的数据除以 10，可以分离出十位和个位；再将分离出来的数字加上 30H 获得数字对应的 ASCII 码；最后采用 6 号 DOS 功能调用进行显示。

实验 1 参考程序：

```
          DATAS SEGMENT
          LED DB 3fh,06h,5bh,4fh,66h,6dh,7dh,07h,7fh,6fh
          DATAS ENDS
          CODES SEGMENT
          ASSUME CS:CODES, DS:DATAS, SS:STACKS
START:
          MOV   AX, DATAS
          MOV   DS, AX
          LEA   BX, LED              ; BX 指向段码表首地址
          MOV   AL, 3
          XLAT                       ; 使用查表指令，查 AL 内容对应的段码
          MOV   DL,AL
          MOV   AH,4CH
          INT   21H
          CODES ENDS
          END START
```

程序的运行结果：AL = __________, DL = ____________。

5. 实验步骤

(1) 对实验 1 示例中程序进行编译，连接，运行，分析实验结果。

(2) 对实验 2 和实验 3，分析实验要求，确定程序设计思路，绘制程序流程图。

(3) 根据流程图编写源程序代码，对源程序进行编译，连接。

(4) 使用 CV 或 DEBUG 调试运行程序，观察分析实验结果。

6. 思考题

如果 AL 中的数据范围为 0～255，以十进制形式显示。例如，AL 中的内容为 06H，则显示一位“6”；AL 内容为 20H，则显示两位“32”；AL 内容为 80H，则显示三位“128”，这时程序应如何修改。

学生实验报告

实验题目	顺序结构程序设计

1. 实验目的

(1) 掌握顺序结构程序的设计方法。

(2) 掌握程序调试的方法。

2. 实验内容

(1) 调试运行实验 1 的参考程序代码，记录程序运行结果。

程序运行结果：AL＝________，DL＝__________。

(2) 实验 2：求和实验。

① 绘制实验 2 的程序流程图。

② 根据提示，完成汇编语言源程序的编写，并进行编译、连接、运行，分析记录运行结果。

```
CODES SEGMENT
      ASSUME CS:CODES
START:
;对 AX，BX，CX，DX 四个寄存器进行赋值




;补全加法运算的代码




      MOV AH,4CH
      INT 21H
CODES ENDS
END START
```

程序运行结果：

DX = ____________________，AX = ____________________。

CF = ________，OF = ________，PF = ________，ZF = ________，SF = ________。

(3) 实验 3：显示实验。

① 绘制实验 3 的程序流程图。

② 根据提示，完成汇编语言源程序的编写，并编译、连接、运行，分析记录运行结果。

```
CODES SEGMENT
      ASSUME CS: CODES
START: MOV AL, 13
      MOV AH, 0   ;  AH 为什么赋值 0__________________
      MOV BL,10
; 补充完成源程序，进行除法运算并在显示器上显示十位和个位
```

程序运行结果：

当 AL = 13 时，运行结果显示输出：______________。

当 AL = 53H 时，运行结果显示输出：______________。

教师评价	评价教师签名： 年　　月　　日

1.5.2　分支结构程序设计

1. 实验目的

(1) 掌握分支程序的执行流程。

(2) 掌握分支程序的设计方法。

2. 实验原理

在解决实际问题的过程中，通常会根据现场条件的不同，选择执行不同的操作。在程序设计中，这种根据条件选择不同执行路径的程序结构称为分支结构。分支结构分为单分支结构、双分支结构和多分支结构，常用的单分支结构和双分支结构示意图如图 1.5.2 所示。在汇编语言中，分支结构程序通常是利用转移指令结合标志位判断来实现的。

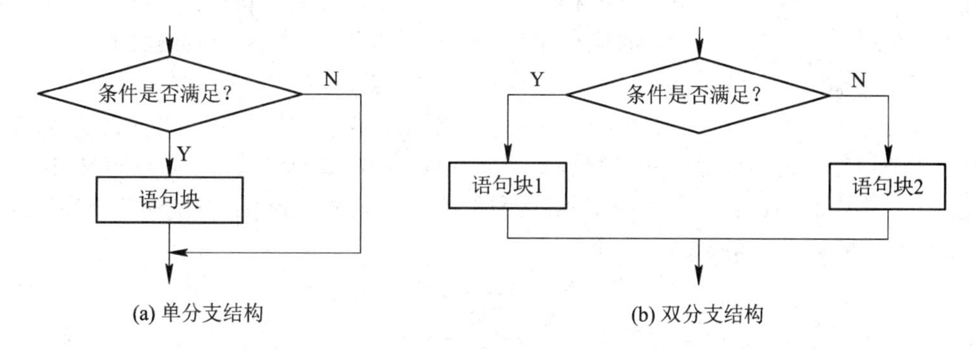

图 1.5.2　单分支和双分支结构示意图

在本节实验中，实验运行结果以字符串形式在显示器上输出，可以采用 9 号 DOS 功能调用实现。

9 号 DOS 功能：在显示终端输出一个以$结束的字符串。

入口参数：DS:DX 指向以$结束的字符串。

出口参数：无。

3. 实验内容

实验 1：考试分数处理。

在数据段中定义一个字节数据变量 SCORE，其中存放着一个考试分数(分数范围为 0～100)，如果 SCORE≥60，则输出 PASS；如果分数＜60，则输出 FAILURE。

实验 2：字符判断。

由键盘输入一个字符，对字符的类型进行判断。如果是数字字符，则输出字符串“DIGIT”；如果是英文字母，则输出字符串“CHAR”；既不是数字字符也不是英文字母，则输出字符串“OTHER”。

实验 3：将百分制成绩转换为等级分制成绩。

定义一个字节变量 score，其内容为某学生的高等数学课程的百分制成绩(分数范围为 0～100)，现要求将该百分制成绩转换为等级分制成绩并输出。在程序设计时，不考虑百分制成绩不合法的情况，即默认 score 的值在 0～100 之间，转换表格如表 1.5.1 所示。

表 1.5.1　百分制转换为等级分制

百分制成绩	等级分制成绩
[85,100]	Excellent
[70,84]	Medium level
[60,69]	Pass
[0,59]	Failure

4. 编程提示

实验 1：考试分数处理。

分析：待处理的数据为百分制考试分数，可以通过数据定义伪指令完成变量的定义和赋值；对分数处理可以使用双分支结构，即借助比较指令和条件转移指令来实现双分支结构；不管是哪一个分支，输出的都是一个字符串，可以借助 DOS 功能调用中的 9 号调用实现字符串的输出。

分数处理程序设计流程图如图 1.5.3 所示。根据流程图编写代码，并对源代码进行编译、连接和运行；还需要对程序进行测试，测试数据可以选择 2 个，一个 0～60 的分数，以及一个 60～100 的分数；修改 SCORE 变量的值，观察输出结果。特别注意边界值(如 0、60、100)对应的输出结果。

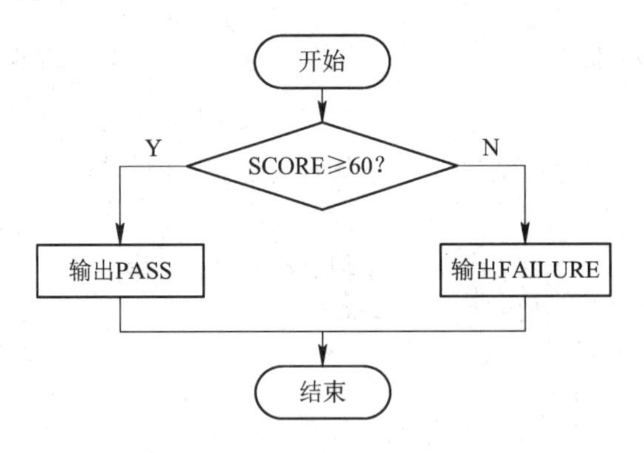

图 1.5.3　分数处理程序设计流程图

实验 2：字符判断。

分析：从键盘输入一个字符，可以借助 DOS 功能调用中的 1 号调用实现。执行 1 号调用并从键盘输入字符后，字符的 ASCII 码值将保存在 AL 中。如果 AL 中的值介于“0”和“9”之间，可判断字符为数字字符；如果 AL 中的值介于“a”和“z”之间或者介于“A”和“Z”之间，可判断字符为英文字母；既不是数字又不是英文字母，则为其他字符。结果字符串的输出可以借用 DOS 功能调用的 9 号调用实现，在数据段中根据 9 号调用的规定定义相应的字符串。

字符判断程序设计流程图如图 1.5.4 所示。根据流程图编写代码，对源代码进行编译、连接和运行；输入字符，对程序进行测试，测试数据应包含数字字符、英文字母(大写字母和小写字母各一种)及其他字符，观察不同测试数据的运行结果。

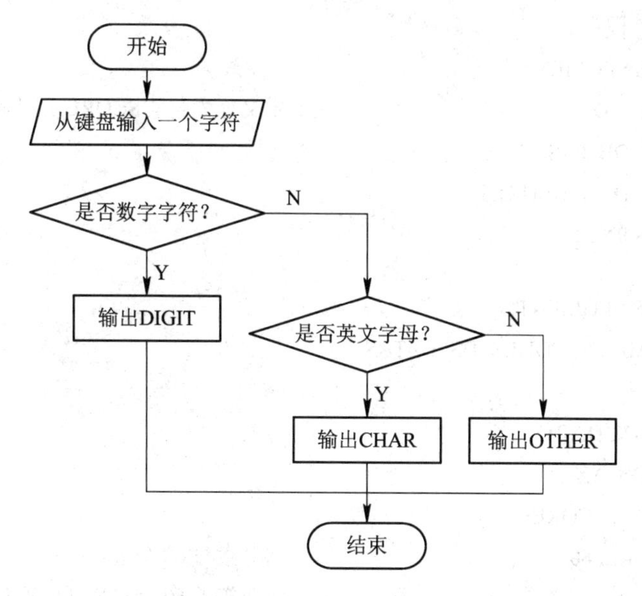

图 1.5.4　字符判断程序设计流程图

实验 3：将百分制成绩转换为等级分制成绩。

分析：在数据段中定义 4 个字节变量，分别对应 4 个等级分制成绩的字符串，再根据百分制分数变量 score 的取值进行分支判断，找到对应的等级分制成绩并输出结果。

实验 3 的参考程序设计流程图如图 1.5.5 所示。根据流程图编写代码，并对源代码进行编译、连接和运行。还需要对程序进行测试，更改分数变量 score 的数值，score 的数值应包括如下 4 种：85～100 之间的数值、70～84 之间的数值、60～69 之间的数值、0～59 分之间的数值。观察显示器上的输出结果。

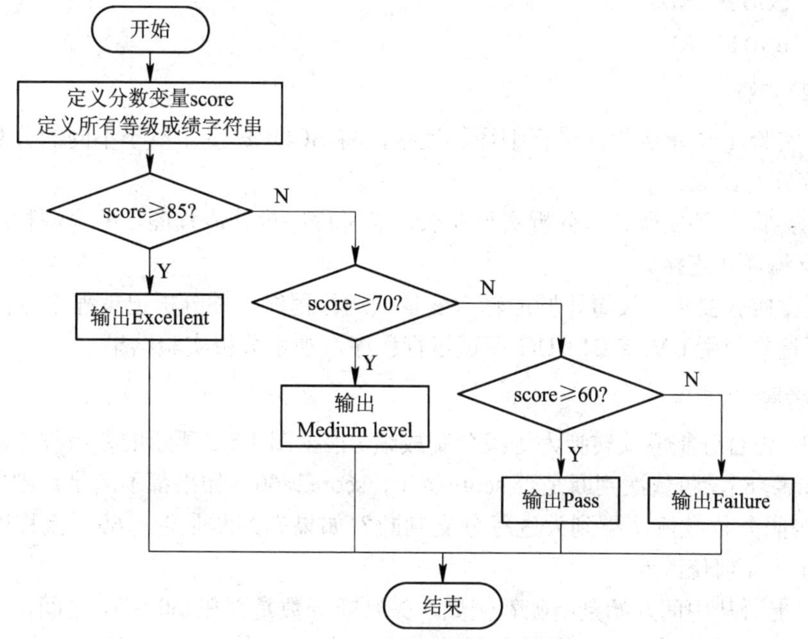

图 1.5.5　百分制转换为等级制程序流程图

实验 1 的参考程序：

```
        DATAS SEGMENT
        SCORE   DB 78                      ; 定义分数变量 SCORE 并赋值
        STR1    DB 'PASS$'
        STR2    DB 'FAILURE$'
        DATAS ENDS

        CODES SEGMENT
        ASSUME CS: CODES, DS: DATAS
START:
        MOV AX, DATAS
        MOV DS, AX
        MOV AL, SCORE
        CMP   AL, 60                       ; 将分数与 60 分进行比较
        JAE P                              ; 大于等于 60 分转移到标号 P 中
        MOV DX, OFFSET STR2                ; DX 指向 FAILURE 的首字符
        JMP NEXT
    P:  MOV DX, OFFSET STR1                ; DX 指向 PASS 的首字符
NEXT:   MOV AH,9                           ; 9 号调用，输出 DS:DX 指向的字符串
        INT 21H
        MOV AH, 4CH
        INT 21H
        CODES ENDS
        END START
```

5. 实验步骤

(1) 对实验 1 中示例程序进行编译、连接，将 SCORE 变量赋予不同的分数值，分析并记录程序运行结果。

(2) 对实验 2 和实验 3，分析实验要求，参考程序设计流程图，编写源程序代码，对源程序进行编译和连接。

(3) 根据实验要求，设置不同的输入变量，运行程序，并分析记录程序运行结果。

(4) 可选择使用 CV 或 DEBUG 调试运行程序，观察分析实验结果。

6. 思考题

实验 3：将百分制成绩转换为等级分制成绩，根据图 1.5.5 所示的参考程序流程图先判断是否 score≥85，再依次判断是否 score≥70、score≥60，如果都不满足，则成绩为不及格。能否按照分数数值从小到大进行分支判断？如果先判断是否＜60，流程图应如何修改？源程序应如何修改？

此外，能否从中间开始判断呢？例如，先判断分数是否在 60～70 之间，再判断其他区间。总结此类分段处理程序的设计方法。

学生实验报告

实验题目	分支结构程序设计

1. 实验目的

(1) 掌握分支程序的执行流程。

(2) 掌握分支程序的设计方法。

2. 实验内容

(1) 调试运行实验 1 的参考程序代码，记录程序运行结果。

测试数据 1：SCORE = ___60___，　输出结果为________________。

测试数据 2：SCORE = ___0～59___，　输出结果为________________。

测试数据 3：SCORE = ___60～100___，　输出结果为________________。

(2) 根据实验 2 编程提示，参考程序设计流程图 1.5.4，完成下述汇编语言源程序的编写，并进行编译、连接、运行，分析记录运行结果。

```
DATA SEGMENT
__________________________    ；定义字节变量 STR1 为字符串'DIGIT'
__________________________    ；定义字节变量 STR2 为字符串'CHAR'
__________________________    ；定义字节变量 STR3 为字符串'OTHER'
DATA ENDS
CODE SEGMENT
        ASSUME CS: CODE, DS: DATA
START: MOV AX, DATA
MOV DS, AX
    ____________________
    ____________________      ; 1 号 DOS 调用，等待从键盘输入一个字符
CMP AL,'0'                    ；判断是否为数字
JB NEXT
；填写代码，将 AL 中的字符与字符 9 比较，大于字符 9 转移到 NEXT 标号中
    _________________
    _________________
    _________________         ；将 DX 指向字符串 STR1 的首地址
JMP OUTPUT
NEXT: CMP AL, 'A'             ；判断是否为大写字母
JB XIAOXIE
CMP AL, 'Z'
JA XIAOXIE
    __________________        ；将 DX 指向字符串 STR2 的首地址
JMP OUTPUT
```

```
XIAOXIE: CMP AL,'a'                  ; 判断是否为小写字母


JB OTHER
CMP AL,'z'
JA OTHER
    ______________                   ; 将 DX 指向字符串 STR2 的首地址
JMP OUTPUT
OTHER:                               ; 将 DX 指向字符串 STR3 的首地址
OUTPUT:                              ; 9 号调用，完成对应字符串的输出



MOV AH, 4CH
INT 21H
CODE ENDS
    END START
```

分别输入不同的字符(数字、字母、其他字符)，测试程序运行结果：

测试字符 1：按键为__________；　输出结果：______________。

测试字符 2：按键为__________；　输出结果：______________。

测试字符 3：按键为__________；　输出结果：______________。

(3) 根据实验 3 参考程序提示，参考程序设计流程图 1.5.5，完成汇编语言源程序的编写，并进行编译、连接、运行，分析记录运行结果。

修改数据段中 score 变量的值为不同的分数(分数范围为 0～100)，测试程序的运行结果：

测试数据 1：score = ___0～59___；　输出结果：________________。

测试数据 2：score = ___60～69___；　输出结果：________________。

测试数据 3：score = ___70～84___；　输出结果：________________。

测试数据 4：score = ___85～100___；　输出结果：________________。

(4) 结合思考题，总结分段处理程序的设计方法。

教师评价	评价教师签名： 年　　月　　日

1.5.3　循环结构程序设计

1. 实验目的

(1) 掌握循环程序的结构。

(2) 掌握循环程序的设计方法。

2. 实验原理

在程序设计过程中，对于反复执行的程序代码部分，可以将其设计为循环结构，避免程序代码的反复书写，简化程序代码和结构。

汇编语言是通过转移指令来构成循环结构的。通过计数判断加转移指令可以构成LOOP型循环，LOOP型循环的示意图如图1.5.6所示。通过条件判断加转移指令可以构成WHILE型循环或UNTIL型循环，WHILE型循环和UNTIL型循环的示意图如图1.5.7所示。

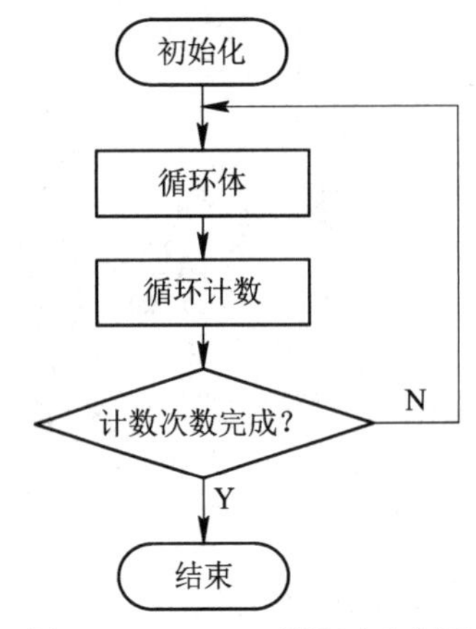

图1.5.6　LOOP型循环示意图

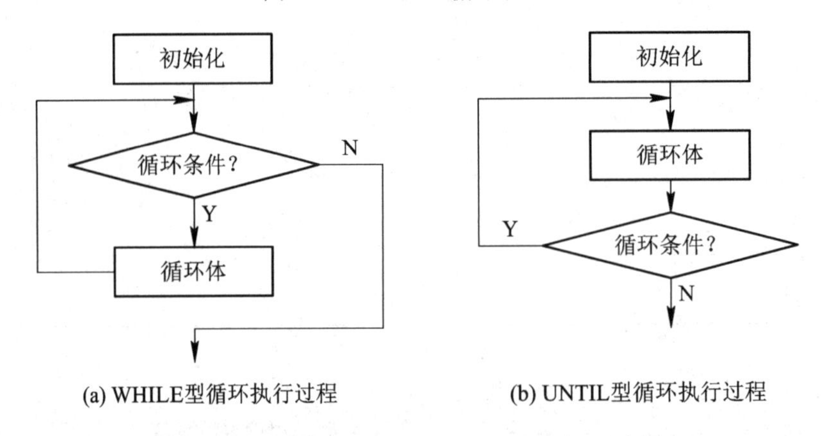

图1.5.7　WHILE型循环和UNTIL型循环示意图

在本节实验中，字符串的输入可以采用10号DOS功能调用实现。需要输出结果时可以采用6号DOS功能调用逐个输出或者采用9号DOS功能调用输出以“$”结尾的字符串。

10号DOS功能调用：从键盘输入一个字符串。

功能：将从键盘输入的以回车符结束的一串字符送至指定的存储区域。

入口参数：DS:DX 指向接收字符串的存储区的首个存储单元，接收字符串的存储区的第一个字节存入用户设置的接收存储区可接收的最大字符数(含回车)。

出口参数：将实际输入的字符串的字符个数(不含回车)存放到接收字符串存储区的第二个字节存储单元，实际输入的字符串从接收字符串存储区的第三个存储单元开始存放。

6 号 DOS 功能调用：输入或者输出一个字符。

功能：从键盘输入一个字符或者在显示器上输出一个字符。

输入功能时：

入口参数：将 0FFH 送至 DL，表示从键盘输入一个字符。

出口参数：如果有键按下，则 ZF = 0，并按下字符的 ASCII 码送至 AL 寄存器；如果没有键按下，则 ZF = 1。

输出功能时：

入口参数：将要输出字符的 ASCII 码 (不能为 0FFH)送至 DL。

出口参数：无。

3. 实验内容

实验 1：统计键盘输入字符串中数字字符的个数。

从键盘上输入一串字符(＜100 个字符)，编写程序统计输入数字字符的个数(＜100 个字符)并输出结果。

实验 2：将字符串中的“*”删除并显示。

从键盘上输入一串字符(＜100 个字符)，编写程序将其中的“*”删除，并输出和显示删除“*”后的字符串。

实验 3：累加求和。

计算数字 1～100 的和，即求 1 + 2⋯ + 100，并将结果保存在累加器 AX 中。

4. 编程提示

实验 1：统计键盘输入字符串中数字字符的个数。

分析：根据题目要求可以将问题的解决分为 3 部分：字符串的输入、数字字符个数的统计和统计结果的输出。

字符串的输入，可以利用 10 号 DOS 功能调用实现。

字符串中数字字符的统计：选择一个寄存器保存统计结果，对字符串中的每一个字符作判断，如果是数字字符，则对存放统计结果的寄存器做加 1 处理，如此循环判断，字符串中的所有字符处理完则可获得结果。

结果的输出：可以选择十进制输出或者十六进制的格式输出结果，无论以哪种进制输出，都要将统计结果的高位和低位分别输出。

统计数字字符个数的程序设计流程图如图 1.5.8 所示。按照题目要求，编写程序代码，对源代码进行编译，链接和运行，并对程序进行测试，测试数据包括以下 2 种：

编程设置以十进制格式输出时：分别测试统计结果小于 10，以及大于等于 10 的数据；

编程设置以十六进制格式输出时：分别测试统计结果小于 10H，以及大于等于 10H 的数据。

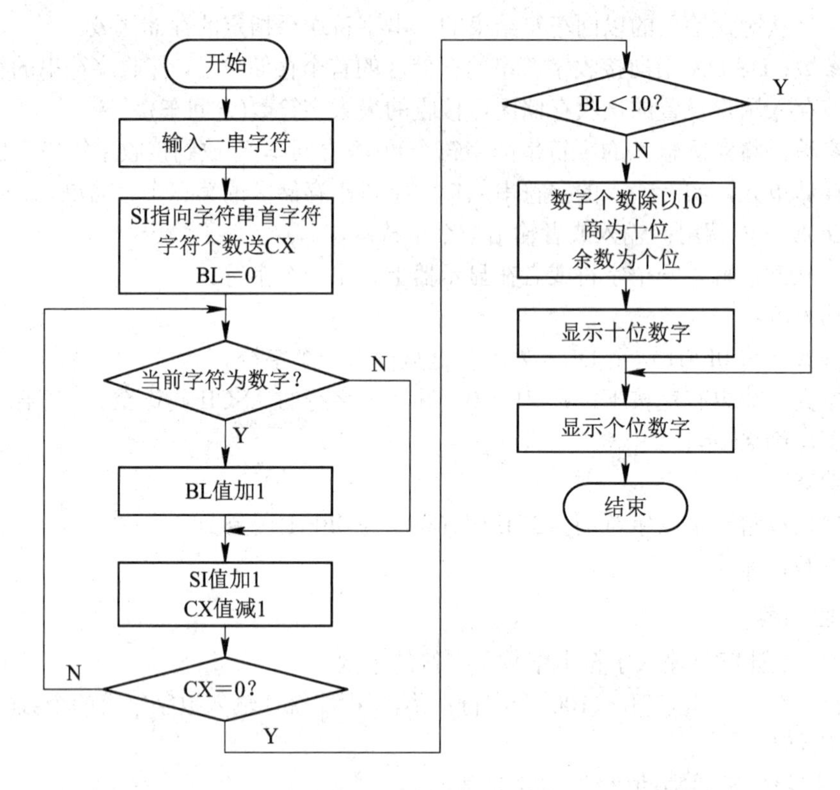

图 1.5.8　统计数字字符个数的程序设计流程图

实验 2：将字符串中的“*”删除并显示。

分析：根据题目要求可以将问题的解决分为 3 部分：字符串的输入、字符串的转换(将字符串中的“*”删除)和转换后字符的输出。

字符串的输入，可以利用 10 号 DOS 功能调用实现。

字符串的处理：对字符串中的每一个字符作判断，如果是“*”字符，则跳过不处理；如果不是“*”字符，则将其存入新字符串中。

转换后字符串的输出：可以采用 DOS 功能调用中的 6 号调用逐个字符输出，或者采用 9 号调用输出整个字符串。

实验 3：累加求和。

实验要求：计算数字 1～100 的和，即求 1 + 2 + … + 100，并将结果保存在累加器 AX 中。

分析：累加器 AX 用于保存求和的值，寄存器 BX 中存放求和的数字(1～100)。对 BX 的值进行读取和判断，当 BX 的值小于等于 100 时，将 BX 与 AX 相加；当 BX 的值大于 100 时，停止求和运算。

参考程序设计流程图如图 1.5.9 所示。

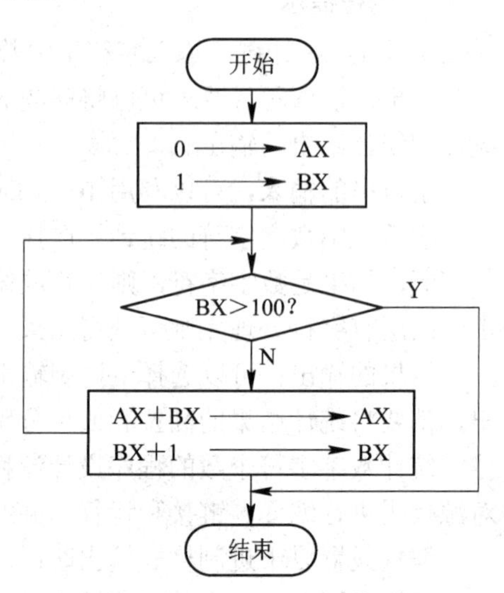

图 1.5.9　累加求和程序设计流程图

实验 1 的参考程序：

```
        DATA SEGMENT
        STRING1 DB 'Please input a string $'    ; 输入提示语
        BUFF    DB    100
                DB ?
                DB 100 DUP (?)
        DATA ENDS
        CODE SEGMENT
        ASSUME CS:CODE,DS:DATA
START:
        MOV AX, DATA
        MOV DS, AX
        MOV DX, OFFSET STRING1
        MOV AH, 09H
        INT 21H                                 ; 在显示器上显示提示语
        MOV DX, OFFSET BUFF
        MOV AH, 0AH
        INT 21H                                 ; 输入一个字符串
        LEA SI, BUFF
        INC SI
        MOV CL, [SI]
        MOV CH,0
        INC SI
        MOV BL,0                                ; BL 用于保存统计结果
AGAIN:  MOV AL, [SI]
        CMP AL, '0'
        JB NEXT
        CMP AL, '9'
        JA NEXT                                 ; 判断是否为数字字符
        INC BL
NEXT:   INC SI
        DEC CX
        JNZ AGAIN
        MOV DL, 0DH                             ; 输出回车/换行
        MOV AH, 6
        INT 21H
        MOV DL, 0AH
```

```
        INT 21H
        CMP BL, 10                  ; 以十进制格式显示统计结果
        JB GEWEI
        MOV BH, 0
        MOV AX, BX
        MOV CL,10
        DIV CL
        MOV BX, AX                  ; 把十六进制数转换成十进制数
        MOV DL, BL                  ; 输出十位数
        ADD DL, 30H
        MOV AH, 6
        INT 21H
        MOV BL,BH
GEWEI:  MOV DL, BL                  ; 输出个位数
        ADD DL, 30H
        MOV AH, 6
        INT 21H
        MOV AH, 4CH
        INT 21H
        CODE ENDS
        END START
```

5. 实验步骤

(1) 对实验 1 示例程序进行编译、连接，输入两组字符串，分析记录程序运行结果。

(2) 对于实验 2 和实验 3，分析实验要求，画程序流程图，编写源程序代码，对源程序进行编译，连接。

(3) 根据实验要求，设置不同的输入变量，运行程序，分析记录程序运行结果。

(4) 可选择使用 CV 或 DEBUG 调试运行程序，观察分析实验结果。

6. 思考题

如果将实验 1 的任务改为输入一个字符串，统计输出字符串的长度，以及其中数字字符、英文字符、其他字符的个数并分别输出，程序该如何设计？

学生实验报告

实验题目	循环结构程序设计

1. 实验目的

(1) 掌握循环程序的结构。

(2) 掌握循环程序的设计方法。

2. 实验内容

(1) 调试运行实验 1 的参考程序代码，记录程序运行结果。

测试数据 1：输入字符串为______________________________，

输出结果为__________。

测试数据 2：输入字符串为________________________________，

输出结果为__________。

(2) 根据实验 2 的编程提示，完成下述汇编语言源程序的编写，并进行编译、连接、运行，分析记录运行结果。

```
        DATA SEGMENT
        STRING1 DB 'Please input a string $'          ; 输入提示语
        BUFF    DB    100
                DB ?
                DB 100 DUP (?)
        NEWSTR DB 100 DUP(?)          ; 预留 100 个字节存储单元用来保存新字符串
        DATA ENDS
        CODE SEGMENT
        ASSUME CS: CODE, DS: DATA
START:  MOV AX, DATA
        MOV DS, AX
        MOV DX, OFFSET STRING1
        MOV AH, 09H
        INT 21H                        ; 在显示器上显示提示语
        MOV DX, OFFSET BUFF
        MOV AH, 0AH                    ; 10 号调用，输入一个字符串
        INT 21H
        LEA BX, BUFF
        INC BX
        MOV CL, [BX]
        MOV CH, 0
        INC BX
        MOV DI, OFFSET NEWSTR
```

```
        MOV DL,0DH
        MOV AH,6
        INT 21H
        MOV DL,0AH                      ; 回车换行
        INT 21H
AGAIN:
        ; 补全程序代码，把当前字符和'*'比较，是'*'转 NEXT，不是'*'存入新字符串并显示







NEXT:   INC BX
        DEC CX
        JNZ AGAIN
        MOV AH,4CH
        INT 21H
        CODE ENDS
        END START
```

程序运行结果：

测试数据 1：输入字符串为____________________________________，

输出为________________________________。

测试数据 2：输入字符串为____________________________________，

输出为________________________________。

(3) 根据实验 3 的编程提示，参考程序设计流程图 1.5.9，完成汇编语言源程序的编写，并进行编译、连接、运行，分析记录运行结果。

(4) 写出本小节思考题的程序设计思路。

教师评价	评价教师签名： 年　　月　　日

1.5.4　子程序设计

1. 实验目的

(1) 掌握子程序的定义及调用方法。

(2) 掌握参数传递的方法。

2. 实验原理

对于程序中反复被执行且具有独立功能的程序片段，可以将其设计为过程(子程序)，在需要执行该程序片段的位置，调用过程实现其功能。通过过程设计可以实现程序设计的模块化、结构化，简化了程序结构。

过程设计中要解决的主要问题包括过程的定义、主调程序与过程间的参数传递、过程的调用和返回。过程的定义以伪指令 PROC/ENDP 进行定义；主调程序和过程之间可以通过寄存器、变量或者堆栈进行参数的传递；过程调用使用 CALL 指令，过程返回使用 RET 指令。

过程定义格式如下：

```
过程名  PROC [NEAR/FAR]
                 …                    ; 过程处理部分
              RET
过程名  ENDP
```

过程调用的方法如下：

```
CALL  过程名
```

本节实验中的字符输入问题可以采用 1 号或 6 号 DOS 功能调用实现。

1 号 DOS 功能调用：从键盘输入一个字符。

功能：等待从键盘输入一个字符，并在显示器上显示该字符，同时将该字符的 ASCII 码送至 AL。

入口参数：无。

出口参数：键盘上按下键对应字符的 ASCII 码送至 AL，并在显示器上显示该字符。

3. 实验内容

实验 1：累加求和。

从键盘输入一个一位的整数 n(n 的取值范围为 0～9)，然后计算 1 + 2 + … + n，在显示器上输出并显示累加和的值。其中，求累加和、显示和值均通过调用子程序来实现。

实验 2：数据统计。

已知 10 个字节类型的带符号数据，要求找出其中的最大值，并将该值在显示器上显示输出。已知 10 个带符号字节数据为 32，78，54，0，−52，−76，37，89，28，−5。其中，寻找最大值和显示最大值均通过调用子程序来实现。

4. 编程提示

实验 1：累加求和。

分析：程序可以分为 3 个部分：数字的输入和处理，求累加和，输出结果。

数字的输入和处理：可以利用 DOS 功能中的 1 号调用完成数字字符的输入。由于 1

号调用得到的是数字字符的 ASCII 码，所以输入完成后还要进行 ASCII 码到数值的转换，ASCII 码减去 30H 可以得到对应数字的值。

求累加和：将求累加和的计算定义为一个过程，并利用寄存器 AL 传递参数？即键盘输入数字的值。

结果的输出：求和的结果以十进制形式输出，对结果小于 10 和结果大于 10 的两种情况分别进行处理。将显示输出一位十进制数定义为一个过程，待显示输出的数据通过 AL 寄存器进行传递。

累加求和程序设计流程图如图 1.5.10 所示，其中包含求和主程序流程图，求和子程序流程图和显示子程序流程图。根据流程图补充完成源程序代码，对源代码进行编译，连接和运行，输入不同的数字，观察分析程序的执行结果。

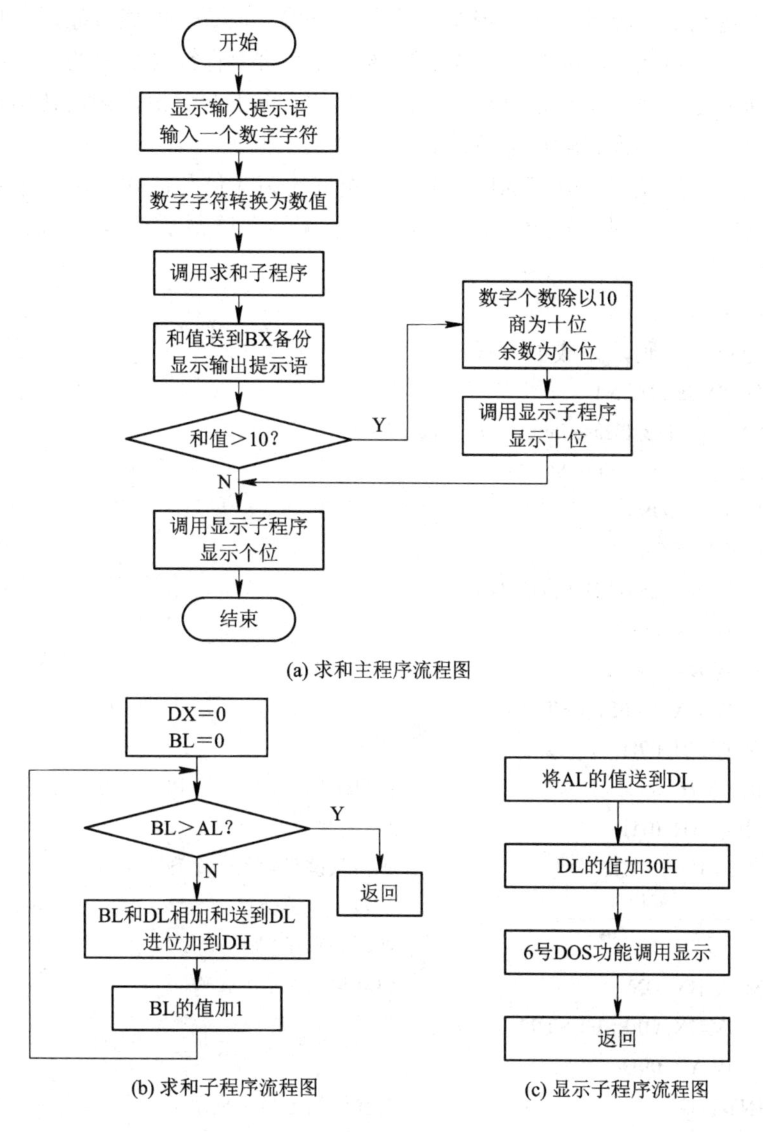

(a) 求和主程序流程图

(b) 求和子程序流程图　　(c) 显示子程序流程图

图 1.5.10　累加求和程序设计流程图

实验 2：数据统计。

分析：已知 10 个字节型带符号数据，要求找出其中的最大值并显示输出。程序可以分为 3 部分：带符号字节类型数据的定义，查找最大值，以及显示输出最大值。

带符号字节类型数据的定义：在数据段内定义字节类型数据，并赋初值。赋初值可以写成带正负号的十进制数形式，也可以是十六进制补码。

查找最大值：将查找数据段中一组带符号数最大值的程序段定义为一个过程，利用 BX 寄存器传递数组首地址，利用 CX 寄存器传递数组的长度，利用 DL 寄存器传递返回参数，即数组最大值。

输出最大值：将最大值传送到 AL 寄存器中，将输出 AL 寄存器的内容定义为过程。输出的形式可以是带符号的十进制数，也可以是十六进制补码。

带符号十进制数的显示：对于带符号的十进制数，正数可以直接显示，负数的显示形式是“–(负号) + 绝对值”。因此，首先判断 AL 寄存器中有符号数据的正负情况，如果是正数，则转向输出处理；如果是负数，先显示“–”，再求绝对值，最后转向输出处理。将寄存器的内容以十进制形式输出的算法参考实验 1。

十六进制补码的显示：分离 AL 寄存器中数据的高 4 位和低 4 位，将十六进制数转换为对应的 ASCII 码，采用 2 号或者 6 号 DOS 功能调用在屏幕上显示，先输出显示高 4 位，再输出显示低 4 位。

实验 1 参考程序：

在空白处补充代码，完成如下程序编写。

```
        DATA SEGMENT
        STRING DB 'Please input a digit char(0-9)$'
        STR1     DB    'Sum:$'
        DATA ENDS
        CODE SEGMENT
        ASSUME CS: CODE, DS: DATA
START:  MOV AX, DATA
        MOV DS, AX
        MOV DX, OFFSET STRING
        MOV AH, 09H
        INT 21H                    ; 在显示器上显示提示语
        MOV AH, 01H                ;1 号调用
        INT 21H                    ; 等待从键盘输入一个数字字符
        ________________           ; 从数字字符转换为数字
        ________________           ; 调用求和子程序
        MOV BX, DX                 ; 将结果在 BX 中备份
        MOV DX, OFFSET STR1
        MOV AH, 09H
        INT 21H                    ; 在显示器上显示提示语
        MOV AX, BX
        CMP AX, 10
```

```
            JB OUTPUT
            MOV CL, 10
            DIV CL
            MOV BX, AX              ; 将结果在 BX 中备份
            CALL PRINT              ; 显示十位
            MOV AL, BH
OUTPUT:     CALL PRINT              ; 显示个位
            MOV AH, 4CH             ; 程序结束
            INT 21H
            ; 显示子程序，显示 AL 中的数字
            PRINT PROC NEAR
            MOV DL, AL
            ADD DL, 30H
            MOV AH, 6
            INT 21H
            RET
            PRINT ENDP
            ; 求和子程序，求 1 + 2 + … + n(n 为 AL 中的数值)
            FUNC PROC NEAR
            MOV DX,0
            MOV BL,0
AA:         CMP BL,AL
            JG NEXT
            ADD DL,BL
            ADC DH,0
            INC BL
            JMP AA
NEXT:       RET
            FUNC ENDP
            CODE ENDS
            END START
```

5. 实验步骤

(1) 对实验 1 示例程序进行编译、连接，输入数字字符，并分析记录程序运行结果。

(2) 对于实验 2，分析实验要求，画程序流程图，编写源程序代码，对源程序进行编译、连接、运行，并分析记录程序运行结果。

(3) 根据实验要求，更改数据段中的数据，再次运行程序，分析记录程序运行结果。

(4) 可选择使用 CV 或 DEBUG 调试运行程序，观察分析实验结果。

6. 思考题

如果实验 2 改为求一组带符号字数据的最小值，程序应如何修改？

学生实验报告

实验题目	子 程 序 设 计

1. 实验目的

(1) 掌握子程序的定义及调用方法。

(2) 掌握参数传递的方法。

2. 实验内容

(1) 调试运行实验 1 的参考程序代码，完成程序填空，记录程序运行结果。

程序填空部分：

```
    MOV AH, 01H
      INT 21H                        ;1 号调用，等待从键盘输入一个数字字符
      ____________________           ; 从数字字符转换为数字
      ___________                    ; 调用求和子程序
      MOV BX, DX                     ; 将结果在 BX 中备份
```

程序运行结果：

测试数据 1：输入为__________________，输出为______________。

测试数据 2：输入为__________________，输出为______________。

(2) 根据实验 2 的编程提示，分别完成带符号十进制数及十六进制数显示的子程序流程图；完成实验 2 汇编语言源程序的编写，并进行编译、连接、运行，分析记录运行结果。

① 子程序流程图。

② 完成汇编程序的编写，分析记录程序运行结果。

```
DATA SEGMENT
BUF DB 32,78,54,0,-52,-76,37,89,28,-5
LEN EQU $-BUF
STR1 DB 'MAX:$'
MAX DB ?
DATA ENDS
CODE SEGMENT
     ASSUME CS: CODE, DS: DATA
START:
          MOV AX, DATA
          MOV DS, AX
          MOV BX, OFFSET BUF
          MOV CX, LEN
          CALL MAXFUNC                  ；调用查找最大值子程序
          MOV MAX, DL
          MOV AL,MAX
          CALL PRINT                    ；调用显示子程序
          MOV AH,4CH
          INT 21H
；补充完成查找最大值子程序，用于查找 10 个数据中的最大值
; BX 内容为数据首地址，CX 内容为数据个数，DL 存放数据最大值
MAXFUNC PROC NEAR
```

```
MAXFUNC ENDP

; 补充完成显示子程序，用于显示查找到的最大值，即 AL 寄存器的内容
; 可以选择以带正负号的十进制数(不必显示“+”号)或十六进制形式显示
PRINT PROC NEAR









    PRINT ENDP
    CODE ENDS
        END START
```

程序运行结果：

____，

更改数据区中的 10 个数据(建议测试最大值为负数的情况)，更改的数据为

____，

程序的运行结果为________________________________。

教师评价	评价教师签名： 年　　月　　日

1.5.5　综合程序设计

1. 实验目的

(1) 掌握顺序、分支、循环和子程序等结构的综合运用。

(2) 学习综合程序的设计和调试。

2. 实验原理

在工程实践中，往往是综合运用顺序、分支、循环以及子程序等结构进行程序设计。在程序设计中，往往还需要合理分配存储单元和寄存器。本节要处理的问题和前面几节相比，在复杂度或者难度方面有所增加，需要综合运用顺序、分支、循环和子程序等结构。

3. 实验内容

实验 1：数据排序。

已知内存数据段从 BUF 存储单元开始存储了 10 个无符号字节数据，数据为 32H、78H、54H、0、0F8H、87H、37H、89H、28H、0F1H。编写程序将这 10 个无符号字节数据由小到大排序。

实验 2：成绩统计。

已知某小组十个同学的高等数学成绩为 95、67、86、75、100、52、72、80、93、87。统计其中优秀学生的人数，小组的平均成绩，低于平均分的学生人数，并将统计结果输出。

4. 编程提示

实验 1：数据排序。

分析：数据由小到大排序可选择使用冒泡排序算法。

冒泡排序的基本思想：在要排序的一组数中，对范围内的当前还未排好序的全部数，自上而下地与相邻的两个数依次进行比较和调整，让较大的数往下沉，较小的往上冒。即：将两个相邻的数比较，如果前面的数较大，就将两数互换位置。

算法步骤如下：

(1) 比较相邻的数据。如果前一个数大于后一个数大，将两个数交换位置。

(2) 对每一对相邻数据进行同样的处理，从开始第一对到结尾的最后一对，如此循环最后一个数据将是所有数据中最大的数。

(3) 从第一对数据开始，针对所有的数据重复以上的步骤。

(4) 重复步骤(1)～(3)，直到排序完成。

由冒泡排序的算法步骤可知，这是一个双重循环程序。内循环完成步骤(2)的功能，外循环完成步骤(3)的功能，绘制参考程序流程图，如图 1.5.11 所示。根据流程图编写代码，对源代码进行编译、连接和运行，观察程序的执行结果。

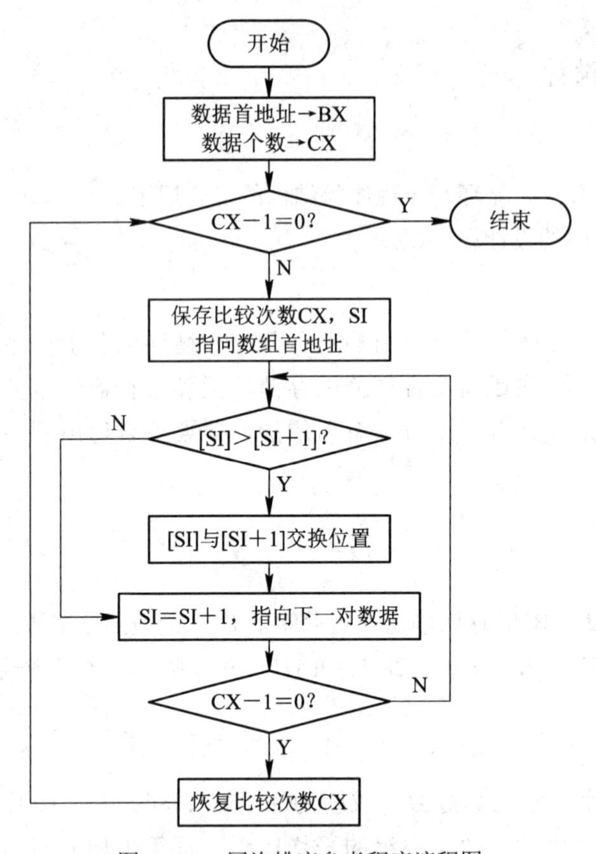

图 1.5.11　冒泡排序参考程序流程图

实验 2：成绩统计。

分析：本题分为 3 个问题：统计优秀学生人数，计算小组的平均成绩和统计低于平均分的学生人数。

本题的第一个难点是功能较多，需要把 3 个问题的求解在一个程序中实现，分别定义并合理分配寄存器的使用；也要在数据段中分别定义字节类型数据用于存储成绩、优秀学生人数(≥90)、平均成绩、低于平均成绩的学生人数。

第二个难点是需要显示的结果比较多，要注意正确调用 DOS 功能(6 号或者 9 号 DOS 功能)。

实验 1 的参考程序：

```
        DATA SEGMENT
        BUF DB 32H, 78H, 54H, 0, 0F8H, 87H, 37H, 89H, 28H, 0F1H
        LEN EQU $-BUF
        DATA ENDS
        CODE SEGMENT
        ASSUME CS:CODE,DS:DATA
START:  MOV AX, DATA
```

```
        MOV DS, AX
        MOV CX, LEN                 ; CX 内存放数据个数
        LEA BX, BUF                 ; 设置 BX 指向第一个数据
        DEC CX
CY1:    PUSH CX                     ; 保存外循环比较次数
        MOV SI, BX                  ; SI 指向第一个数据
CY2:    MOV AL, [SI]
        CMP AL, [SI+1]              ; [SI]与[SI+1]比较
        JBE NEXT
        XCHG AL, [SI+1]             ; 如果前一个数较大，则两数交换位置
        MOV [SI], AL
NEXT:   INC SI                      ; 指针 + 1
        LOOP CY2                    ; 继续内循环，比较下一对数据
        POP CX                      ; 恢复外循环比较次数
        LOOP CY1                    ; 继续外循环
        MOV AH, 4CH
        INT 21H
        CODE ENDS
        END START
```

5. 实验步骤

(1) 对实验 1 示例程序进行编译、连接，并分析记录程序运行结果。

(2) 对于实验 2，分析实验要求，画程序流程图，编写源程序代码，对源程序进行编译、连接、运行，并分析记录程序运行结果。

(3) 根据实验要求，更改数据段中的数据，再次运行程序，分析记录程序运行结果。

(4) 可选择使用 CV 或 DEBUG 调试运行程序，观察分析实验结果。

6. 思考题

如果实验 1 的要求改为将输入的数据由大到小排序，程序应如何修改？

学 生 实 验 报 告

实验题目	综 合 程 序 设 计

1. 实验目的

(1) 掌握顺序、分支、循环和子程序等结构的综合运用。

(2) 掌握综合程序的设计和调试。

2. 实验内容

(1) 调试运行实验 1 的参考程序代码，并记录程序运行结果。

程序运行结果 1：

(内存数据段，偏移地址从 0000H 开始的 10 个存储单元的内容)

____

更改数据区的 10 个数据，再次观察程序运行结果：

更改的数据为

____

程序运行结果：

(内存数据段，偏移地址从 0000H 开始的 10 个存储单元的内容)

____

(2) 根据实验 2 的要求，绘制程序流程图；完成实验 2 汇编语言源程序的编写，并进行编译、连接、运行，并分析记录运行结果。

① 绘制程序流程图。

② 完成汇编程序的编写，分析记录程序运行结果。

程序运行结果：

____。

更改数据区中的 10 个数据，更改的数据为

____。

程序的运行结果为

________________________________。

教师评价	评价教师签名： 年　　月　　日

第 2 章　电路设计仿真软件 Proteus

本章介绍电路设计仿真软件 Proteus 的使用方法，以及如何在 Proteus 中构建 8086 最小系统，这是后续可编程接口电路仿真实验的基础。本章的主要内容包括 Proteus 的基本使用方法，Proteus 仿真的运行、调试与分析方法，并通过 Proteus 构建完整的 8086 最小系统(包含 8086 芯片、74273 锁存器及相应的连接方法)和简单的 I/O 接口电路，从而实现 LED 灯的开关控制。

2.1　Proteus 概述

Proteus 软件是英国 Lab Center Electronics 公司推出的 EDA(Electronic Design Automation，电子设计自动化)工具软件，不仅具有其他 EDA 工具软件的仿真功能(包括电路模拟与仿真)，还能够仿真单片机及其外围电路，并实现电子开发的可视化。图 2.1.1 所示为 Proteus 自带的 8086 演示实例。

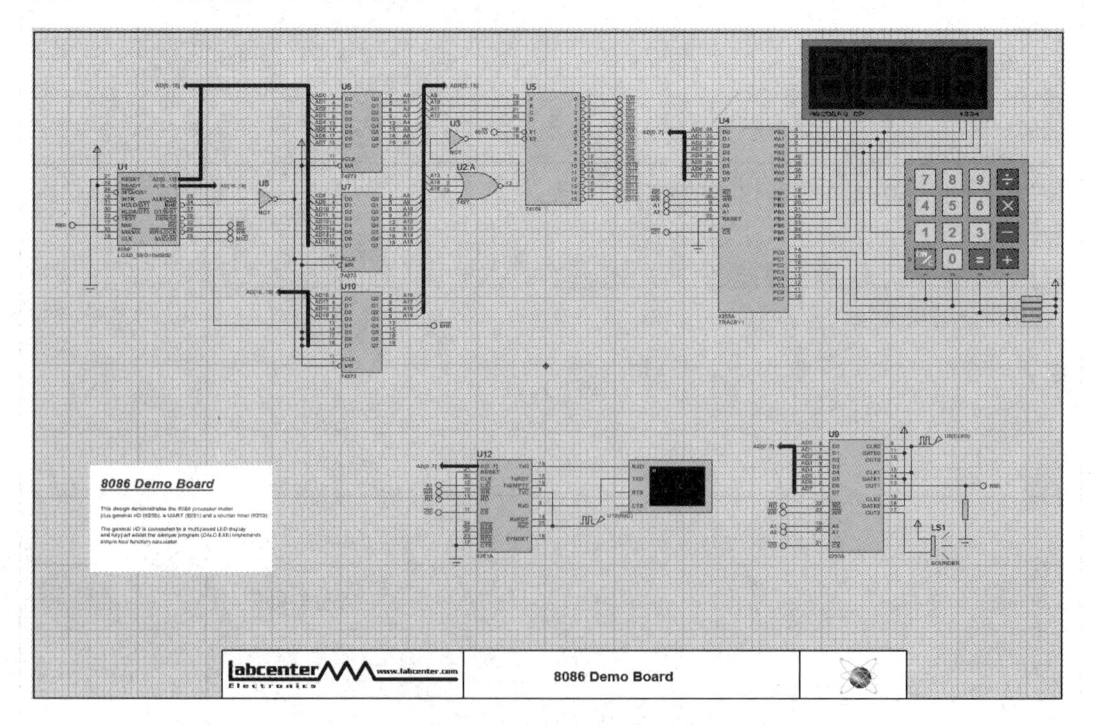

图 2.1.1　Proteus 自带的 8086 演示实例

Proteus 是目前唯一将电路系统设计、虚拟系统仿真、固件开发调试和 PCB 设计四合一的电子设计工业级开发平台，从系统原理图的布图、微控制器固件的开发与调试、外围电路的协同仿真到 PCB 的自动设计，整个过程无缝衔接，真正实现了从概念到产品的完整设计过程。该软件已成为电子信息类课程标配的 EDA 软件。

图 2.1.2 所示为 Proteus 的基本功能，下面详细介绍其主要功能。

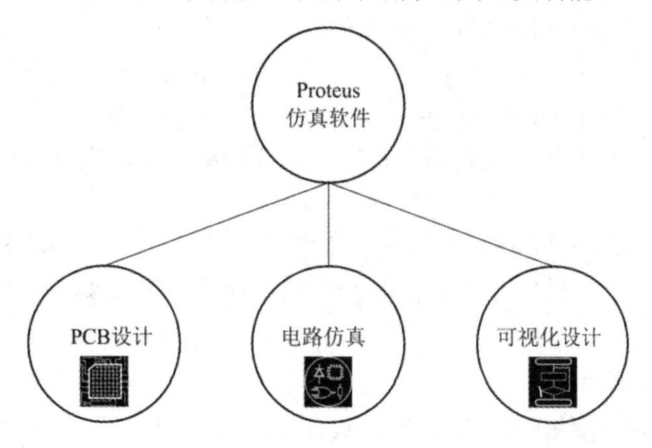

图 2.1.2　Proteus 的基本功能

1. 智能原理图设计

- 丰富的器件库：超过 50 000 种元器件，可以方便地创建新器件与封装。
- 智能的器件搜索：通过模糊搜索可以快速定位所需要的器件。
- 智能的连线功能：自动连线使导线连接更加简单快捷，大大缩短了绘图时间。
- 支持总线结构：采用总线器件和总线布局使电路设计简明清晰。
- 支持子电路：采用子电路设计使设计更加简洁明了。
- 智能 BOM(产品数据)管理：原理图器件的修改或者 BOM 修改总能保持一致。
- 可输出高质量图纸：通过个性化设置，可以生成印刷质量的 BMP 图纸，方便地供 Word、PowerPoint 等多种文档使用。
- 设计浏览器：可以观察设计过程各阶段的状况。

2. 完善的仿真功能

- 混合仿真：基于工业标准 SPICE3F5，实现数字/模拟电路的混合仿真。
- 丰富的可仿真器件：超过 35 000 个仿真器件，可以通过内部原型或使用厂家的 SPICE 文件自行设计仿真器件，还可导入第三方发布的仿真器件。
- 多样的激励源：包括直流、正弦、脉冲、分段线性脉冲、音频(使用 wav 文件)、指数信号、单频 FM、数字时钟和码流，还支持文件形式的信号输入。
- 强大的虚拟仪器：有 13 种虚拟仪器，面板操作逼真，如示波器、逻辑分析仪、信号发生器、直流电压/电流表、交流电压/电流表、频率计/计数器、逻辑探头、虚拟终端等。
- 生动的仿真显示：用色点显示引脚的数字电平，导线以不同颜色表示其对地电压大小，结合动态器件(如电机、显示器件、按钮)的使用可以使仿真更加直观、生动。
- 高级图形仿真功能：基于图标的分析可以精确分析电路的多项指标，包括工作点、瞬态特性、频率特性、传输特性、噪声、失真、傅里叶频谱分析等，还可以进行一致性分析。

- 独特的单片机协同仿真功能：支持主流 CPU 类型，如 8086、8051/52、AVR、ARM7、Cortex M3、Arduino、树莓派等。
- 支持通用外设模型，如字符 LCD 模块、图形 LCD 模块、LED 点阵、LED 七段显示模块、键盘/按键、直流/步进/伺服电机、串口虚拟终端、电子温度计等。
- 实时仿真，支持 UART 仿真、中断仿真、SPI/I2C 仿真等。
- 支持汇编语言、C 语言和 Python 语言的编辑、编译和源码级仿真。
- 可视化设计功能(Visual Designer)：支持对 Arduino 和树莓派的电路设计与仿真，支持基于流程图的自动编程，支持将流程图转换成高级语言，提供智能机器人小车仿真模型。
- 集成开发环境(VSM Studio)：支持工程创建与管理、代码输入与编辑、编译器配置与编译、代码调试(单步、全局、断点，寄存器、存储器、变量观测)、仿真交叉调试的集成开发。

3. 实用的 PCB 设计平台

- 原理图到 PCB 的快速通道：原理图设计完成后，一键便可进入 PCB 设计环境，实现从概念到产品的完整无缝切换设计。
- 完整的 PCB 设计功能：支持 16 个铜箔层、2 个丝印层、4 个机械层(含板边)、10 nm 分辨率、任意角度放置，具有灵活的布线策略供用户设置，提供自动设计规则检查。
- 项目模板/项目笔记：可设置项目设计模板，也可对设计进行标注。
- 先进的自动布局/布线功能：集成了基于形状的自动布线器，支持器件的自动或人工布局，支持无网格自动布线或人工布线。
- 支持智能过孔：在高密度的多层 PCB 设计布局时，需要使用过孔，可以设置常用的三类过孔：贯通孔、盲孔和埋孔。
- 丰富的器件封装库：包含了所有直插器件封装和贴片器件封装(IPC7827351)，如果需要也可以直接创建器件封装，或从其他工具导入。
- 3D 可视化预览：可三维展示设计的外形结构，系统提供大量 3D 封装库，也可创建新的 3D 封装，或者从第三方工具导入。
- 多种输出格式的支持：可以输出多种格式文件，包括 Gerber X2、Gerber/Excellon、ODB++、MCD，方便导入 PCB 生产制造环节。

除了 Proteus，国外还有 Multisim 电路仿真、Altium Designer PCB 板设计，以及一些应用于不同专业领域的仿真软件，如电磁仿真、流体仿真、天线仿真等等。我国对 EDA 软件技术的发展非常重视，国内涌现了多家 EDA 软件开发企业，如华大九天、概伦电子、国微技术等，也出现了像立创 EDA 这样的免费 PCB 设计工具，但真正意义上的国产全流程 EDA 工具尚未出现。我国在自动化和虚拟仿真方面与国外差距仍然较大。

2.2 Proteus 使用入门

Proteus 8.11 是 Lab Center Electronics 公司于 2020 年推出的较新的版本，其中国总代

理为广州风标电子技术有限公司。每一代 Proteus 的主要更新就是增加了部分元器件，在使用方面基本都是相同的。需要注意的是，Proteus 仅具有向下兼容性，即新版本能够打开旧版本保存的项目文件，但是一旦修改再保存，旧版本就无法打开原文件了，因此在实验过程中应尽量使用同一版本的 Proteus 软件。

用鼠标单击状态栏 Win 图标→“Proteus 8 Professional”→“Proteus 8 Professional”，或单击桌面上的“Proteus 8 Professional”图标可以启动 Proteus 软件。启动后进入 Proteus 8.11 软件主界面，如图 2.2.1 所示。Proteus 8.11 主界面包括菜单栏、工具栏和起始页。起始页能够显示快速开始(快速打开最近打开的工程文件)、版本信息(可获得的最新版本以及相关最新功能)、软件的教程、帮助信息以及版权信息。

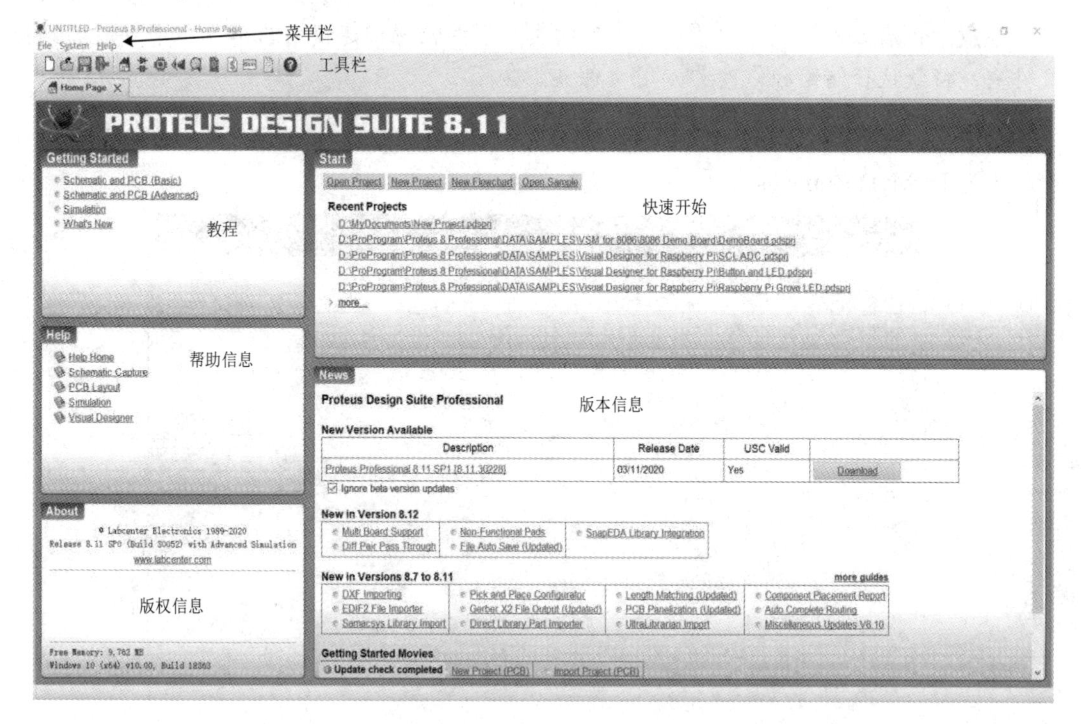

图 2.2.1　Proteus 8.11 主界面

注意：需要使用管理员权限打开 Proteus，否则可能会导致部分功能或元器件无法使用。

2.2.1　新建工程

在绘制原理图之前，必须新建一个 Proteus 工程，具体操作步骤如下所示。

1. 新建工程并设置保存路径

如图 2.2.1 所示，单击主界面工具栏上的“New Project”(新工程)，打开图 2.2.2 所示的新工程向导，对新工程命名并选择工程保存的位置。Proteus 还内置了一些开发板模板，通过“From Development Board”(从开发板)能直接新建 Arduino、AVR 等开发板模板。

图 2.2.2　Proteus 主界面中新建工程

注意：新建工程默认存储路径为“我的文档”的位置，建议用户建立一个专用的工程文件夹，将默认存储路径修改为专用文件夹。

如图 2.2.3 所示，该步骤新建工程的名称为 New Project，扩展名为默认的.pdsprj，存储路径为 D:\MyDocuments。

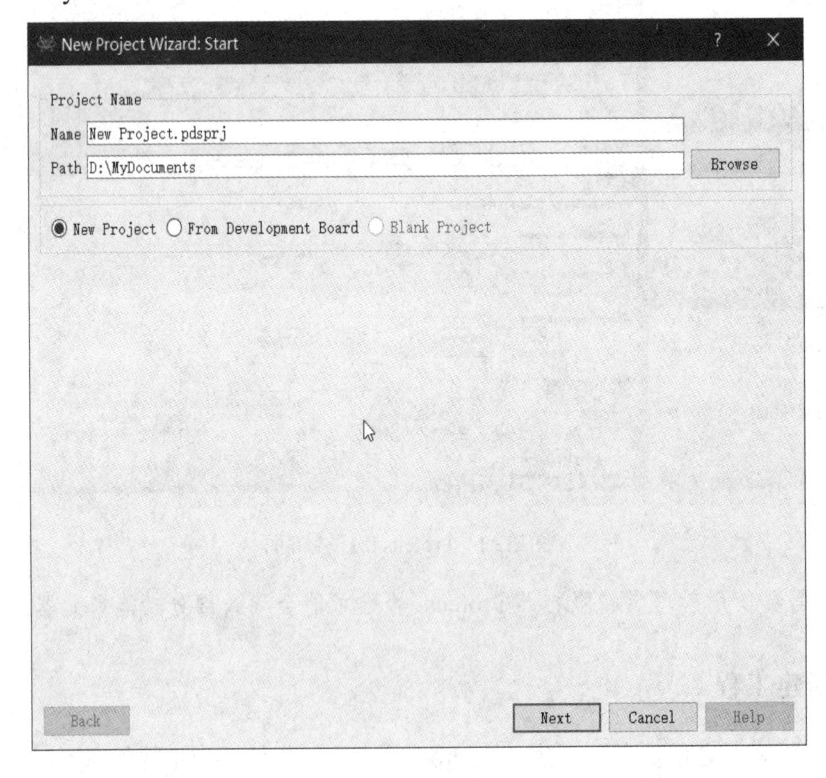

图 2.2.3　Proteus 中新建工程向导：命名与路径设置

2. 原理图设计选项

新工程命名及路径设置完成后，单击“Next”，出现图 2.2.4 所示的“Schematic Design”(原理图设计)选项卡，在这里可以选择原理图模板。原理图模板包含图纸的大小，主题颜色等等各种美观预设，一般选择“DEFAULT”(默认)即可。模板选择不合适容易导致电子元器件过大或过小，显示不美观。

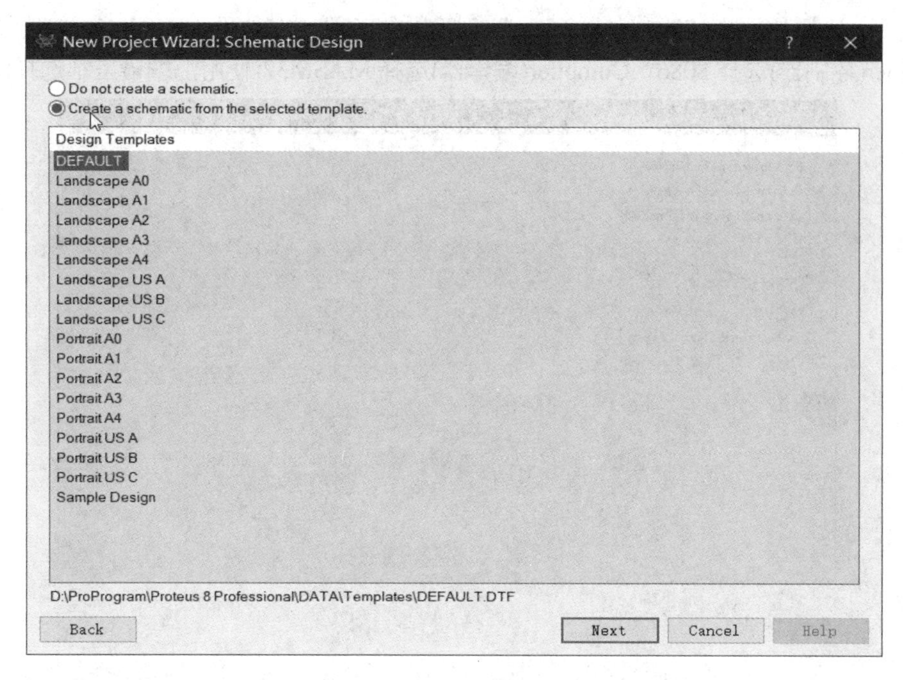

图 2.2.4　Proteus 中新建工程向导：原理图设计

3. PCB 布局选项

单击原理图设计选项中的“NEXT”，打开 PCB Layout(PCB 布局)选项卡，如图 2.2.5 所示。如果不需要设计 PCB 板，则选择“Do not create a PCB layout”(不创建 PCB 布局)。

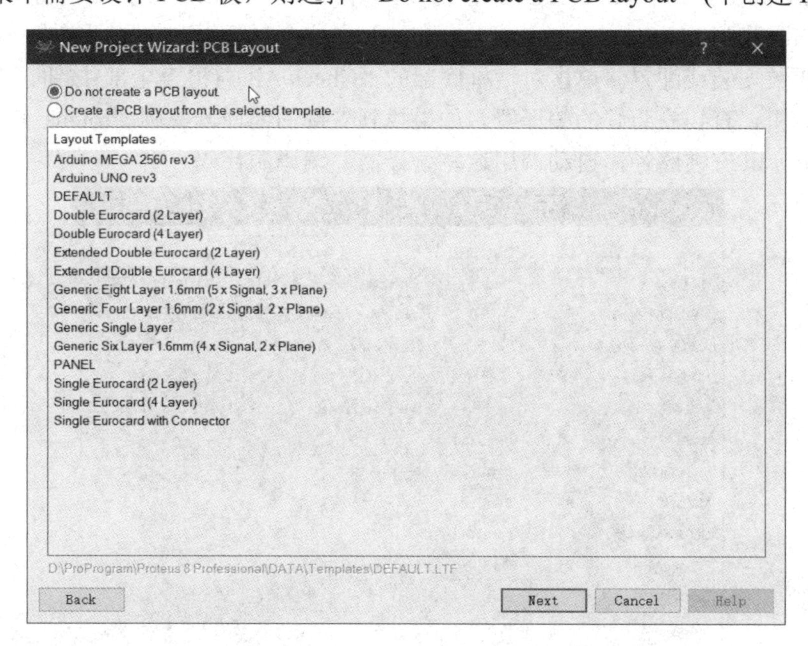

图 2.2.5　Proteus 中新建工程向导：PCB 布局

4. 固件选择

单击 PCB 布局中的“NEXT”，打开 Firmware(固件)选项，如图 2.2.6 所示。需要对设计进行仿真，选择“Create Firmware Project”(创建固件工程)，在这里，Family(家族)选择 8086，Controller(控制器)选择 8086，Compiler(编译器)选择 MASM32(使用汇编语言都选择此项)。

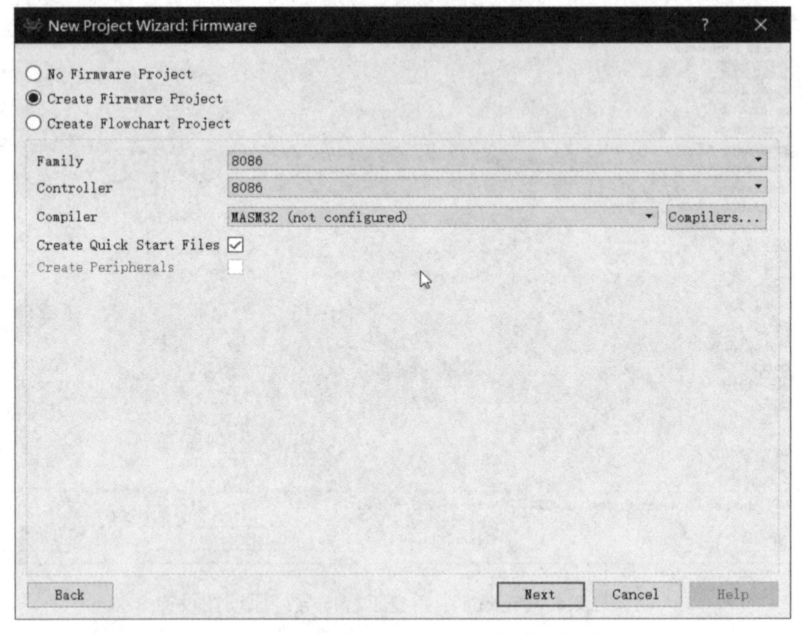

图 2.2.6　Proteus 中新建工程向导：固件

5. 下载安装 MASM32 编译器

如果 MASM32 显示 not configured，需要单击“Compilers…”配置编辑器。打开图 2.2.7 所示的窗口，找到 MASM32，单击“Download”。这个对话框列出了所有支持的编译器，并显示是否被安装或配置。单击对话框底部的“Check All”(检查全部)按钮，Proteus 软件将扫描计算机，查找安装好的编译器。如果找到支持的编译器，则 Proteus 软件将自动进行配置并显示其安装路径，自动调用这些编译器并编译源代码。

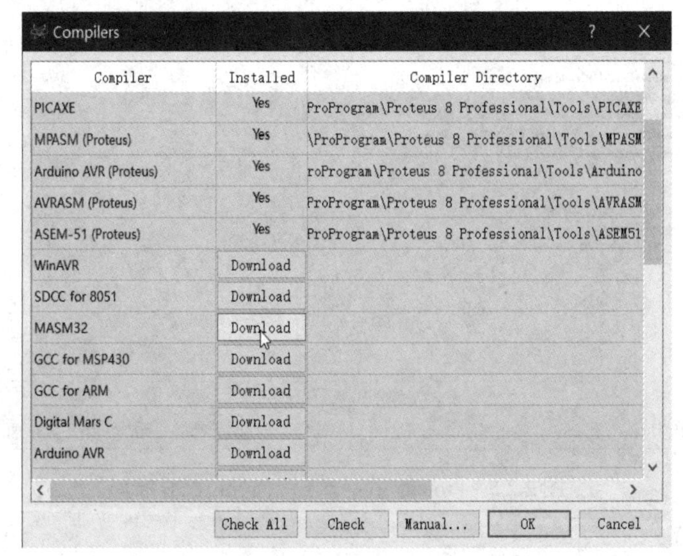

图 2.2.7　Proteus 中新建工程向导：下载 MASM32 编译器

开源的编译器能够直接从 Labcenter 的服务器上下载和安装。需要收费的编译器，Proteus 软件将提供链接到相应开发商网站的下载界面。

安装编译器时，软件弹出提示，如图 2.2.8 所示。这时需要使用管理员权限安装编译器，单击“确定”，编译器会自动下载(见图 2.2.9)，并弹出安装界面(见图 2.2.10)，按流程单击“Next”安装即可。

注意：如果 Proteus 软件没有管理员权限，则可能会导致安装失败。

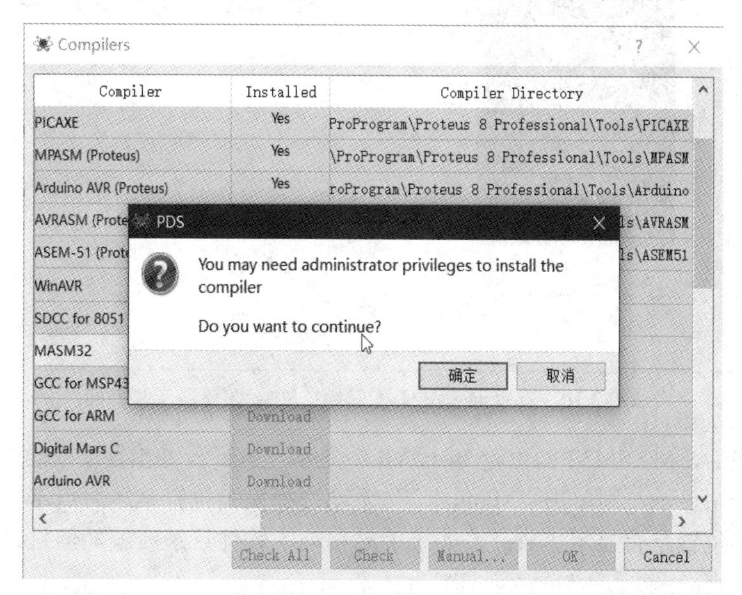

图 2.2.8　Proteus 中新建工程向导：编译器下载

Compiler	Installed	Compiler Directory
PICAXE	Yes	ProProgram\Proteus 8 Professional\Tools\PICAXE
MPASM (Proteus)	Yes	\ProProgram\Proteus 8 Professional\Tools\MPASM
Arduino AVR (Proteus)	Yes	roProgram\Proteus 8 Professional\Tools\Arduino
AVRASM (Proteus)	Yes	ProProgram\Proteus 8 Professional\Tools\AVRASM
ASEM-51 (Proteus)	Yes	ProProgram\Proteus 8 Professional\Tools\ASEM51
WinAVR	Download	
SDCC for 8051	Download	
MASM32	5%	
GCC for MSP430	Download	
GCC for ARM	Download	
Digital Mars C	Download	
Arduino AVR	Download	

图 2.2.9　Proteus 新建工程向导：编译器安装

图 2.2.10　Proteus 新建工程向导：8086 编译器安装界面

安装完成后，MASM32 的位置 Installed 中显示“Yes”，并出现安装位置，如图 2.2.11 所示。如果无法显示，则单击“Manual...”手动选择安装位置，之后点击“Check All”并检查所有安装位置是否显示“Yes”，如果手动移动了软件目录或编译器目录，则需要重新进行编译器检查。

Compilers

Compiler	Installed	Compiler Directory
PICAXE	Yes	ProProgram\Proteus 8 Professional\Tools\PICAXE
MPASM (Proteus)	Yes	\ProProgram\Proteus 8 Professional\Tools\MPASM
Arduino AVR (Proteus)	Yes	roProgram\Proteus 8 Professional\Tools\Arduino
AVRASM (Proteus)	Yes	ProProgram\Proteus 8 Professional\Tools\AVRASM
ASEM-51 (Proteus)	Yes	ProProgram\Proteus 8 Professional\Tools\ASEM51
WinAVR	Download	
SDCC for 8051	Download	
MASM32	Yes	C:\Program Files (x86)\8086 Compilers Bundle
GCC for MSP430	Download	
GCC for ARM	Download	
Digital Mars C	Download	
Arduino AVR	Download	

Check All　Check　Manual...　OK　Cancel

图 2.2.11　Proteus 中新建工程向导：MASM32 安装完成界面

安装完成之后，返回固件选择窗口，如图 2.2.12 所示。MASM32 选项的“not configured”消失表示编译器安装成功，然后单击“Next”，弹出图 2.2.13 所示的 Summary(概要)界面，检查无误后，单击“Finish”(完成)。

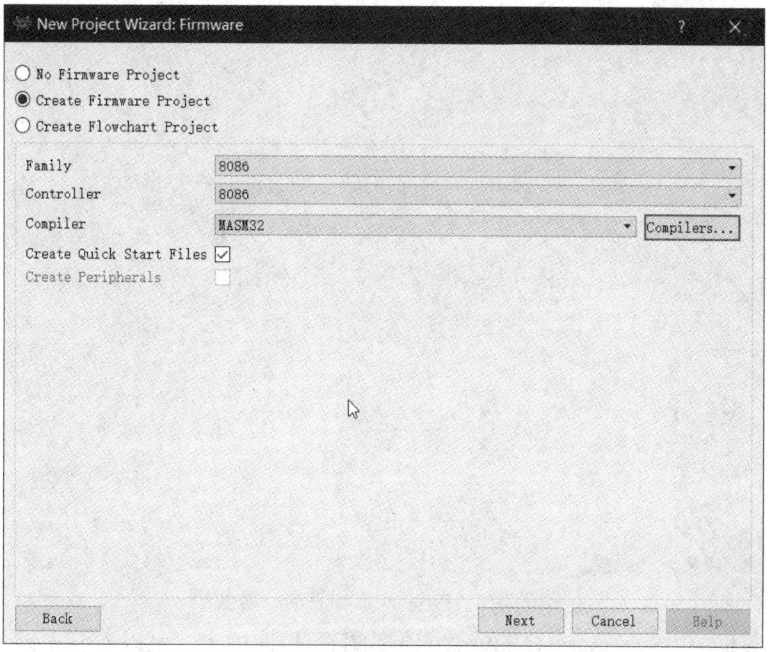

图 2.2.12　Proteus 中新建工程向导：固件选择

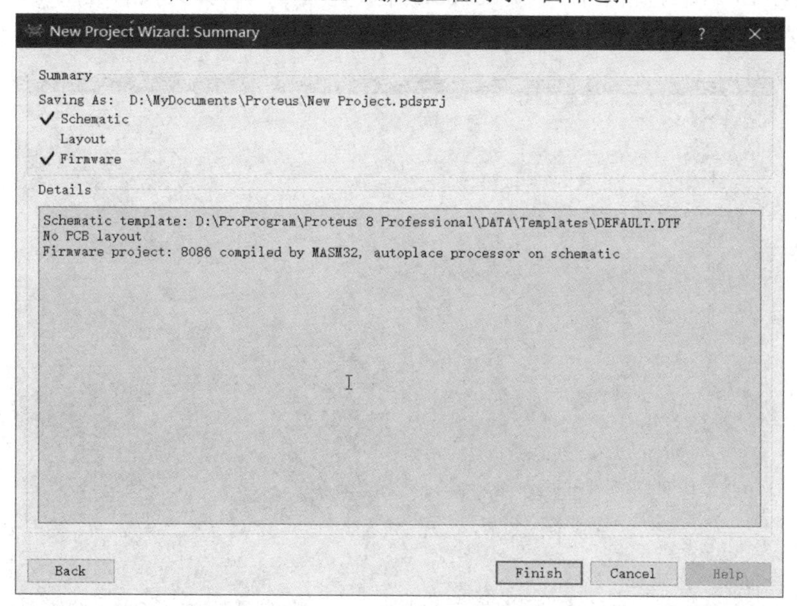

图 2.2.13　Proteus 中新建工程向导：概要

新建工程项目完成后，软件将会打开两个选项卡，一个是原理图设计，另一个是源代码。默认呈现“Source Code”(源代码)选项卡，如图 2.2.14 所示。软件会自动生成代码模板，以减少代码输入工作量。需要注意的是，在不同的界面或工作模式下，软件菜单栏和工具栏的显示并不相同。

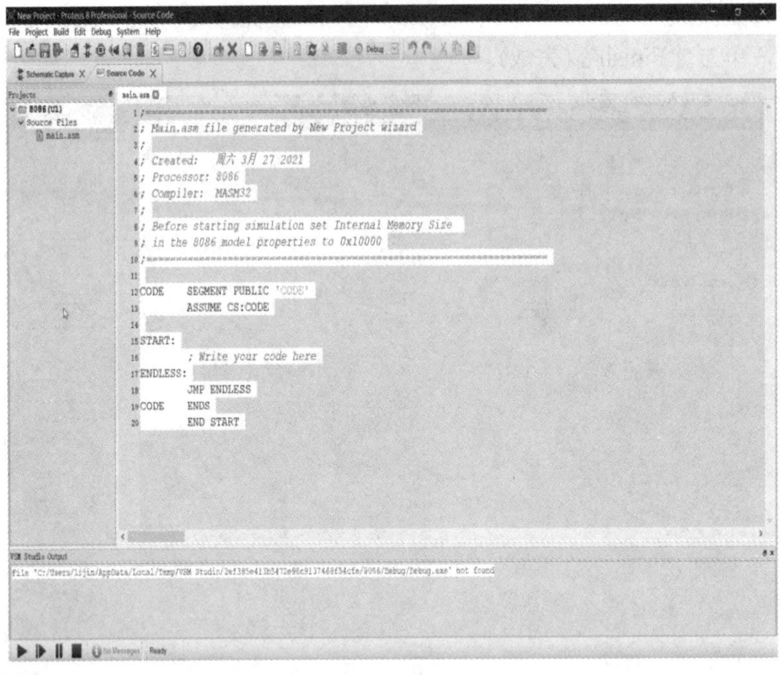

图 2.2.14　Proteus 工程界面：源代码

单击标签页的“Schematic Capture”(原理图设计)选项卡，可以看到电路原理图设计布局，如图 2.2.15 所示。软件自动将 8086 芯片放置在中间，如果没有显示，则检查元件库是否正常安装，是否以管理员权限打开软件。

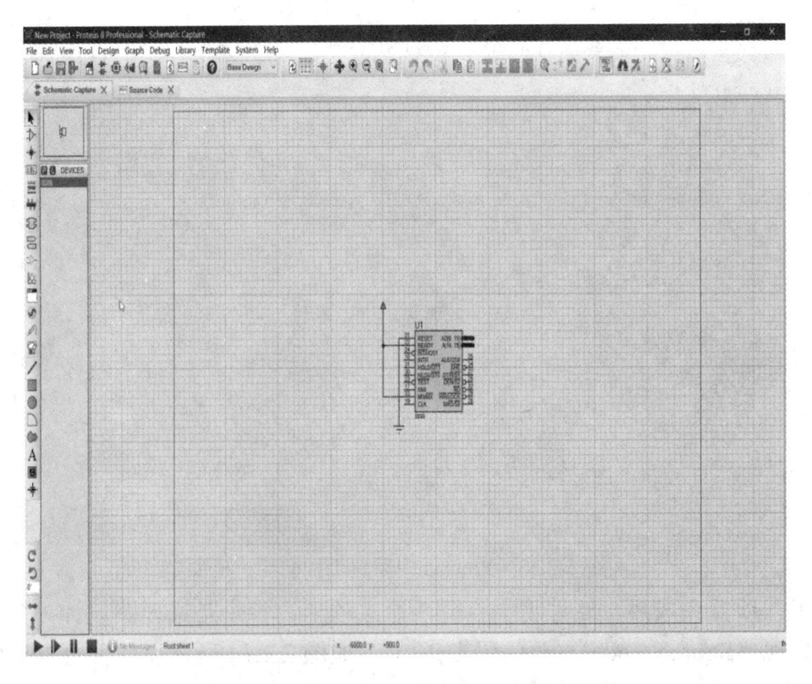

图 2.2.15　Proteus 工程界面：原理图设计

目前 8086 模型能够支持所有的总线信号和元件操作时序在最小模式下的仿真。此外，为了方便地仿真，8086 模型具有一个虚拟的可以被定义的“内存”，因此读取程序或对数据进行存取就不需要再经过外部总线访问各种外部存储器。

双击 8086 芯片，打开图 2.2.16 所示的编辑元件对话框。在对话框中选择“Internal Memory Size”(内存大小)，设置为 0x10000，否则程序无法存储并运行。设置完成之后的内存大小如图 2.2.17 所示，单击“OK”(确定)，完成设置。

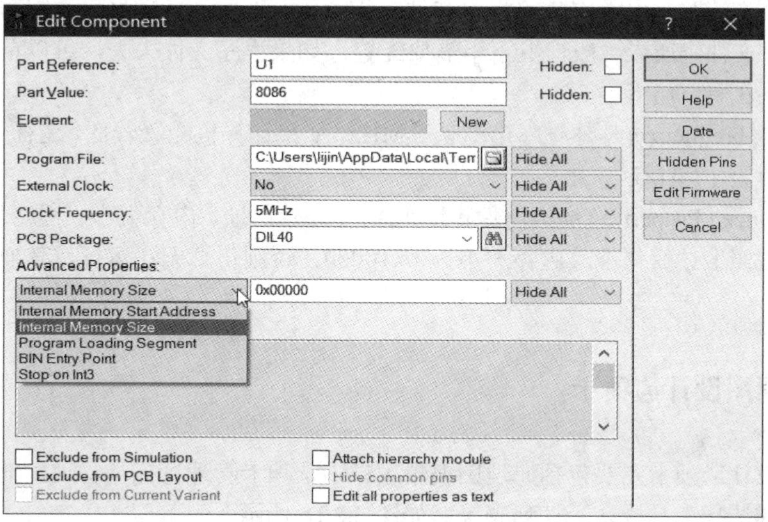

图 2.2.16　Proteus 编辑元件对话框

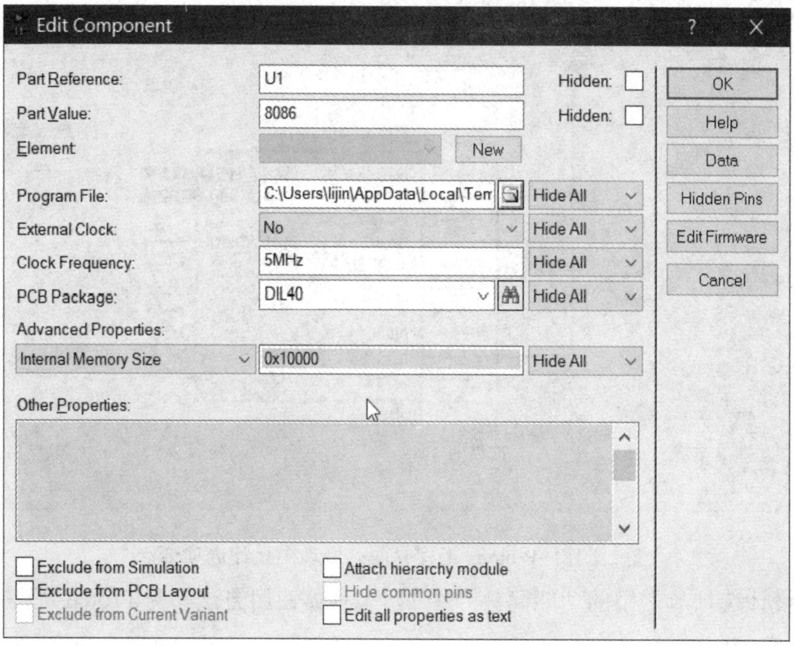

图 2.2.17　Proteus 工程界面：元件设置完成

8086 元件编辑对话框的属性说明如下：

(1) Part Reference(元件位号)：Proteus 会自动按照元件放置顺序和元件类型对元件进行编号。这里的 8086 是第一个放置的元件，所以就是 U1，该编号在原理图元件的上方显示，也可以隐藏。

(2) Part Value(元件值)：8086，即为元件仿真模型，该属性在原理图元件的下方显示，也可以隐藏。

(3) Program File(程序文件)：可编程元件特有的属性(如 8086、8051 等)，即模型选择装载的目标程序文件。系统将按照程序文件执行操作，Proteus 8 能够自动编写装载编译运行 8086 程序文件，所以一般情况下不需要配置。如果程序文件丢失，可以单击填充项右边的文件夹小图标重新加载。

(4) Clock Frequency(时钟频率)：默认 5 MHz，如果计算机配置较低，运行仿真有卡顿，可以将其修改为 1 MHz。

(5) Advanced Properties(高级属性)：包括内存开始地址、内存大小、程序装载分段等。这里只需要按照上述操作修改内存大小为 0x10000，否则仿真无法运行，其他属性保持默认即可。

2.2.2　原理图设计选项卡

原理图设计选项卡主要包括原理图编辑窗口、选项卡管理、视觉管理、辅助工具、预览窗口、模式选择工具栏、元件列表等，如图 2.2.18 所示。

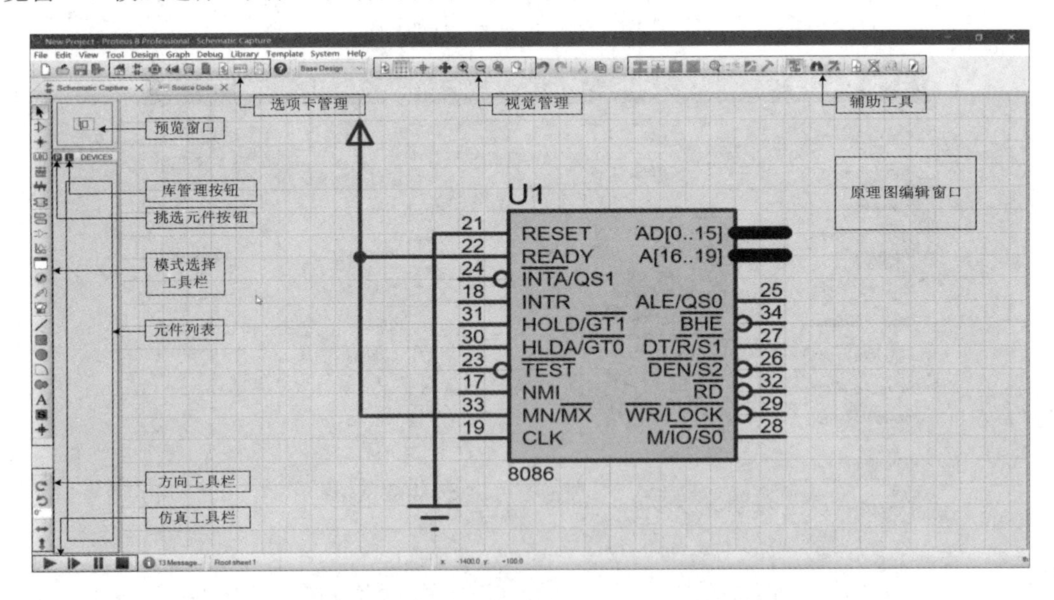

图 2.2.18　Proteus 工程界面：原理图设计选项卡

原理图设计选项卡常用的功能简单介绍如下，具体使用方法参见 Proteus 官方帮助文件。

1. 原理图编辑窗口

原理图编辑窗口用来绘制原理图，元件要放在其中。

注意：这个窗口是没有滚动条的，可以使用预览窗口来快速改变原理图的可视范围，也可以使用鼠标滚轮或视觉管理模块。

2. 预览窗口

预览窗口可以显示两个内容。当在元件列表中选择一个元件时，会显示该元件的预览图；当鼠标落在原理图编辑窗口时(即放置元件到原理图编辑窗口后或在原理图编辑窗口中点击鼠标后)，会显示整张原理图的缩略图，这时会显示一个绿色的方框，里面的内容就是当前原理图编辑窗口中显示的内容，因此可以使用鼠标在上面点击来改变绿色方框的位置，从而改变原理图的可视范围。

3. 模式选择工具栏

模式选择工具栏从上到下依次分为以下三组。

第一组(主要模式)：

- 选择模式(Selection Mode)：选中原理图编辑窗口中的元件，用于即时编辑元件参数或移动元件。
- 元件模式(Component Mode)：用于选择元件。
- 结点模式(Junction Dot Mode)：用于放置连接点。
- 连线标号模式(Wire Label Mode)：用于放置标签。
- 文字脚本模式(Text Script Mode)：用于放置文本。
- 总线模式(Buses Mode)：用于绘制总线。
- 子电路模式(Subcircuit Mode)：用于放置子电路。

第二组(配件)：

- 终端模式(Terminals Mode)：用于选择终端接口(电源、地、输入、输出等)。
- 元件引脚模式(Device Pins Mode)：用于绘制各种元件引脚，常用于自制元件。
- 图表模式(Graph Mode)：将各种分析结果以仿真图表的方式显示。
- 调试弹出模式(Active Popup Mode)：用于和代码界面联合实时调试时显示实时子窗口。
- 激励源模式(Generator Mode)：用于信号发生器场景。
- 探针模式(Probe Mode)：用于探针(包括电流探针和电压探针等)场景。
- 虚拟仪器模式(Virtual Instruments Mode)：用于虚拟仪表(包括示波器、逻辑分析仪、万用表等)场景。

第三组(2D 图形)：画各种图形。

4. 方向工具栏

方向工具栏用来旋转元件的方向，可选择每次 90° 旋转和翻转，也可以选择角度旋转。

5. 仿真工具栏

仿真工具栏从左到右依次为运行、单步运行、暂停、停止。

6. 选项卡管理

选项卡从左往右依次为主页、原理图设计、PCB 布局、3D 可视化、Gerber 视图、设计浏览器、材料账单、源代码和工程笔记。这里需要使用的只有原理图设计和源代码两个标签，如果不小心关闭了这两个选项卡，可以在这里打开。

7. 视觉管理

视觉管理包括缩小、放大、平移、部分放大原理图编辑窗口。

8. 辅助工具

常用辅助工具中的属性分配工具可以对引线、引脚进行批量命名。

2.2.3　源代码选项卡

源代码选项卡包括工程文件窗口、代码编辑窗口和调试信息输出窗口。工程文件窗口显示正在调试的源文件，代码编辑窗口显示源代码，调试信息输出窗口显示运行过程中的各种信息，如图 2.2.19 所示。

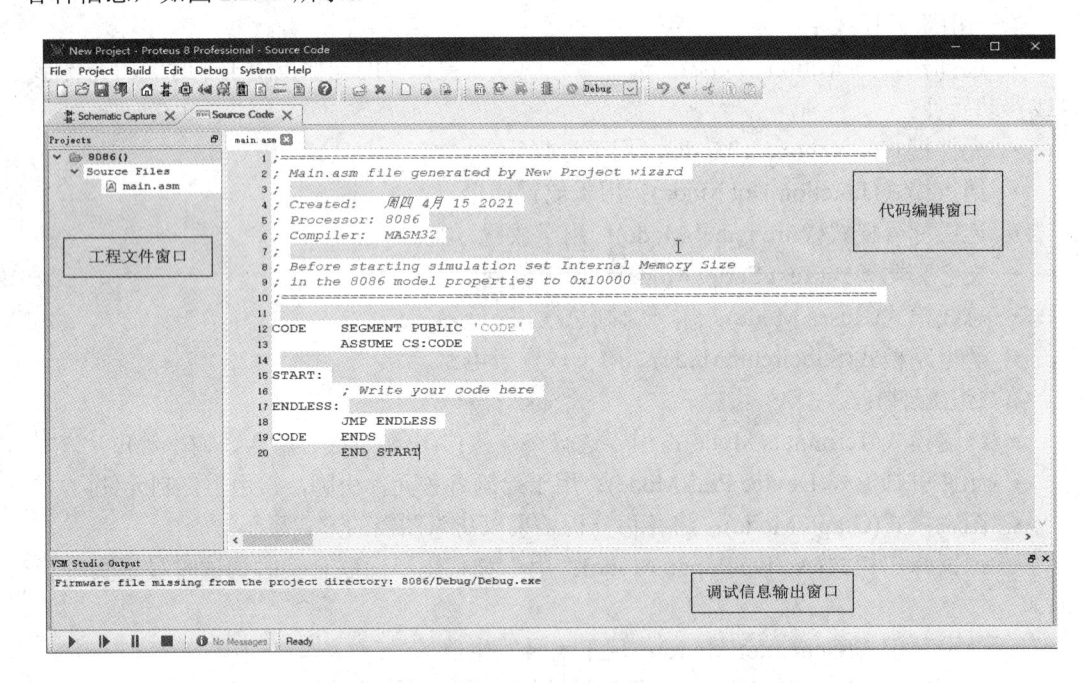

图 2.2.19　Proteus 工程界面：源代码选项卡

2.3　Proteus 原理图绘制

正确绘制电路原理图是 Proteus 仿真的基础，本节将介绍绘制原理图的基本操作：从元件库中选取元件，将它们放置在电路图中并进行相应的电路连线，设置元件和连线的属性并进行标注。

2.3.1　元件选取及放置

选取元件有以下两种方法：

(1) 在 Proteus 界面中单击左上方的挑选元件按钮“P”，或通过快捷键启动(默认的快捷键是 P)。

(2) 在原理图编辑窗口中任意位置单击鼠标右键，根据图示选择弹出菜单：Place(放置)→Component(元件)→From Libraries(从元件库中)。

通过上述任一步骤均可打开挑选元件的对话框，如图 2.3.1 和图 2.3.2 所示。

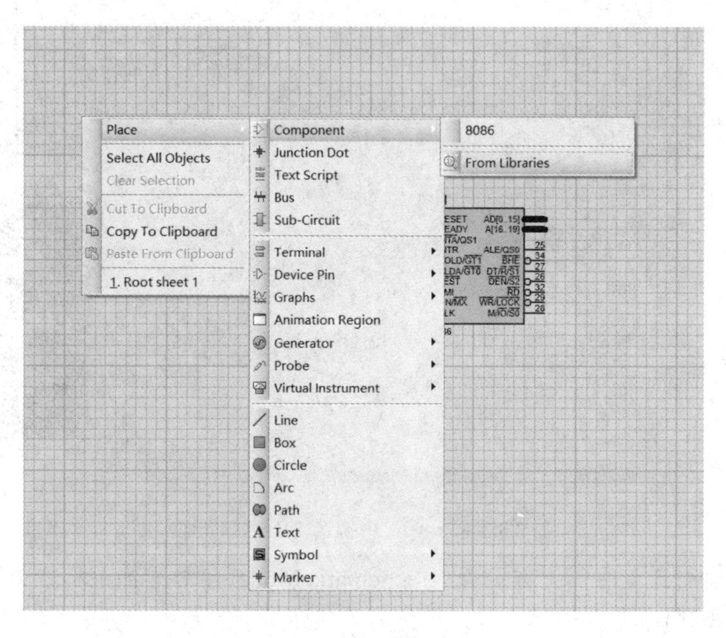

图 2.3.1　Proteus 挑选元件

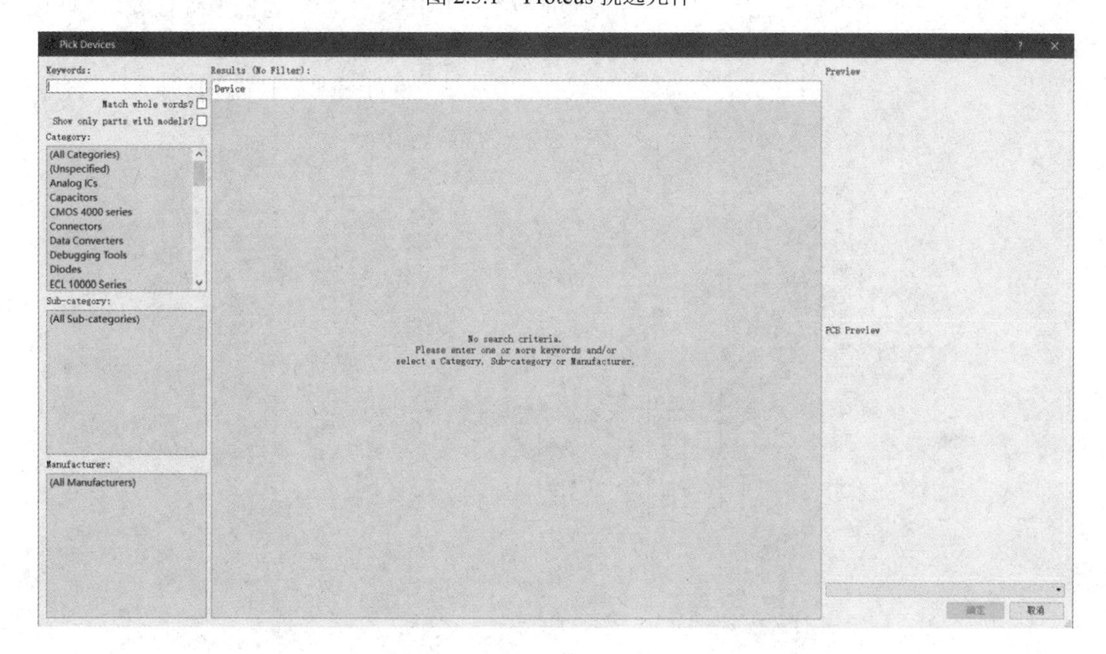

图 2.3.2　Proteus 挑选元件对话框

在图 2.3.2 挑选元件对话框的左上方窗口，输入关键词快速检索所需的元件。以常用的 74LS273 为例，检索出来后，右侧上方即为仿真模型，右侧下方为 PCB 预览，如图 2.3.3 所示。

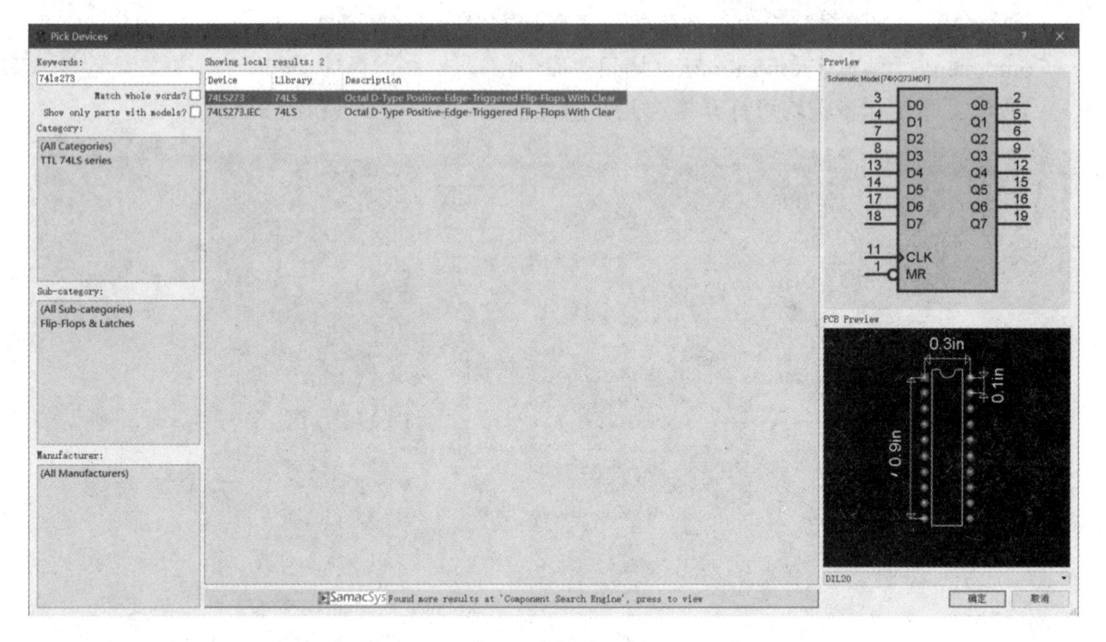

图 2.3.3　Proteus 中挑选 74LS273 元件

注意：观察对话框右侧上方是否有 Schematic Model 字样。如果标注为 No Simulator Model(无仿真模型)，模型可以使用，但仿真无法运行。

在图 2.3.3 所示的检索结果中，勾选需要的元件，单击“确定”，返回原理图编辑窗口，在空白任意位置单击鼠标左键，元件即被放置在窗口中，如图 2.3.4 所示。

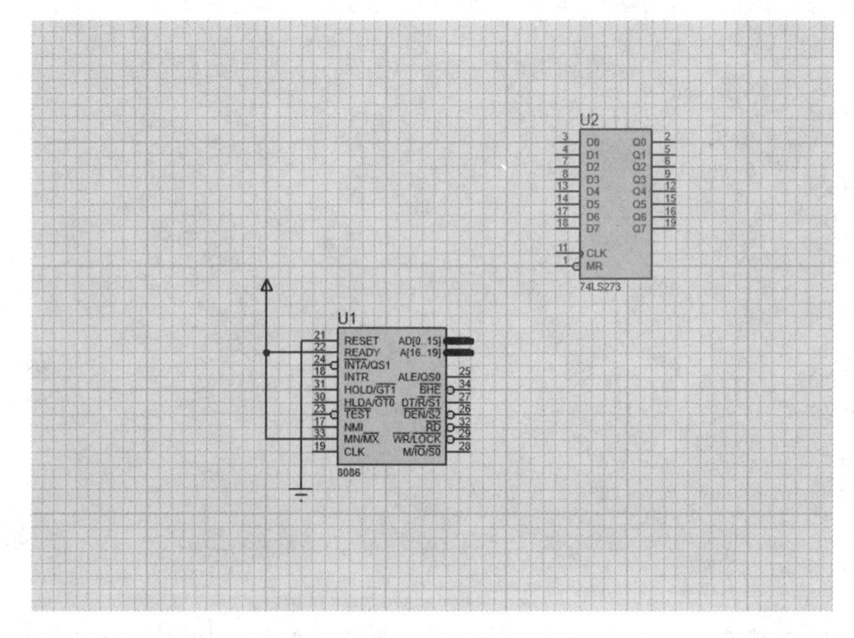

图 2.3.4　Proteus 中元件放置

在放置一次元件后，元件列表就会出现该元件，如图2.3.5所示。如果需要再次放置该元件，只需要在元件列表中单击选中该元件，然后在原理图编辑窗口的适当位置单击鼠标左键，即可放置该元件。**注意**：模式选择工具栏必须单击“选择元件”按钮。

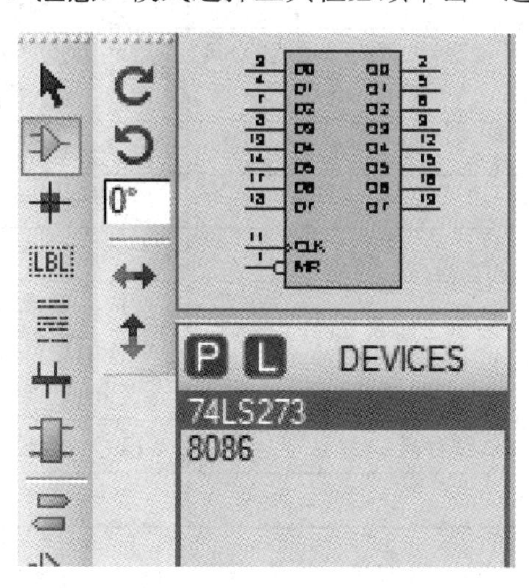

图2.3.5　Proteus中已使用元件列表

在电路中使用最多的除了元件，还有电源和接地。单击模式选择工具栏的“终端模式”按钮，显示电路可用终端列表，如图2.3.6所示。选择电源或者接地，在原理图编辑窗口空白任意位置单击鼠标左键即可，放置结果如图2.3.7所示。

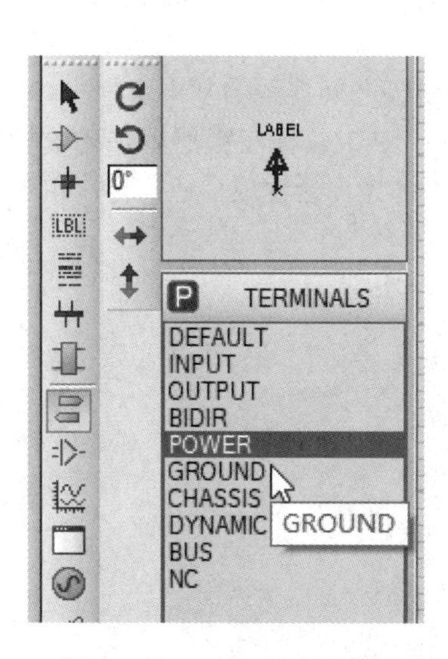

图2.3.6　Proteus中终端模式

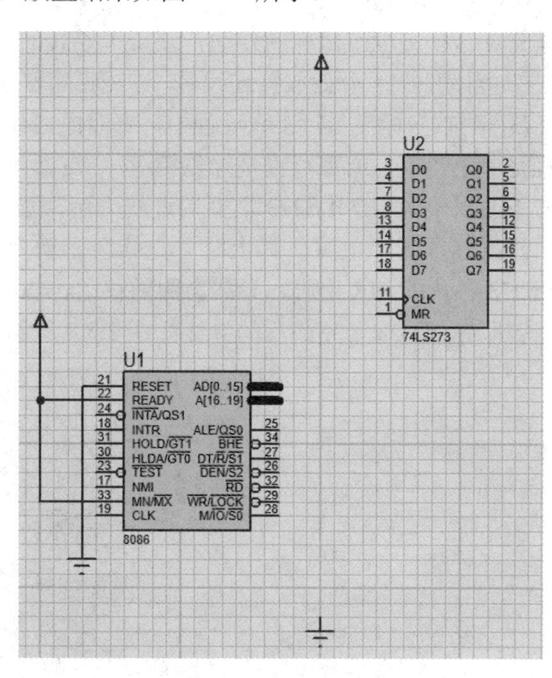

图2.3.7　Proteus中终端放置

本章使用的主要元件见表2.3.1。除此之外，还包括电源、接地、电阻、开关、LED灯等元件，熟悉这些元件的类型或英文名就能方便地从库中查找这些元件。

表 2.3.1　本章需要使用的元件

名称	功　能	描　述
8086	核心 CPU	需配置内存大小
74LS273	8 位数据/地址锁存器，带清除功能的 8D 触发器	$\overline{\text{MR}}$ 复位引脚，低电平复位 CLK 为上升沿触发锁存
7404	反相器	
74LS138	3-8 线译码器	E1 为高电平、E2 和 E3 为低电平时工作
7432	或门	
74LS245	8 路同相三态双向总线收发器，可双向传输数据	$\overline{\text{CE}}$ 为片选信号，低电平有效 AB/$\overline{\text{BA}}$ 为信号传输方向，低电平时从 B 向 A 传输
74LS373	三态输出的 8D 锁存器	LE 为高电平时，数据同相输出
7402	或非门	

2.3.2　规范的电路连线

放置好元件后，即可开始进行连线，连线过程中主要使用了以下三种技术，使电路连接更加方便快捷。

(1) 无模式连线：Proteus 中没有“连线模式”，也就是说，连线可以在任何时候放置或编辑。这样减少了鼠标的移动，减少了模式的切换，提高了开发效率。

(2) 自动跟随：开始放置连线后，连线将随着鼠标以直角方式移动，直至到达目标位置。

(3) 动态光标显示：连线过程中，光标样式会随不同动作而变化。起始点是绿色铅笔，过程是白色铅笔，结束点也是绿色铅笔。

下面以电源和 74LS273 之间的连线为例，描述两个引脚之间连线的基本步骤。

将鼠标放置在电源引脚上时，光标会自动变成绿色；单击鼠标左键然后移动鼠标到 74LS273 芯片的 MR 引脚，导线会跟随移动，在移动过程中光标会变成白色；再次单击鼠标左键即完成画线，完成后的导线如图 2.3.8 所示。

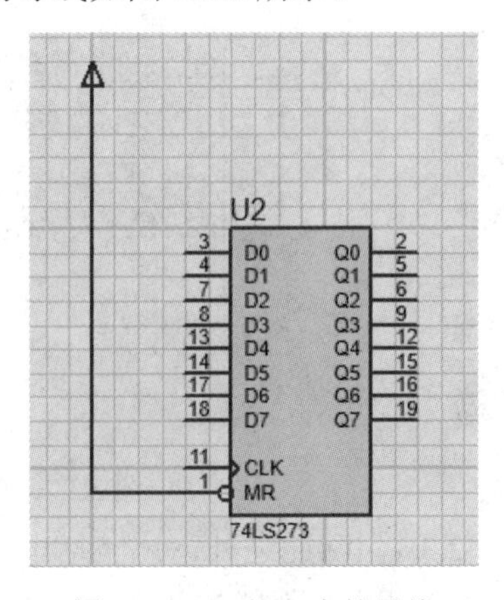

图 2.3.8　Proteus 中的导线

在导线上进行连线的方法基本相同，如图 2.3.9 所示。在空白处放置 U3，并将 U3 的 MR 引脚与 U2 的电源线相连。需要注意如下问题：

(1) 不可从任意位置开始连线，而只能从芯片的引脚开始连线，连接到另一根导线为止。

(2) 当连接到其他已存在的导线时，系统会自动放置结点，然后结束连接操作。

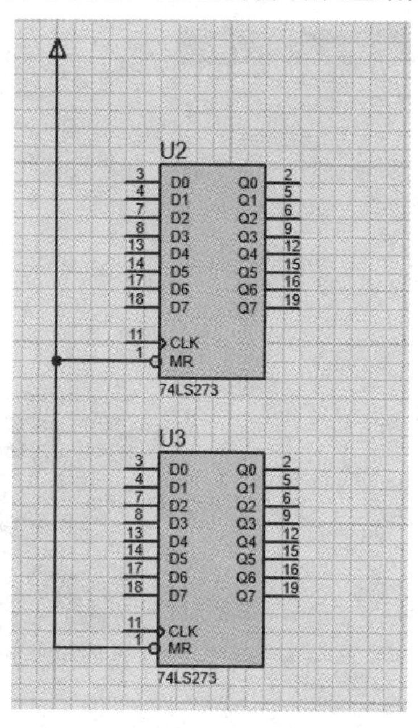

图 2.3.9　Proteus 导线连接

如果需要在放置导线后再进行修改，只需要在所需移动的导线上单击鼠标右键，选择“Drag Wire”(拖动导线)，或者在导线上单击鼠标左键然后拉动导线即可。

当导线非常多时，如果所有元件都是直接连接，电路图将非常复杂，不易看懂，所以需要为部分导线分配终端(标上网络标号)。为终端命名也非常重要，因为终端名指明了它要连接到的电路网络，可使整个电路更加清晰易懂，简化电路连线的复杂度。

单击“终端模式”，选择 DEFAULT(默认)，再单击需要位置进行放置，一般靠近引脚附近，如图 2.3.10 所示。

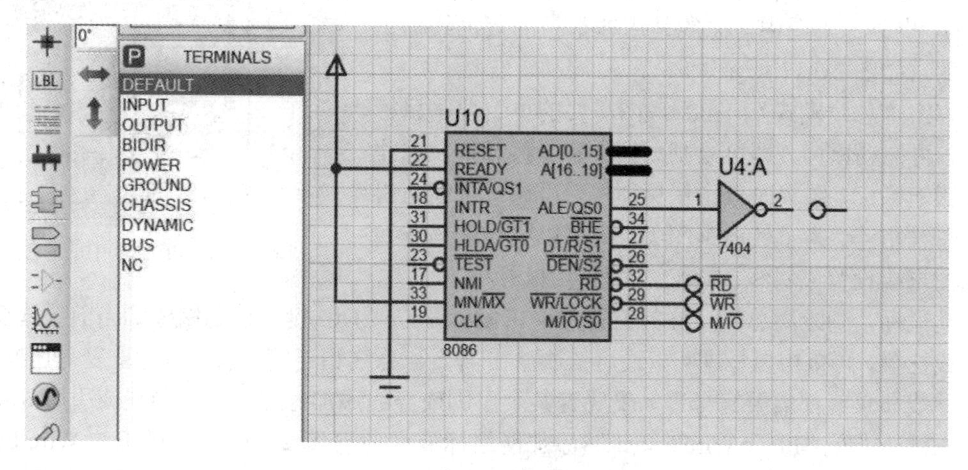

图 2.3.10　Proteus 中放置终端

从图 2.3.10 中可以看出这个终端方向不适宜连线，需要旋转后放置，再与 ALE 引脚进行连接，连接方法和导线连接方法相同。用鼠标双击终端，打开编辑终端属性选项卡(见图 2.3.11)，在 Label 选项卡的“String”框中填写终端网络标号，如 ALE。连接完成后的效果如图 2.3.12 所示。

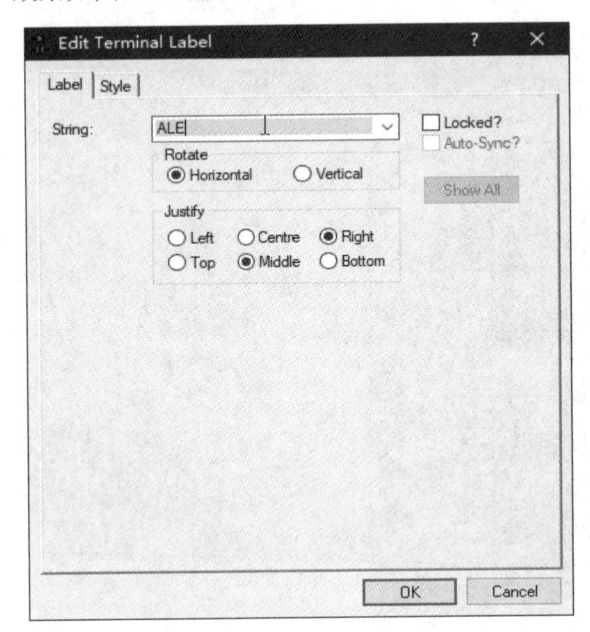

图 2.3.11　Proteus 中的终端属性选项卡

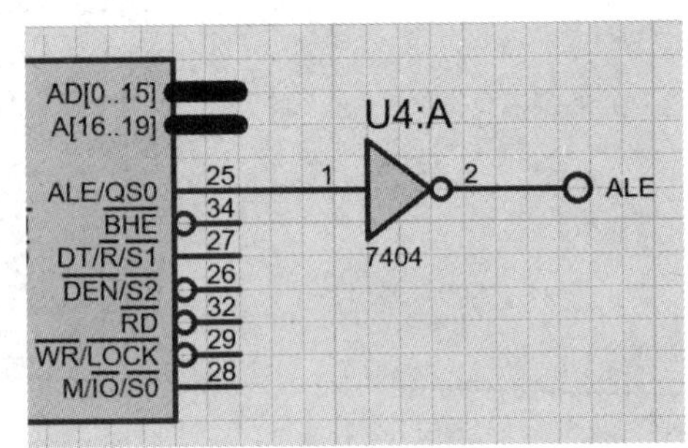

图 2.3.12　Proteus 中的终端标号连接完成后的效果

在电路原理图的其他位置，如果某根连线或终端的标号同样为“ALE”，相同标号的导线会连接在一起。通过为终端、连线添加标号的方式，可以简化电路连线，使电路原理图界面美观，且不容易出错。

除导线之外，还有一种元件之间多引脚的连接方法——总线。

总线可以方便地将同一类型的引脚集合起来，进行批量连接。例如，批量连接数据总线，AD[0..15]就是 16 位数据总线，A[16..19]即为高四位地址总线。在 Proteus 电路原理图中，总线是用非常粗的蓝色线标识出来的，如图 2.3.13 所示。

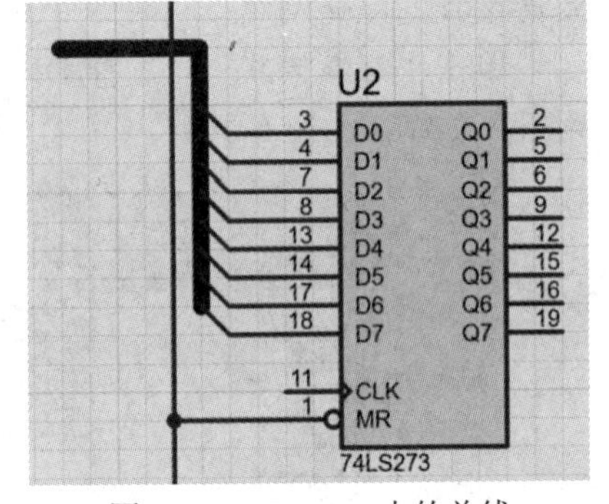

图 2.3.13　Proteus 中的总线

点击“总线模式”，在原理图需要的位置单击鼠标左键，再拖动鼠标，即可绘制总线。和导线相同，总线自动跟随鼠标，结束时双击鼠标即可，再通过导线将引脚与总线相连。为了使电路图美观，可以将导线与总线相连的末端设置成斜线，具体方法为：用鼠标单击引脚，再移动鼠标，到距离总线一格的位置时单击鼠标，按住 Ctrl 键，移动鼠标到当前导线侧上方总线位置，再单击鼠标即可。最后依次单击需要与总线相连的引脚，即可重复上述操作。

导线和总线都需要标号，如果要为某个引脚或导线添加标注，则在导线或引脚处单击鼠标右键，选择“Place Wire Label”(添加网络标号)，打开图 2.3.14 所示的 Edit Wire Label

选项卡。在选项卡的 String 框中输入标号名称即可，相同的标号视为相互连接。

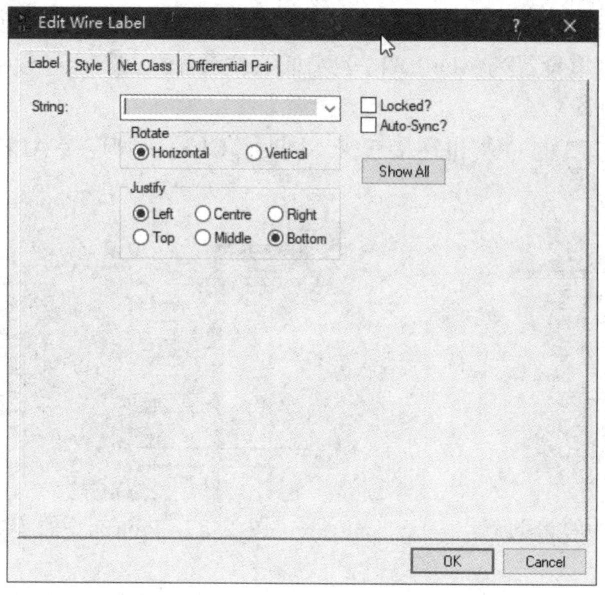

图 2.3.14　Proteus 中的总线标号

同时，可以对导线进行批量标号，选择“辅助工具栏”中的“Property Assignment Tool”(属性分配工具)，打开图 2.3.15 所示的对话框。在 String 中输入 NET = AD#(具体含义右侧有说明，NET 表示各种对象的标准属性，AD 为固定字符串，#为自动计数，计数方法可以在左侧设置)，Count 中输入 0，Increment 中输入 1(表示从 0 开始，每次自动增加 1)，Action 设置为 Assign(动作为分配)，Apply To 设置为 On Click(动作为点击)。

Property Assignment Tool

String: NET=AD#

Count: 0

Increment: 1

Action: Assign / Remove / Rename / Show / Hide / Resize

Apply To: On Click / Local Tagged / Global Tagged / All Objects

Help:

Object	Standard Properties
Component	REF, VALUE, DEVICE, PINSWAP
Subcircuit	REF, CIRCUIT
Terminal	NET, TYPE, SYMBOL
Port	NET, TYPE, SYMBOL
Pin	NAME, NUM, TYPE, SYMBOL

The current count value is designated by a '#' in String

OK　Cancel

图 2.3.15　Proteus 中的属性分配对话框

上述操作表示，在鼠标单击任一对象时，将为其分配从 AD0 开始的一系列字符串。单击“OK”后，鼠标移动到需要分配标号的导线上，这时鼠标变成手指，再单击鼠标，即可分配标号，依次单击，分配一系列标号。分配完成后，再单击属性分配工具，单击“Cancel”，取消后续分配。

总线也可以设置终端并标号，选择“终端模式”中的“BUS”，将其放置在总线末端，总线终端将与总线融为一体。用鼠标双击总线终端，在 Label 的 String 中为其设置标号，为了使含义明确，这里设置为 AD[0..7]，表示低八位数据总线，标号设置的结果如图 2.3.16 所示。

同理，将 74LS273 的 Q 端也连接起来，同时，CLK 引脚连接 ALE 终端，最终效果如图 2.3.17 所示。

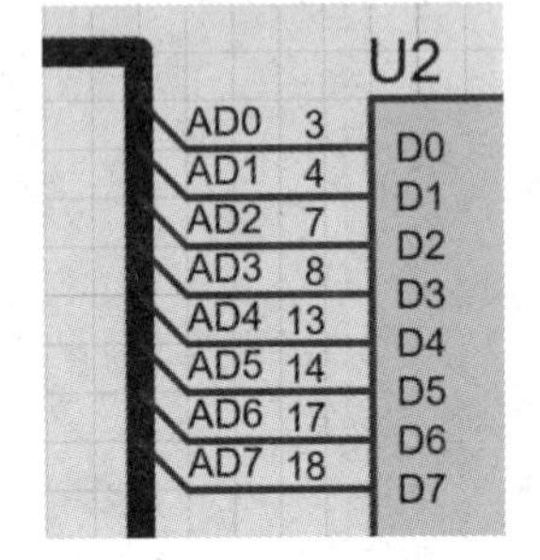

图 2.3.16　Proteus 中的批量标号

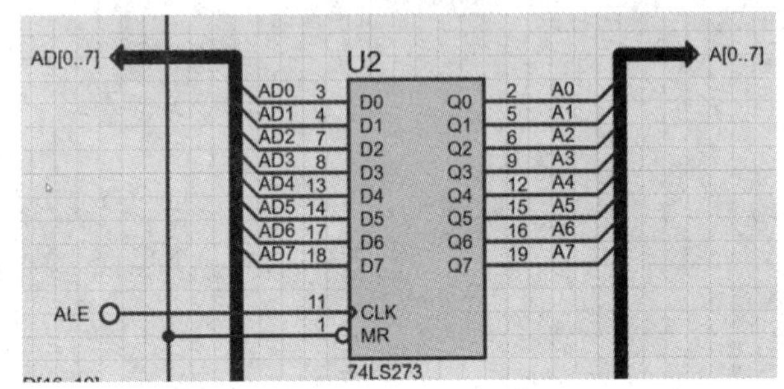

图 2.3.17　Proteus 中的 74LS273 连线图

2.4　Proteus 构建 8086 最小系统

2.4.1　最小系统的构建

按照 2.3 小节的操作，多次重复就能够实现 8086 最小系统的构建，其中 8086 CPU 部分的连线如图 2.4.1 所示。

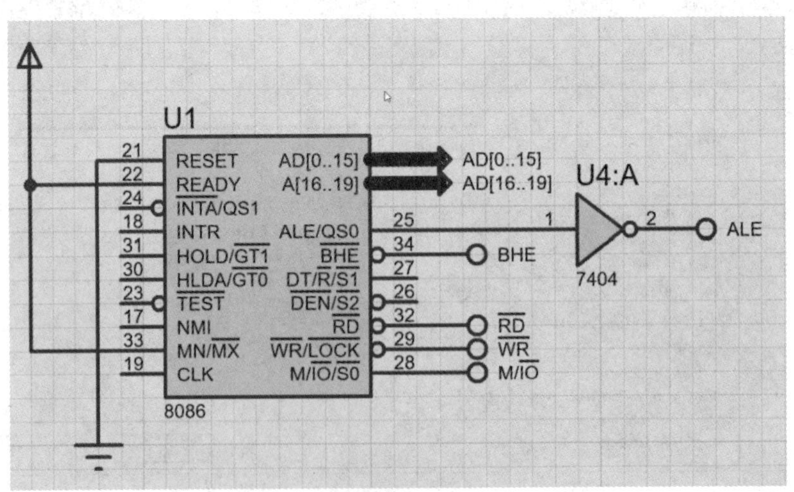

图 2.4.1　8086 最小系统 CPU 的连线部分

需注意的是，如果需要使用某个引脚时，可以将此引脚通过终端引出，并添加标号，然后在需要使用该引脚的其他位置添加相同标号的终端即可。如需要为终端添加标号，则用鼠标选中终端并双击，或单击右键，在快捷菜单里选择“Edit Property”(编辑属性)，出现如图 2.4.2 所示的对话框，如创建标号 $\overline{RD}$，则在对话框中输入“RD”。

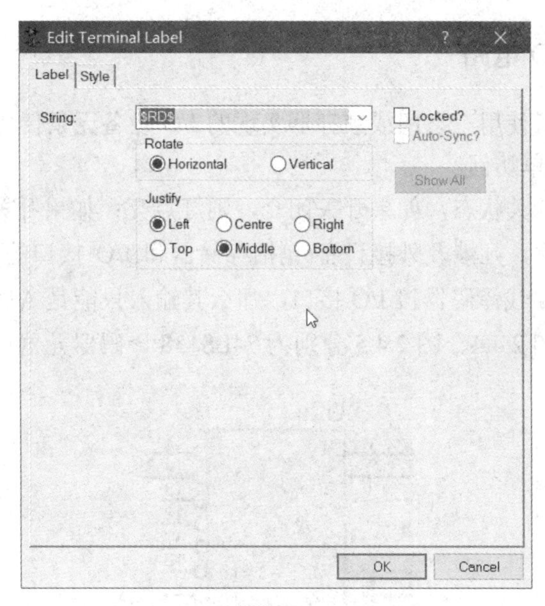

图 2.4.2　$\overline{\text{RD}}$ 特殊标号设置

重复使用两次 74LS273 即可实现对所有 20 位地址信号的锁存，如图 2.4.3 所示。

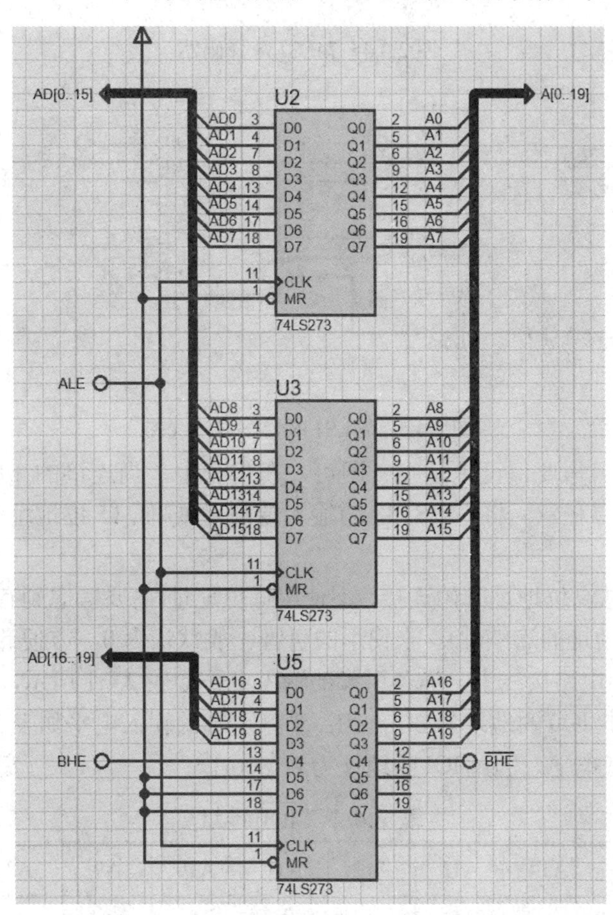

图 2.4.3　8086 最小系统地址锁存器的连线部分

2.4.2　设计简单 I/O 电路

简单接口电路是指使用三态门或锁存器实现的 I/O 设备无条件传送控制方法，主要实现开关和 LED 灯的简单访问。

设计实例：读取开关状态，如果开关闭合，则灯点亮；如果开关断开，则灯熄灭。

在微机原理课程中，凡涉及外接设备(包括存储器和 I/O 接口的)，均需要使用 3 线-8 线译码器。如果 3 线-8 线译码器接 I/O 接口，那么其输入只能是 A15～A0 的低 16 位地址线以及 $M/\overline{IO}$ 引脚。图 2.4.4、图 2.4.5 分别为 74LS138 译码器元器件图及接线图。

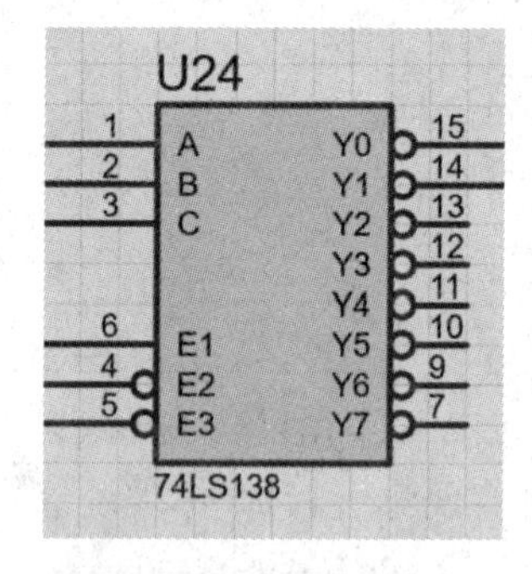

图 2.4.4　74LS138 译码器

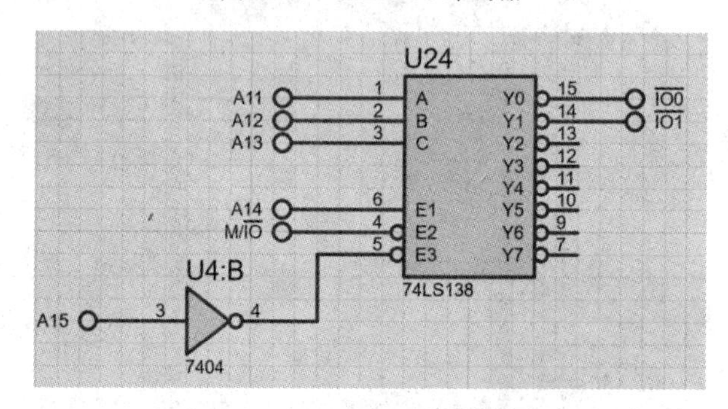

图 2.4.5　74LS138 译码器接线图

译码器的输入只需要保证地址唯一即可，在仿真中，当连接的 I/O 设备较少时，输入的引脚连接就可以任意。将 74LS138 的输入端与 CPU 低 15 位地址线相连，如图 2.4.5 所示。

一般情况下，从高位地址开始连接，不使用低位地址(主要考虑到有些 I/O 接口会使用低位地址，且保证地址的连续性)。未使用的引脚一般默认为 0，方便计算。

图 2.4.5 所示的电路接线中，当各引脚的输入电平如表 2.4.1 所示，译码器 $\overline{IO0}$ 的输出为有效低电平，因此 $\overline{IO0}$ 的地址为 0C000H；当各引脚的输入电平如表 2.4.2 所示，译码器 $\overline{IO1}$ 的输出为有效低电平，因此 $\overline{IO1}$ 的地址为 0C800H。

表 2.4.1　$\overline{IO0}$ 地址

$M/\overline{IO}$	A15	A14	A13	A12	A11	A10	A9	A8	A7～A0
0	1	1	0	0	0	0	0	0	0…0

表 2.4.2　$\overline{\text{IO1}}$ 地址

M / $\overline{\text{IO}}$	A15	A14	A13	A12	A11	A10	A9	A8	A7～A0
0	1	1	0	0	1	0	0	0	0…0

74LS245 为双向三态 8 位缓冲器，其片选引脚 $\overline{\text{CE}}$ 由译码器输出引脚 $\overline{\text{IO0}}$ 与 8086 读信号 $\overline{\text{RD}}$ 进行或运算(7432)的结果决定，即当 $\overline{\text{IO0}}$ 和 $\overline{\text{RD}}$ 均为低电平时，74LS245 被选中工作，方向控制引脚 AB / $\overline{\text{BA}}$ 接低电平，表示缓冲器的信息传输方向是 B 到 A，即采集外部开关状态并传送到 8086 的低 8 位数据总线。当开关断开时，B0 为高电平；当开关闭合时，B0 为低电平。图 2.4.6 所示为 74LS245 用作输入口部分的电路原理图。

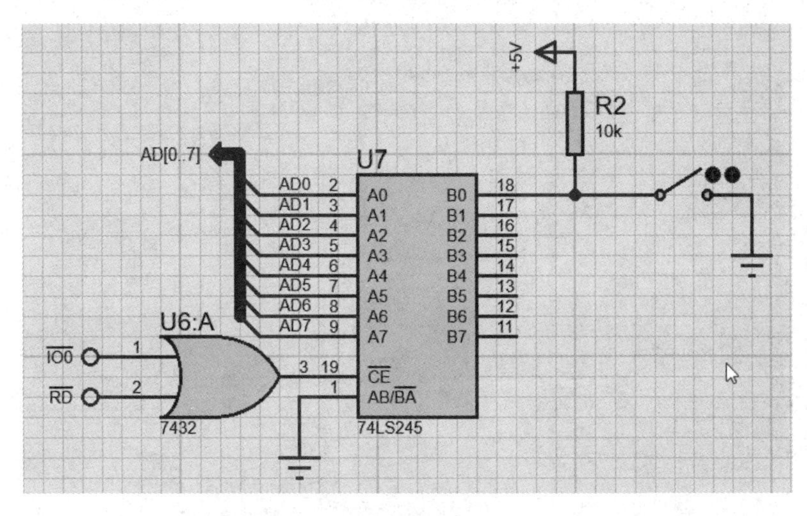

图 2.4.6　74LS245 用作输入口

74LS373 为三态输出 8D 锁存器，三态允许控制端 $\overline{\text{OE}}$ 为低电平，且当片选信号 LE 为高电平时，输出端的状态才跟随输入端的状态而变换，即 Q0 引脚的电平信号由 D0 引脚的输入决定。当 Q0 引脚输出高电平时，LED 灯点亮。片选信号 LE 的信号来自译码器的输出引脚 $\overline{\text{IO1}}$ 和 8086 写信号 $\overline{\text{WR}}$ 的或非运算(7402)结果，也就是说，当 $\overline{\text{IO1}}$ 和 $\overline{\text{WR}}$ 都为低电平有效时，锁存器才能输出。图 2.4.7 所示为 74LS373 用作输出口部分的电路原理图。

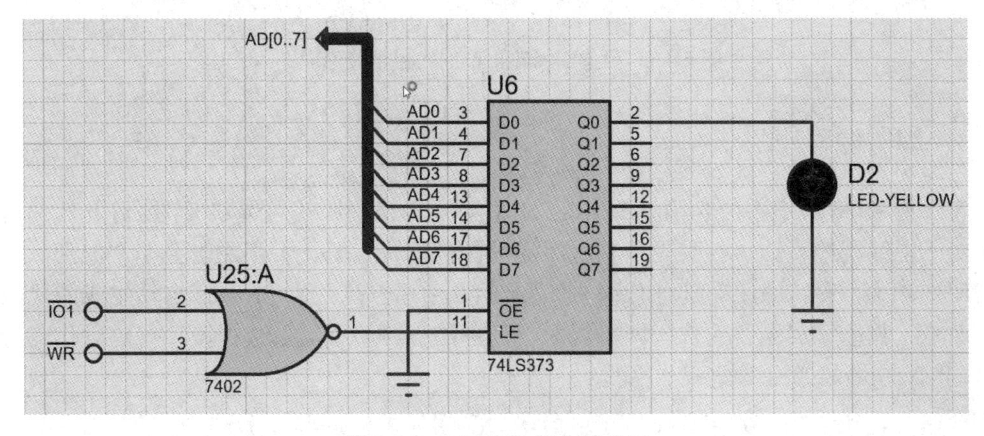

图 2.4.7　74LS373 用作输出口

图 2.4.8 所示为 8086 CPU 使用 74LS245 作为输入口读取开关状态，74LS373 作为输出口驱动 LED 显示的完整电路原理图。

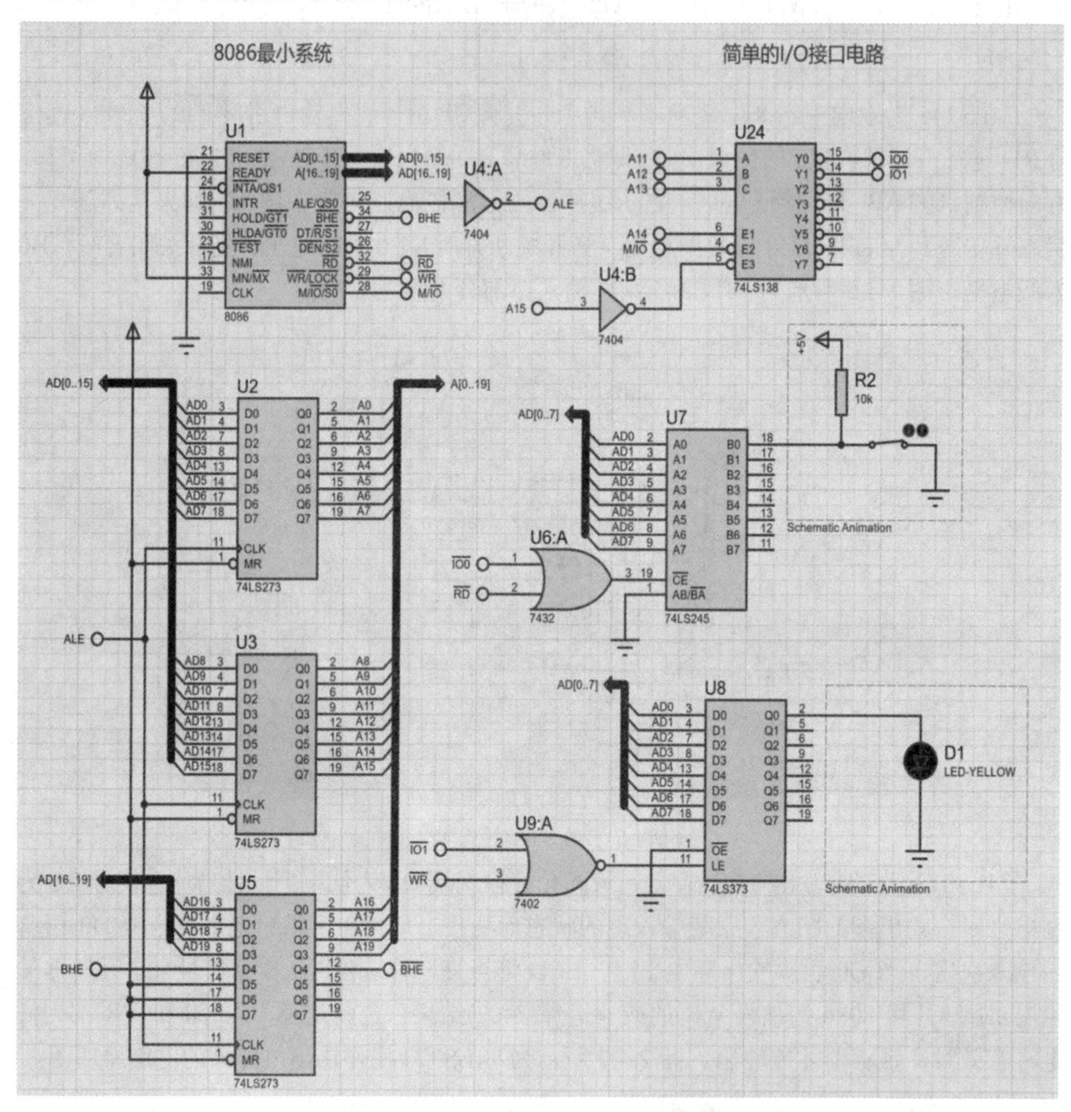

图 2.4.8　简单输入输出口的完整电路原理图

2.4.3　编写源程序

设计好 8086 最小系统和简单 I/O 接口电路后，切换到源代码选项卡，即可开始编写程序。对于汇编程序设计，必须先绘制程序流程图再编写代码，否则逻辑会非常混乱。打开源代码选项卡，窗口中已有部分代码，如图 2.4.9 所示。这些由 Proteus 自动生成的代码不需要改变，只需添加需要的代码即可。对于简单的程序，不需要数据段，代码段代码写在“; Write your code here”之后。

注意：多使用 Tab 键保持代码风格的统一，使得代码清晰易读。

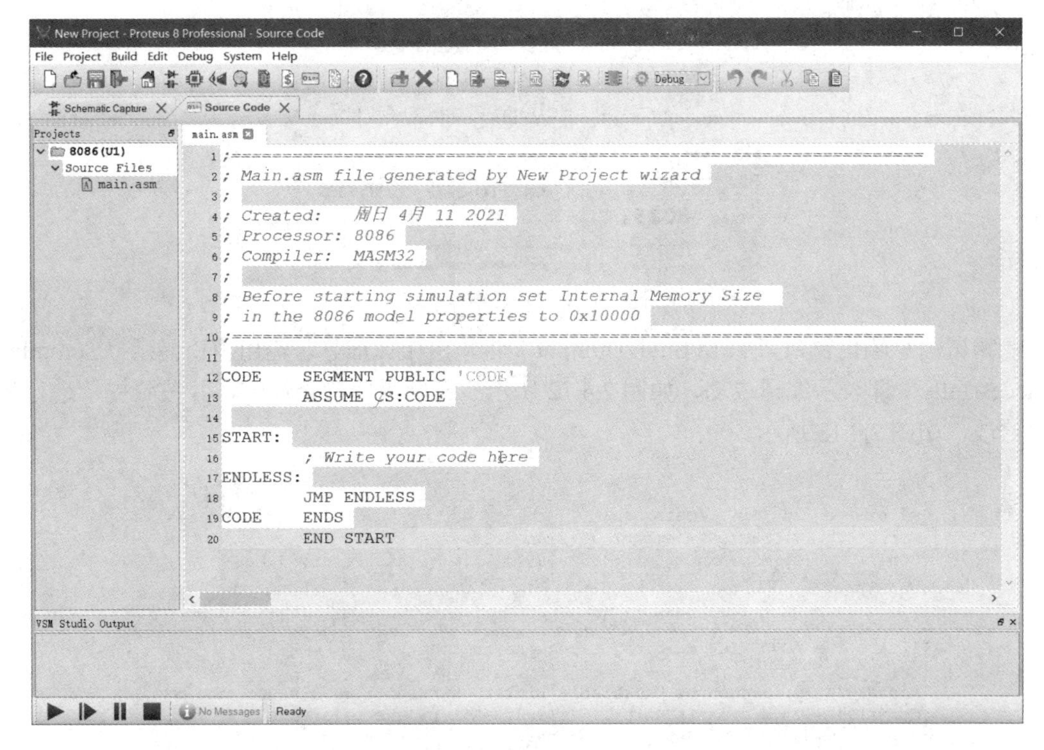

图 2.4.9　Proteus 中生成的代码

在源代码窗口输入图 2.4.10 所示的代码，并完成程序编写后，单击菜单栏的“Build”→“Build Project”对工程文件进行编译，如图 2.4.11 所示。

```
main.asm
 1 ;=====================================================================
 2 ;  项目名称：简单IO接口电路
 3 ;  主要元件：8086，74LS273，74LS138，74LS245，74LS373
 4 ;=====================================================================
 5
 6 IO0 EQU 0C000H        ; 输入接口地址--74LS245片选信号
 7 IO1 EQU 0C800H        ; 输出接口地址--74LS373片选信号
 8
 9 CODE    SEGMENT PUBLIC 'CODE'
10         ASSUME CS:CODE
11 START:
12         ; Write your code here
13     KEY:
14         MOV DX,IO0    ; IO间接寻址，IO0地址存入DX
15         IN  AL,DX     ; 读入IO0数据
16         TEST AL,01H   ; 将IO0数据与01H相与，即保留最低位，其他位清0
17         JNZ LEDN      ; 开关不闭合，跳转到LEDN
18         MOV AL,01H    ; 开关闭合，Q0设为1
19         JMP OUTPUT    ; 跳转到输出
20     LEDN:
21         MOV AL,00H    ; 开关不闭合，Q0设为0
22     OUTPUT:
23         MOV DX,IO1    ; IO1地址存入DX
24         OUT DX,AL     ; 将AL中内容输出到IO1
25         JMP KEY       ; 继续读入开关状态
26 ENDLESS:
27         JMP ENDLESS
28 CODE    ENDS
29         END START
```

图 2.4.10　代码编写

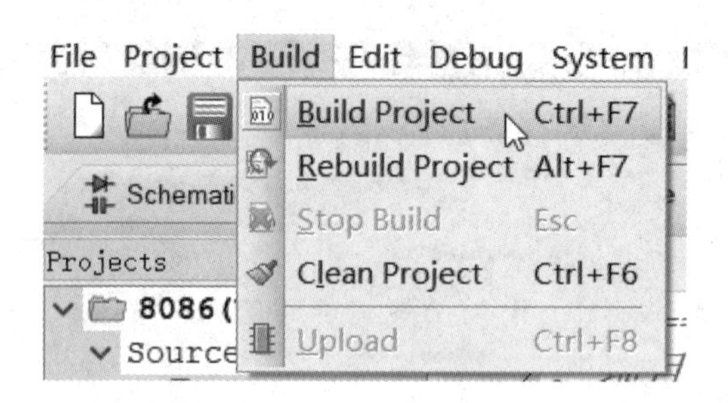

图 2.4.11　工程文件编译

调试信息输出窗口“VSM Studio Output”将输出相关信息。输出窗口显示“Compiled successfully”即表示编译成功，如图 2.4.12 所示；否则需要检查错误，并按照提示进行代码修改，如图 2.4.13 所示。

```
VSM Studio Output
ml.exe /c /Zd /Zi ../main.asm
Microsoft (R) Macro Assembler Version 6.14.8444
Copyright (C) Microsoft Corp 1981-1997.  All rights reserved.


 Assembling: ../main.asm
link16.exe /CODEVIEW main.obj,Debug.exe,nul.map,,,

Microsoft (R) Segmented Executable Linker  Version 5.60.339 Dec  5 1994
Copyright (C) Microsoft Corp 1984-1993.  All rights reserved.

LINK : warning L4021: no stack segment
Compiled successfully.
```

图 2.3.12　编译成功

```
VSM Studio Output
ml.exe /c /Zd /Zi ../main.asm
 Assembling: ../main.asm
../main.asm(15) : error A2070: invalid instruction operands
Microsoft (R) Macro Assembler Version 6.14.8444
Copyright (C) Microsoft Corp 1981-1997.  All rights reserved.

make: *** [main.obj] Error 1

Error code 2
```

图 2.4.13　编译报错

如果源程序存在错误，信息输出窗口将显示错误信息。例如，在源代码中写错一行代码，输出如图 2.4.13 所示的错误信息，显示第 15 行有错：“invalid instruction operands(无效的指令操作数)”。通过检查第 15 行源程序，可以发现 IN 指令的操作数只能是 AL 或者 AX，不能为 BL，修改成 AL 即可正确编译。程序修改完成后，需要重新编译才能运行。

2.4.4　外部编译器的使用

除了使用下载安装的源程序编译器，Proteus 支持外部编译器的使用。使用者可以使用其他文本编辑器(如记事本，或 Masm for Windows 编程环境)编写源程序文件，并汇编连接生成.EXE 应用程序文件(过程详见第 1 章)，在 Proteus 中直接调用.EXE 文件进行程序的仿真。具体设置方法如下：

在如图 2.4.14 所示的 8086 元件编辑窗口，单击“Program File”后的文件夹小图标，打开如图 2.4.15 所示的文件选择窗口，选中编译完成的.EXE 文件，单击“打开”，即可加载外部应用程序。此时，程序无法设置断点进行调试，只能通过手动软硬件输出等方式进行调试。

Edit Component
Part Reference: U1 Hidden:
Part Value: 8086 Hidden:
Element: New
Program File: D:\AsmTools\TEST.EXE Hide All
External Clock: No Hide All
Clock Frequency: 5MHz Hide All
PCB Package: DIL40 Hide All
Advanced Properties:
Internal Memory Start Address 0x00000 Hide All
Other Properties:
Exclude from Simulation
Exclude from PCB Layout
Exclude from Current Variant
Attach hierarchy module
Hide common pins
Edit all properties as text
OK
Help
Data
Hidden Pins
Edit Firmware
Cancel

图 2.4.14　8086 元件编辑窗口

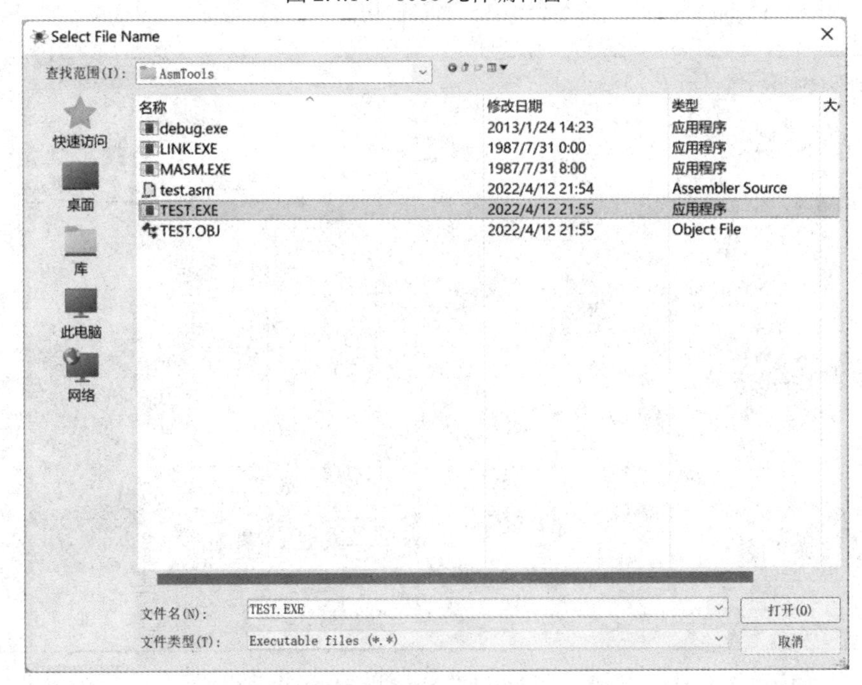

图 2.4.15　选择外部应用程序文件

2.4.5 仿真调试

源代码编译成功后，单击菜单栏中的“Debug”下的“Run Simulation(F12)”或者仿真工具栏“仿真按钮”▶即可运行仿真。此时，源代码界面显示“Simulation is Running(仿真正在运行)”，用鼠标单击开关，可以看到当开关断开时，LED 熄灭；当开关闭合时，LED 点亮。运行效果分别如图 2.4.16(开关断开时)、图 2.4.17(开关闭合时)所示。

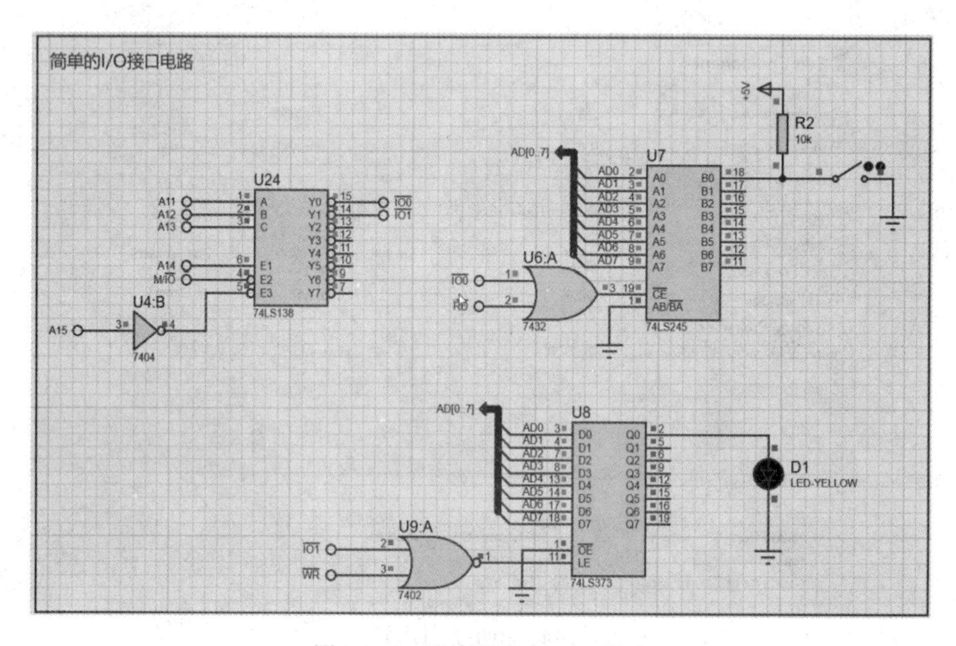

图 2.4.16　开关断开时 LED 熄灭

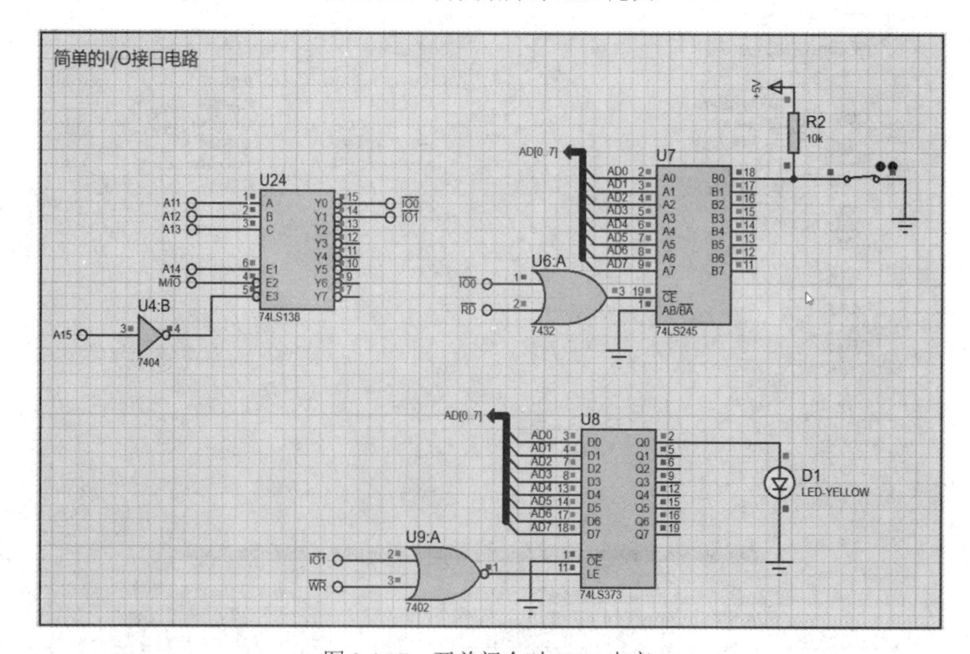

图 2.4.17　开关闭合时 LED 点亮

在很多情况下，我们需要单步运行程序进行调试，以方便观察每一步的运行结果。

如图 2.4.18 所示，单击菜单栏“Debug”下的“Start VSM Debugging”或者仿真工具栏“单步按钮”即可进入单步调试界面。

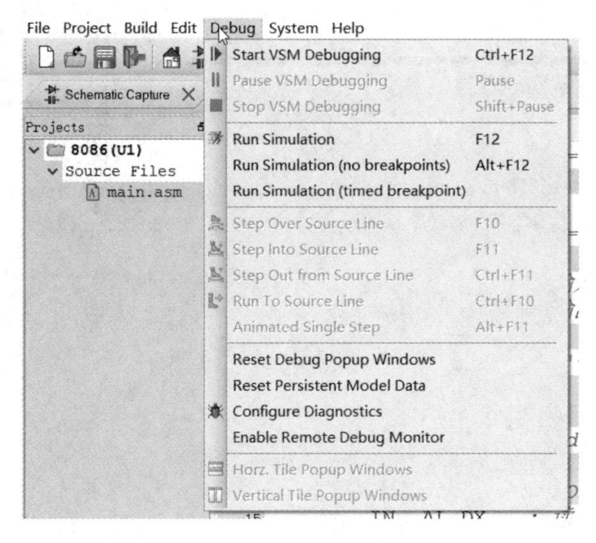

图 2.4.18　Proteus 仿真调试菜单栏

这时可以配合模式选择工具栏中的“Active Popup Mode”(激活弹出模式)进行实时子窗口联合调试。

单击“激活弹出模式”按钮，将需要在子窗口中显示的元件框出，可以一次性框出多个元件，也可以一次框出一个元件。在上述示例中，需要将开关和灯分别框出，如图 2.4.19 所示。然后开始单步调试，这时源代码选项卡左边显示正在运行的代码，箭头停在第 0 行，右边显示框出的元件，如图 2.4.20 所示。

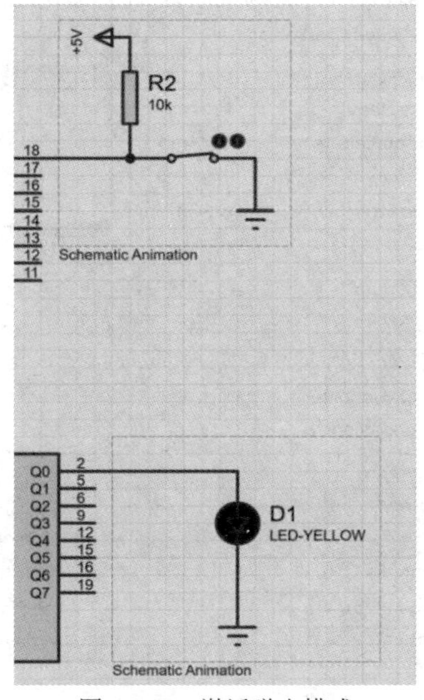

图 2.4.19　激活弹出模式

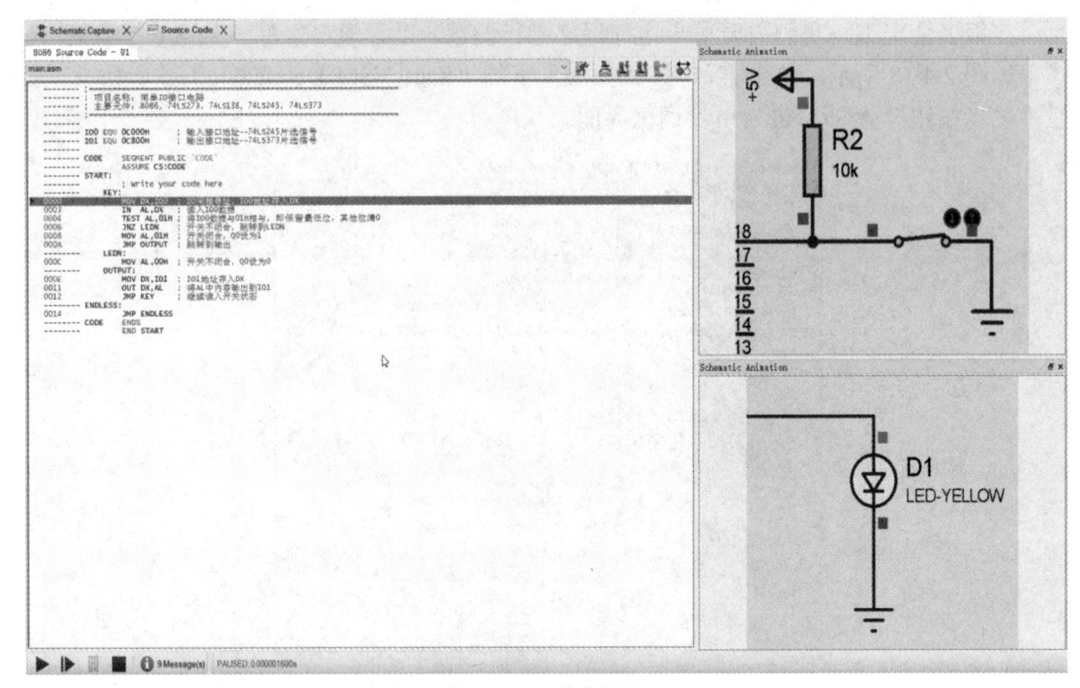

图 2.4.20　单步调试

单击“Debug”下的“8086”就能查看 CPU 内存、寄存器、源代码和变量的相关情况，如图 2.4.21 所示。

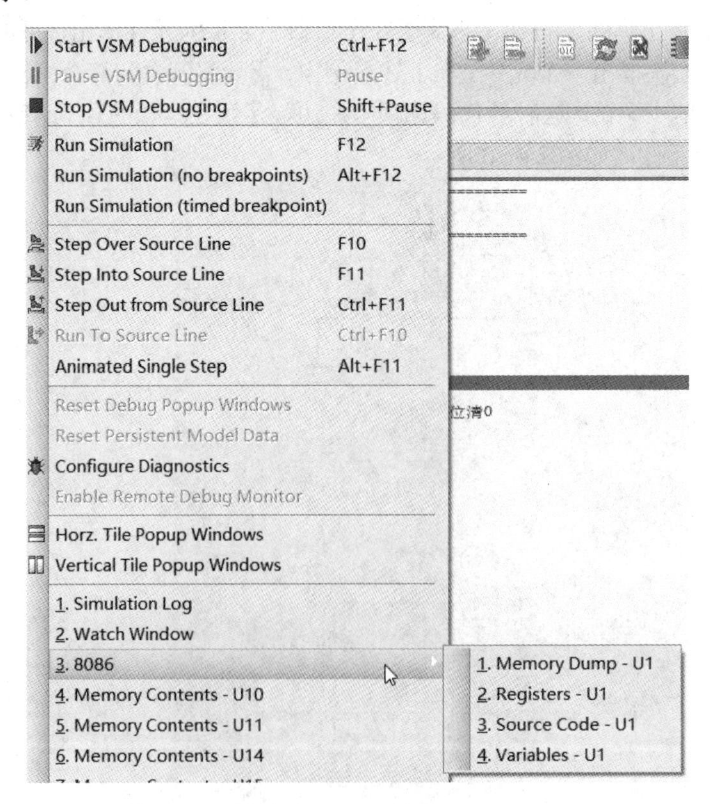

图 2.4.21　8086 观察选项

在单步调试时，一般根据需要选择显示哪些内容，这里我们选择寄存器。然后通过“Debug”下的“Step Over Source Line F10”或者单步调试按钮进行单步调试，并观察元件状态以及寄存器内部数值的变化，如图 2.4.22 所示。

注意：要善于利用单步调试检查代码的逻辑问题，核查每一步运行后的结果是否和设计的流程图一致。

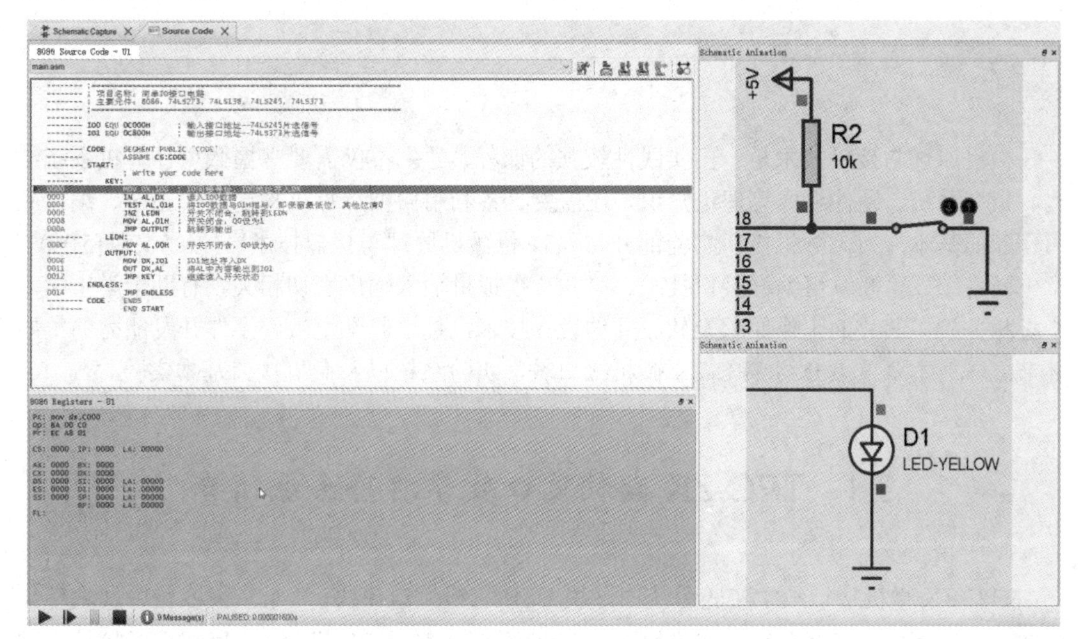

图 2.4.22　单步调试寄存器内容

第 3 章　微机接口基本实验

微机原理与接口技术是一门实践性较强的课程，学生不仅需要掌握微型计算机系统结构、指令系统、硬件组成等理论知识，还需要具备利用微型计算机构造应用系统、编写应用程序的基本能力。微机接口实验部分与《32 位微机原理与接口技术》(参考文献[5])第 7 章中断系统、第 8 章可编程接口技术、第 9 章模拟量输入输出密切相关，有助于学生学习掌握相关接口芯片的工作原理及软、硬件设计技术，是培养学生软、硬件开发能力的重要环节之一。本章重点介绍 TPC-ZK 微机接口教学实验系统以及微机接口基本实验。

3.1　TPC-ZK 微机接口教学实验系统简介

TPC-ZK 微机接口教学实验系统由一块 USB 总线接口模块，一个扩展实验台及软件集成实验环境组成。USB 总线接口模块通过 USB 总线电缆与 PC 机相连，可根据学校的不同需求，配备不同的接口卡，如 PCI 卡、USB 接口、各类单片机等核心板，构成不同的接口实验系统。TPC-ZK 的 USB 接口模块直接插在实验系统上，其主要特点如下：

(1) USB 总线接口使用 USB2.0 高速接口芯片，完全符合 USB2.0 规范，提供了高速 USB 下的通信能力，即插即用。

(2) 满足“微机原理与接口技术”课程教学实验要求。实验台接口集成电路包括可编程定时/计数器 8254、可编程并行通信接口 8255、数/模转换器 DAC0832、模/数转换器 ADC0809、可编程串行通信接口 8251、可编程中断控制器 8259、可编程 DMA 控制器 8237、存储器 6264 等。外围电路包括：逻辑电平开关、LED 显示、七段数码管显示、8 × 8 双色发光二极管点阵及驱动电路、直流电机步进电机及驱动电路、电机测速用光耦电路、数字测温传感器及接口电路、继电器及驱动电路、喇叭及驱动电路、4 × 4 键盘显示控制电路、12864LCD 图形液晶显示电路等。

(3) 在 USB 接口模块上扩展有 DMA 控制器 8237，可以完成微机 DMA 传送实验以及与实验板上 DMA8237 级联实验等。

(4) 开放式结构，模块化设计支持开放实验。实验台上除固定电路外还设有用户扩展实验区。有 1 个通用集成电路和 40 芯插座，每个插座引脚都有对应的“自锁紧”插孔，利用这些插孔可以搭建更多自己设计的实验电路，进行课程设计。

(5) 功能强大的软件集成开发环境，支持 Windows 2000、Windows XP、Windows 7 等操作系统，可以方便地对程序进行编辑、编译、链接和调试，可以查看实验原理图，实验接线，实验程序并进行实验演示，可以增加和删除实验项目。

(6) 实验程序可以使用 80×86 汇编和 C 语言进行编程，可以对汇编程序和 C 语言程序进行调试。

(7) 系统还提供字符、图形液晶显示实验模块，红外收发实验模块，无线通信实验模块，温湿度传感器实验模块，FPGA 实验模块，红外热释/压力/光敏/声控传感器实验模块等多种扩展实验模块(自选)。

(8) 实验台自备电源，具有电源短路保护确保系统安全。

3.2　TPC-ZK 实验系统结构及主要电路

3.2.1　实验系统结构

TPC-ZK 实验系统结构如图 3.2.1 所示，实验箱实物如图 3.2.2 所示。

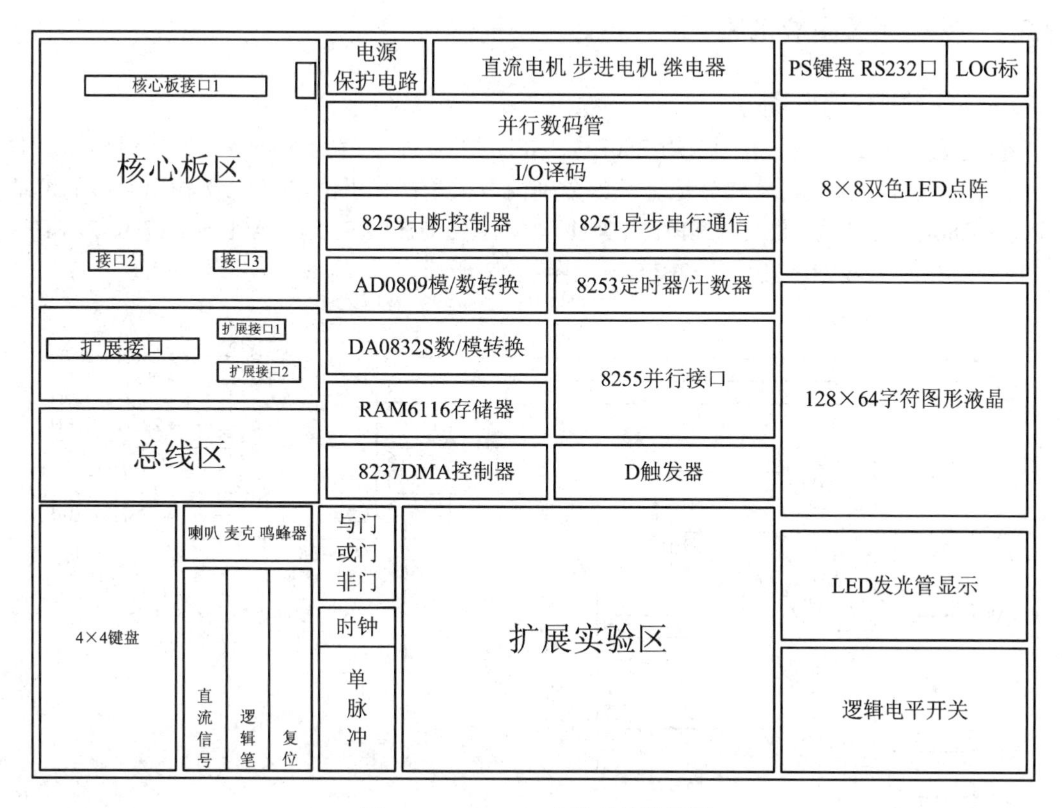

图 3.2.1　TPC-ZK 实验系统结构图

图 3.2.2　TPC-ZK 实验系统实物图

3.2.2　实验系统主要电路

1. I/O 地址译码电路

实验台上的 I/O 地址范围选用 280H～2BFH 共 64 个，分为 Y0～Y7 共 8 组输出，对应的 8 根输出线在实验台“I/O 地址”处分别由自锁紧插孔引出。Y0～Y7 输出对应的地址分别为 280H～287H、288H～28FH、290H～297H、298H～29FH、2A0H～2A7H、2A8H～2AFH、2B0H～2B7H、2B8H～2BFH，如图 3.2.3 所示。

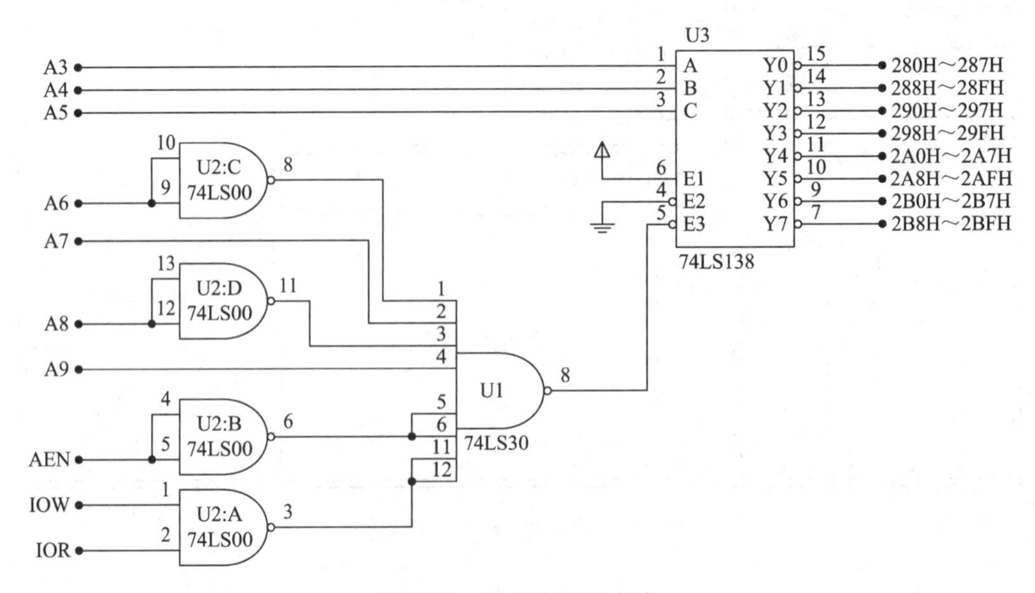

图 3.2.3　I/O 地址译码电路

2. 逻辑电平开关电路

实验台右下方有 8 个开关 K0～K7，电路如图 3.2.4 所示。当开关拨到“1”位置时，开关断开，输出高电平；当开关拨到“0”位置时，开关接通，输出低电平。电路中串接了保护电阻，接口电路不直接同 +5 V、GND 相连，能够有效地防止因误操作损坏集成电路。

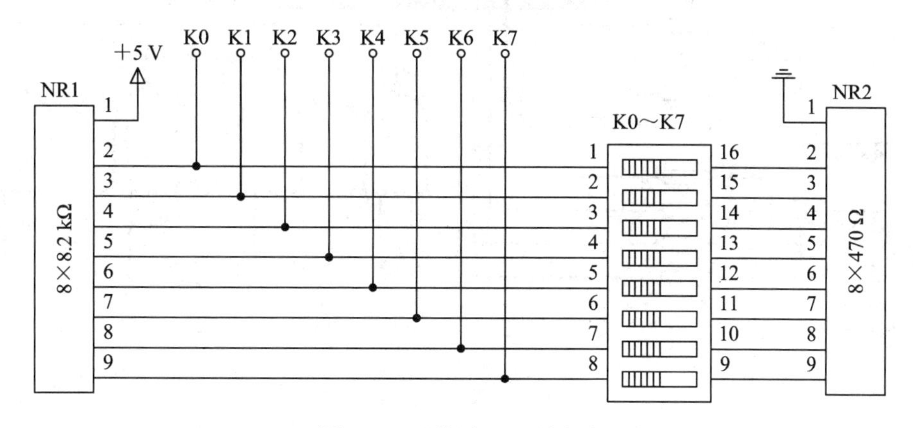

图 3.2.4　逻辑电平开关电路

3. LED 显示电路

实验台上设有 8 个发光二极管及相关驱动电路(输入端 L7～L0)，当输入信号为“1”时发光，为“0”时灭。LED 显示电路如图 3.2.5 所示。

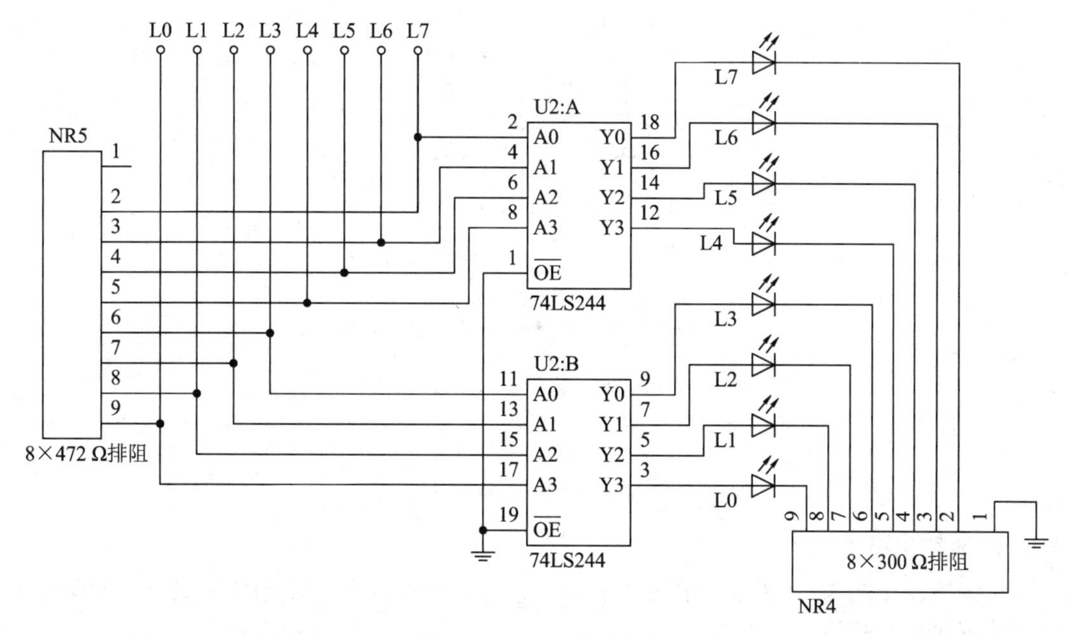

图 3.2.5　LED 显示电路

4. 七段数码管显示电路

实验台设有 4 个共阴极七段数码管及驱动电路，如图 3.2.6 所示。段码输入端为 a、b、c、d、e、f、g、dp；位码输入端为 S0、S1、S2、S3。

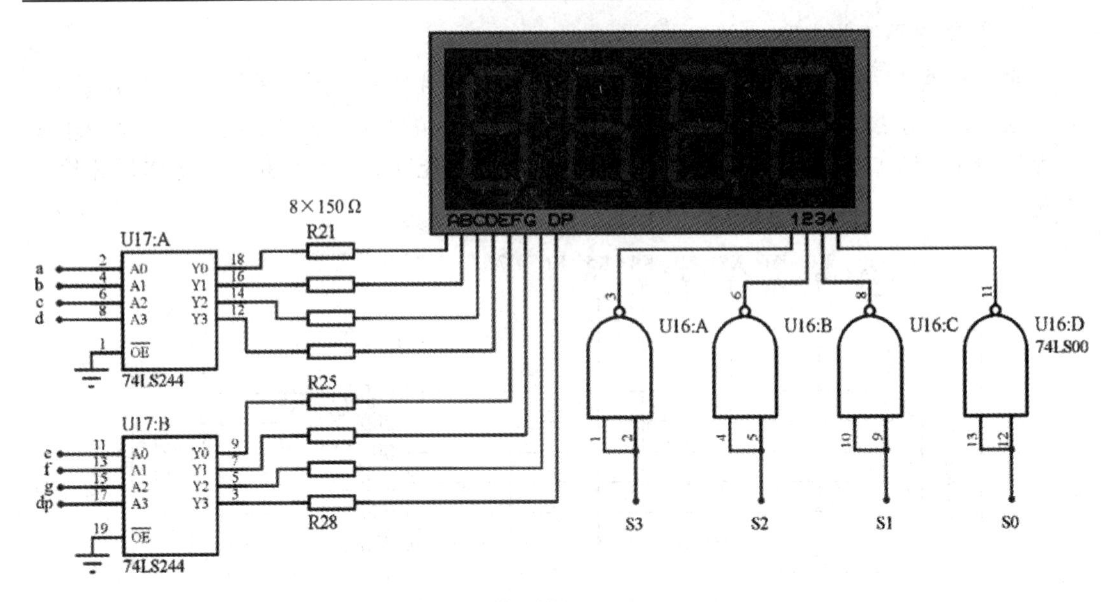

图 3.2.6　七段数码管显示电路

5. 单脉冲电路

实验箱上的单脉冲电路如图 3.2.7 所示，采用 RS 触发器产生，实验者每按一次开关，就可以从两个插孔分别输出一个正脉冲及一个负脉冲，供中断、DMA、定时/计数器等实验使用。

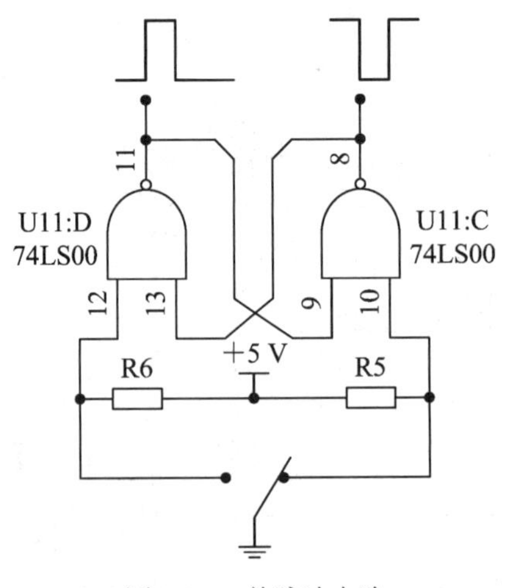

图 3.2.7　单脉冲电路

6. 时钟电路

时钟电路如图 3.2.8 所示，输出 1 MHz、2 MHz 两种信号，供定时/计数器、A/D 转换器、串行接口实验使用。

7. 复位电路

图 3.2.9 为复位电路，系统上电后，或者复位开关 RESET 按下后，分别产生一个高电平和一个低电平两路信号供实验使用。

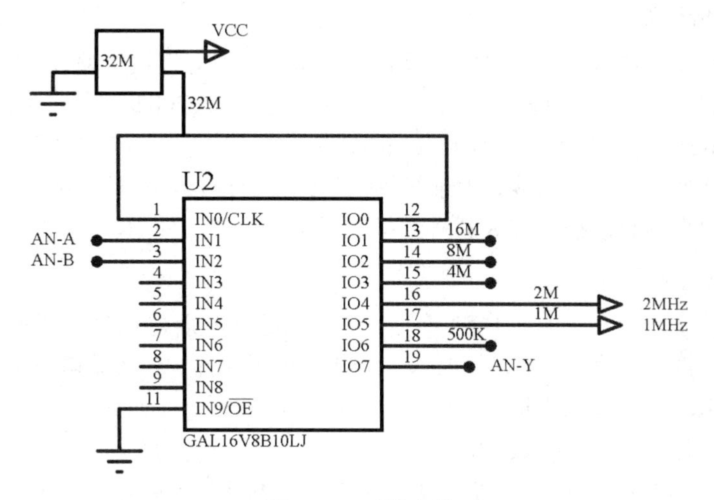

图 3.2.8　时钟电路

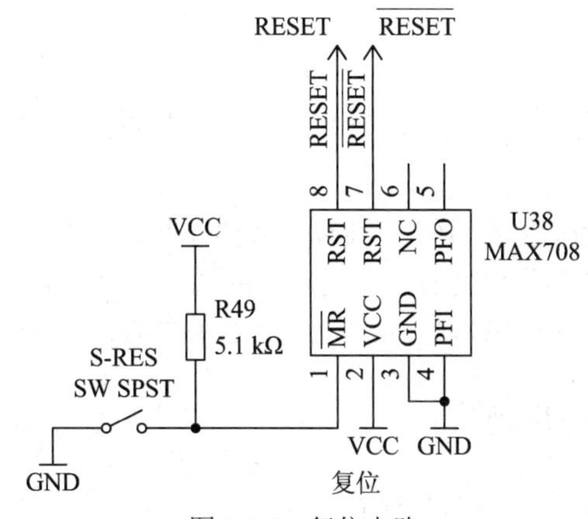

图 3.2.9　复位电路

8. 步进电机驱动电路

图 3.2.10 为步进电机驱动电路，实验台上的步进电机驱动方式为二相励磁方式，BA、BB、BC、BD 分别为四个线圈的驱动输入端，当输入高电平时，相应线圈通电。

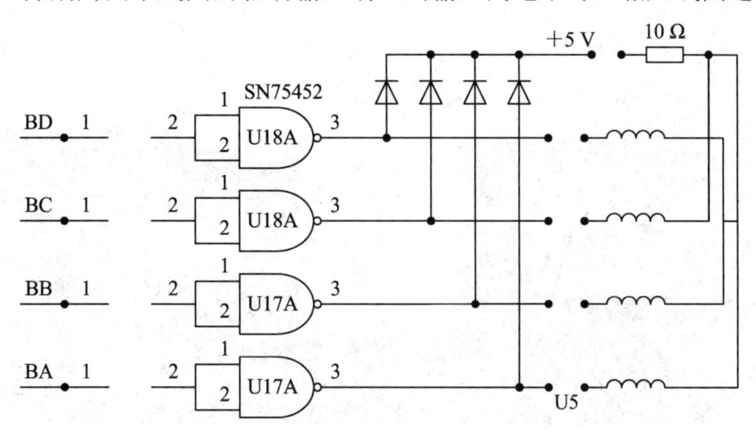

图 3.2.10　步进电机驱动电路

9. 接口集成电路

实验台上有微机原理及接口技术实验常用的接口芯片，包括可编程定时/计数器 8254、可编程并行接口 8255、中断控制器 8259、数/模转换器 DAC082、模/数转换器 ADC0809、串行异步通信 8251 等。模块芯片与 CPU 相连的引线除片选(CS)信号和每个实验模块特有的信号线外，其他共有的数据线、地址线等信号线均已连接，与外围电路连接的关键引脚在芯片周围用“自锁紧”插座和 8 芯排线插针引出，供实验使用。

10. 直流稳压电源

在实验板右上角有一个直流电源开关，交流电源打开后再把直流开关拨到“ON”的位置，电源指示灯亮，直流 +5 V、+12 V、−5 V、−12 V 就加到实验电路上。

直流稳压电源主要技术指标如下：

- 输入电压：AC 175～265 V。
- 输出电压/电流：+5 V/2.5 A　+12 V/0.5 A　−12 V/0.5 A。
- 输出功率：25 W。

3.3　实验系统软件开发环境

HQFC 集成开发环境适用于 TPC 系列教学实验系统，提供了用户程序的编辑、编译、调试和运行，实验项目的查看和演示，实验项目的添加等功能，方便学生和老师进行实验程序的编制和调试。软件基于 Windows 2000/XP/2003/7 环境，界面简洁美观，功能齐全。

3.3.1　实验开发环境的启动

运行程序 HQFC 集成开发环境.EXE，启动微机接口设备界面，如图 3.3.1 所示。软件自动检测所安装的接口，如果接口正确连接，则显示为绿色；如果没有找到，则显示为红色。本实验系统使用的是 USB 接口，点击选择 USB 接口，进入接口实验开发环境，如图 3.3.2 所示。

图 3.3.1　接口设备界面

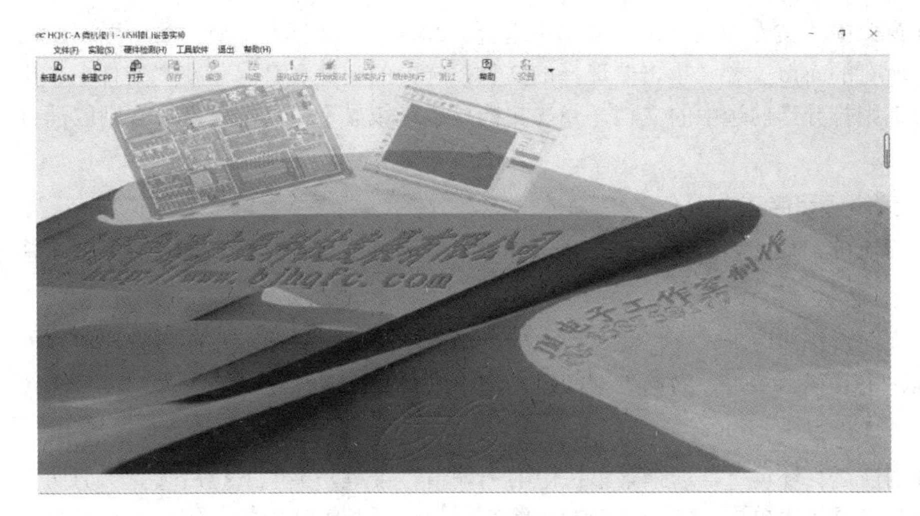

图 3.3.2　开发环境初始界面

3.3.2　开发环境使用说明

集成开发环境支持汇编(.asm 文件)类型的程序开发，还支持语法高亮显示，语法错误提示等功能，方便实验程序的编辑和编译。用户编辑好程序并保存后，即可方便地进行编译。

1. 新建一个源程序

在当前运行环境下，如图 3.3.2 所示，选择菜单栏中的“文件”菜单，菜单下拉后选择“新建”，或是在工具栏中单击“新建”快捷按钮，会出现源程序编辑窗口，建议用“另存为”为文件取名保存，即新建一个“.asm”文件。

2. 打开一个源程序

当前运行环境下，选择菜单栏中的“文件”菜单，菜单下拉后选择“打开”，或是在工具栏中单击“打开”，会弹出“打开”文件选择窗口，“打开”窗口如图 3.3.3 所示。

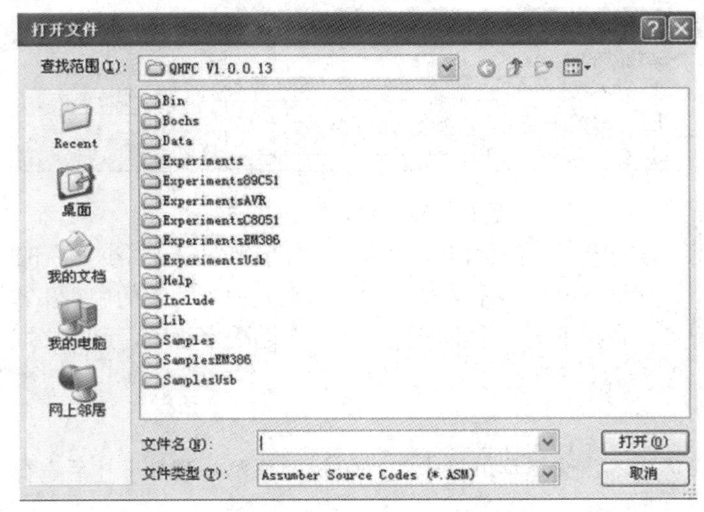

图 3.3.3　打开源程序文件

在窗口中“文件类型”下拉菜单中选择“ASM 文档”(*.asm)一项，程序即显示当前目录下所有的.asm 文档。单击要选择的文件，选中的文件名会显示在“文件名”中；单击“打开”则打开当前选中的文档，并在文档显示区域显示；点击“取消”则取消打开源文件操作。

3. 编辑源程序

软件提供了基本的编辑功能，并实现了实时的语法高亮，各项操作说明如下所示。

1) 撤销

在当前运行环境下，选择菜单栏中的“编辑”菜单，菜单下拉后选择“撤销”，或是用鼠标在工具栏中单击“撤销”，即可撤消上一步操作。

2) 剪切

在当前运行环境下，选择菜单栏中的“编辑”菜单，菜单下拉后选择“剪切”，或是用鼠标在工具栏中单击“剪切”，即可将文档显示区域中选中的内容剪切到剪贴板。

3) 复制

在当前运行环境下，选择菜单栏中的“编辑”菜单，菜单下拉后选择“复制”，或是用鼠标在工具栏中单击“复制”，即可将文档显示区域中选中的内容复制到剪贴板。

4) 粘贴

在当前运行环境下，选择菜单栏中的“编辑”菜单，菜单下拉后选择“粘贴”，或是在工具栏中单击“粘贴”，即可将剪贴板中当前内容粘贴到文档显示区域光标所在处。

5) 全选

在当前运行环境下，选择菜单栏中的“编辑”菜单，菜单下拉后选择“全选”，即可将文档区域中所有内容选中。

6) 查找

在当前运行环境下，选择菜单栏中的“编辑”菜单，菜单下拉后选择“查找”，弹出“查找”对话框，如图 3.3.4 所示。

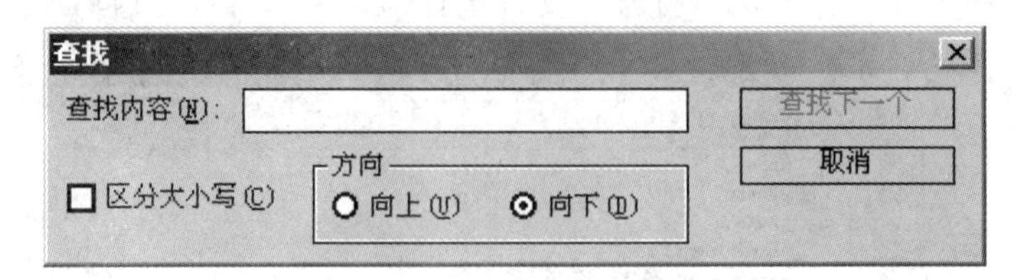

图 3.3.4　“查找”对话框

在查找内容一栏中输入需要查找的内容，可选择“区分大小写”的查找方式，单击“查找下一个”程序则在文档显示区域中搜索与查找内容匹配的字符串，找到第一个后则高亮显示，用户点击查找下一个则继续搜索下一个匹配字符串，点击“取消”则退出查找操作。

7) 替换

在当前运行环境下，选择菜单栏中的“编辑”菜单，菜单下拉后选择“替换”，弹出“替换”对话框，如图 3.3.5 所示。

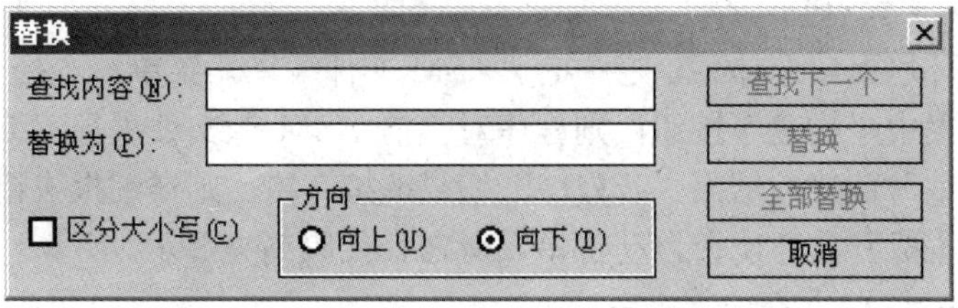

替换
查找内容(N):
替换为(P):
□区分大小写(C)
方向
○向上(U)　⊙向下(D)
查找下一个
替换
全部替换
取消

图 3.3.5　“替换”对话框

在查找内容一栏中输入需要查找的内容，可选择“全字匹配”与“区分大小写”的查找方式，在“替换为”一栏中输入需要替换的内容，单击“查找下一个”程序则在文档显示区域中搜索与查找内容匹配的字符串，找到第一个后则高亮显示。用户可单击“替换”将匹配的字符串替换，也可单击“全部替换”将当前文档显示区域中所有与查找内容匹配的字符串全部替换。单击“查找下一个”则继续搜索下一个匹配字符串。也可单击“取消”退出查找操作。

4. 保存源程序

在当前运行环境下，选择菜单栏中的“文件”菜单，菜单下拉后选择“保存”。如果是无标题文档，用户需在提示下输入文档的名称及选择保存的路径，单击“确定”后保存；否则程序自动保存当前文档显示区域中显示的文档。或者选择菜单栏中的“文件”菜单，菜单下拉后选择“另存为”，并在提示下输入文档的名称及选择保存的路径，单击“确定”后保存。

5. 源程序编译

1) 编译

在当前运行环境下，如图 3.3.6 所示，选择菜单栏里的“ASM 文件编译”菜单中的“编译”选项，或单击工具栏中“编译”按钮，则程序对当前.asm 源文件进行编译，编译调试信息显示窗口中输出的汇编结果。如程序汇编有错，则详细报告错误信息。双击输出的错误信息，集成开发环境会自动高亮显示错误行代码。

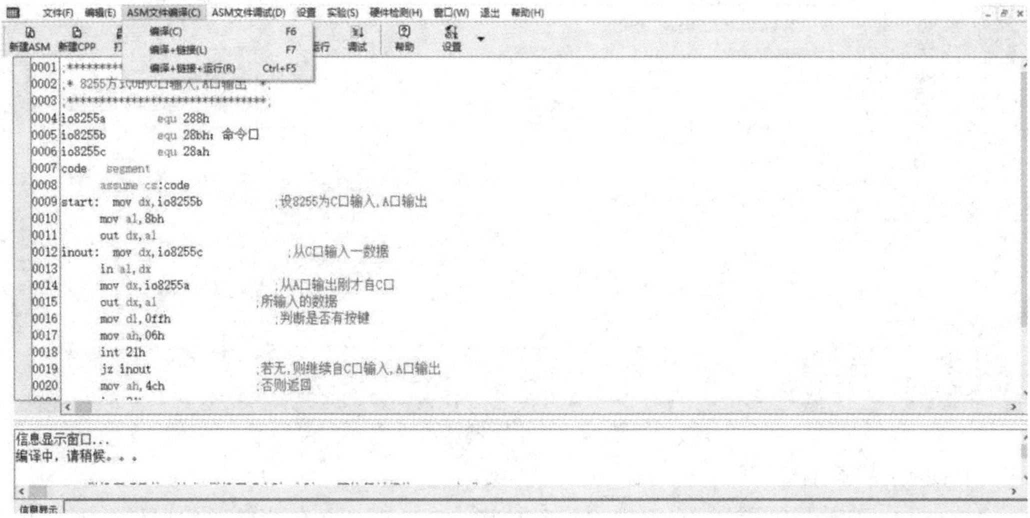

文件(F)　编辑(E)　ASM文件编译(C)　ASM文件调试(D)　设置　实验(S)　硬件检测(H)　窗口(W)　退出　帮助(H)
新建ASM　新建CPP　编译(C) F6　编译+链接(L) F7　编译+链接+运行(R) Ctrl+F5　调试　帮助　设置

```
0001 ;*********
0002 ;* 8255方式0的C口输入,A口输出 *;
0003 ;********************************;
0004 io8255a        equ 288h
0005 io8255b        equ 28bh; 命令口
0006 io8255c        equ 28ah
0007 code   segment
0008        assume cs:code
0009 start:  mov dx,io8255b            ;设8255为C口输入,A口输出
0010        mov al,8bh
0011        out dx,al
0012 inout:  mov dx,io8255c            ;从C口输入一数据
0013        in al,dx
0014        mov dx,io8255a             ;从A口输出刚才自C口
0015        out dx,al                 ;所输入的数据
0016        mov dl,0ffh                ;判断是否有按键
0017        mov ah,06h
0018        int 21h
0019        jz inout                  ;若无,则继续自C口输入,A口输出
0020        mov ah,4ch                ;否则返回
```

信息显示窗口...
编译中，请稍候。。。

信息显示

图 3.3.6　源程序编译窗口

2) 构建(汇编＋链接)

在当前运行环境下，选择菜单栏中的“ASM 文件编译”菜单，选择“汇编+链接”选项，或单击工具栏中“构建”按钮，则程序对当前 ASM 源文件进行汇编与链接，编译调试窗口中输出汇编与链接的结果，若程序汇编或链接有错，则详细报告错误信息。双击输出的错误信息，集成开发环境会自动将错误所在行代码高亮显示。

3) 重构运行(汇编＋连接＋运行)

在当前运行环境下，选择菜单栏中的“ASM 文件编译”菜单，选择“汇编+链接+运行”选项，或单击工具栏中“重构运行”，则程序首先对当前 ASM 源文件进行汇编与链接，如果程序正确无误，则自动运行程序。编译调试窗口中输出汇编与链接的结果，若程序汇编或链接有错，则详细报告错误信息，程序无法运行。待程序修改无误后，才能自动运行程序。

6. 用户程序的调试与运行

1) 寄存器窗口

在当前运行环境下，选择工作区的“寄存器”菜单，寄存器窗口即可显示。寄存器窗口中显示主要的寄存器名称及其在当前程序中的对应值，若值为红色，即表示当前寄存器的值。调试时，单步执行，寄存器会随每次单步运行改变其输出值，同样以红色显示。

2) 开始调试

程序的编译和链接成功之后，在“ASM 文件调试”菜单中选择“开始调试”，也可以在工具栏中选择“开始调试”，即可开始进行程序的调试，程序调试窗口如图 3.3.7 所示。

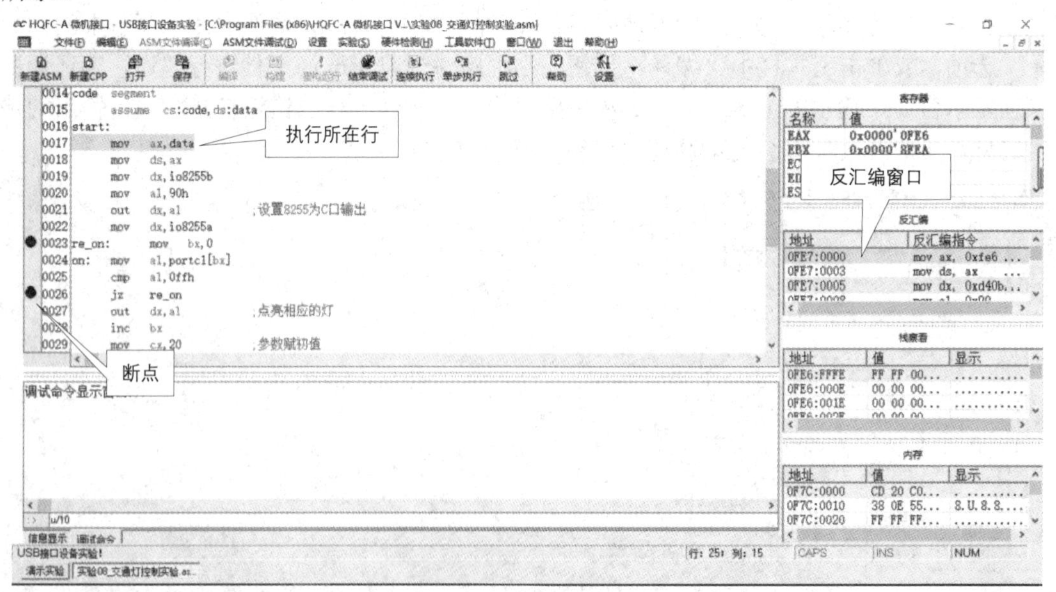

图 3.3.7　程序调试窗口

3) 设置/清除断点

在 ASM 的调试状态下，对程序代码所在某一行前面的灰色列条单击鼠标，即对此行前面程序设置了断点，如果清除断点，则只需再在此行前的灰色列条上的断点单击鼠标，此断点标记将被清除。设置/清除断点如图 3.3.7 所示。

4) 连续运行

在 ASM 的调试状态下，选择“ASM 文件调试”菜单栏中的“连续运行”或按 F5 键，或使用工具栏中的“连续运行”，程序连续运行，直至碰到断点或程序运行结束。

5) 单步执行

在 ASM 的调试状态下，选择“ASM 文件调试”菜单栏中的“单步执行”或按 F11 键，或使用工具栏中的“单步执行”，程序往后运行一条语句。

6) 退出调试

在 ASM 的调试状态下，选择“ASM 文件调试”菜单栏中的“结束调试”或按 F8 键，程序退出 ASM 的调试状态。

7) 命令调试

集成开发环境可以进行命令的调试，如图 3.3.8 所示。调试命令由 bochs 提供，开发环境在其之上包装了一个简便易用的图形界面，用户还可以使用命令栏输入调试命令与 bochs 交互。所有命令均提供了简要的用法说明，输入“help”(不带引号)可查看可用的命令，help'cmd' (带引号)可查看命令 cmd 相关的帮助。

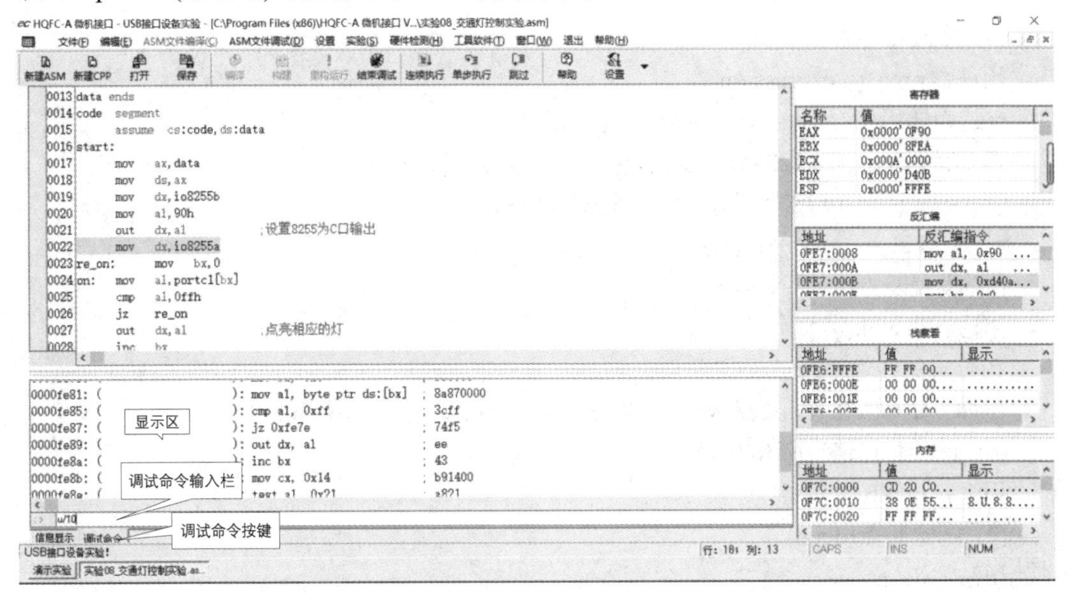

图 3.3.8　命令调试窗口

下面是一些常用的命令说明及示例。

(1) 反汇编 (u)。

用法：u [/count] start end

反汇编给定的线性地址，可选参数“count”是反汇编指令的条数。

例如：u 表示反汇编当前 cs:ip 所指向的指令；

u /10 表示从当前 cs:ip 所指向的指令起，反汇编 10 条指令；

u /12 0xfeff 表示反汇编线性地址 0xfeff 处开始的 12 条指令。

(2) 查看内存(x)。

用法：x /nuf addr

查看线性地址'addr'处的内存内容。

nuf 由需要显示的值个数和格式标识[xduot cbhw m]组成，未指明用何种格式的情况下将使用上一次的格式。

x：十六进制；
d：十进制；
u：无符号；
o：八进制；
t：二进制；
c：字符；
b：字节；
h：半字；
w：字(四字节)；
m：使用 memory dump 模式。

例如：

x /10wx 0x234 表示以十六进制输出位于线性地址 0x234 处的 10 个双字；

x /10bc 0x234 表示以字符形式输出位于线性地址 0x234 处的 10 个字节；

x /h 0x234 表示以十六进制输出线性地址 0x234 处的 1 个字。

(3) 查看寄存器(info reg)。

用法：info reg

查看 CPU 整数寄存器的内容。

(4) 修改寄存器(r)。

用法：r reg = expression

reg 为通用寄存器，expression 为算术表达式。

例如：r eax = 0x12345678 表示对 eax 赋值 0x12345678；

r ax = 0x1234 表示对 ax 赋值 0x1234；

r al = 0x12 + 1 表示对 al 赋值 0x13。

(5) 设置断点(lb)。

用法：lb addr

在给定的线性地址处设置断点。

例如：lb 0xfeff 在 0xfeff 处设置断点，对应的逻辑地址为 0f00:eff。

(6) 查看断点情况(info b)。

用法：info b

(7) 删除断点(del n)。

用法：del n

删除第 n 号断点。

例如：del 2 删除 2 号断点，断点编号可通过前一个命令查看。

(8) 连续运行(c)。

用法：c

在未遇到断点或是 watchpoint 时将连续运行。

(9) 单步(n 和 s)。

用法：n

执行当前指令，仅执行一条指令，并停在紧接着的下一条指令。如果当前指令是 call、ret，则相当于 Step Over。

用法：s [count]

执行 count 条指令。

(10) 退出(q)。

用法：q

7. 实验台使用中常见的问题提示

本实验系统为 USB 接口，在实验过程中，实验人员需要频繁接触实验台，因为人体带电及其他原因，容易造成通信干扰，引起设备通信中断，出现如图 3.3.9 所示的现象。出现此现象时，请按 USB 接口核心小板上的复位按键，或关闭实验台电源再重新打开，使硬件通信复位后，再继续实验。

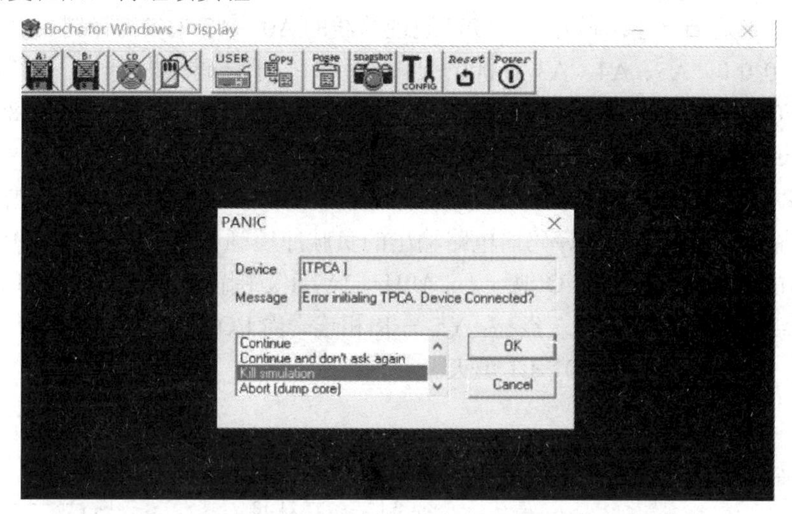

图 3.3.9　实验台 USB 通信中断

3.4　微机接口基本实验

微机接口基本实验采用软件仿真与硬件验证相结合的方式。学生在掌握 Proteus 仿真软件使用方法的基础上，利用 Proteus 仿真软件完成可编程接口芯片与 8086CPU 接口实验电路的设计与搭建，编写并调试程序，进行仿真运行，实现硬件与软件的联调；然后在 TPC-ZK 实验系统中按照实验电路接线，在实验开发环境对程序再次编译调试，在实验设备上验证实验结果，完成实验报告。

3.4.1　I/O 端口地址译码

1. 实验目的

掌握 I/O 端口地址译码电路的工作原理。

2. 实验原理

(1) 实验电路。

I/O 地址译码电路不仅与地址信号有关，而且与控制信号也有关，参加译码的控制信号有 AEN、$\overline{\text{IOR}}$、$\overline{\text{IOW}}$。AEN 信号表示是否采用 DMA 方式传输。当 AEN=1 时，为 DMA 方式，系统总线由 DMA 控制器占用；当 AEN=0 时，为非 DMA 方式，此时系统总线由 CPU 占用。因此，当采用查询和中断方式时，应使 AEN 信号为逻辑 0，并参与译码，将其作为译码有效选中 I/O 端口的必要条件。$\overline{\text{IOR}}$、$\overline{\text{IOW}}$ 可作为译码电路的输入线参与译码，来控制端口的读/写；也可不参与译码，而作为数据总线上的缓冲器 74LS244/245 的方向控制线，来控制端口的读/写。

实验电路如图 3.4.1 所示，其中 74LS74 为 D 触发器，可直接使用实验台上的 D 触发器，74LS138 为地址译码器。图 3.4.1 中实线部分为系统已连接好的线路，虚线部分需要在实验台上连线。

该译码电路采用部分译码方式，CPU 地址总线的 A0～A2 未参与译码，A9、A8、A7、A6 分别为 1 0 0 0，A5、A4、A3 为 000～111 分别对应于译码输出端 Y0～Y7。因此，从实验台上“I/O 地址”输出端引出 Y0～Y7，每个输出端包含 8 个地址，Y0 为 280H～287H，Y1 为 288H～28FH，依次类推，Y7 为 2B8H～2BFH。

当 CPU 执行 I/O 指令且地址在 280H～2BFH 范围内时，74LS138 译码器被选中，必有一根译码线输出负脉冲，利用译码器电路输出的负脉冲控制 L7 闪烁发光。其中，Y4 输出与 D 触发器的 CLK 相连，当 I/O 地址为 2A0H～2A7H 范围内任意地址时，CLK 为有效负脉冲，使 Q＝D 变为高电平，L7 点亮；Y5 与 R 相连，当 I/O 地址为 2A8H～2AFH 范围内任意地址时，R 有效，使 Q＝0，L7 熄灭。

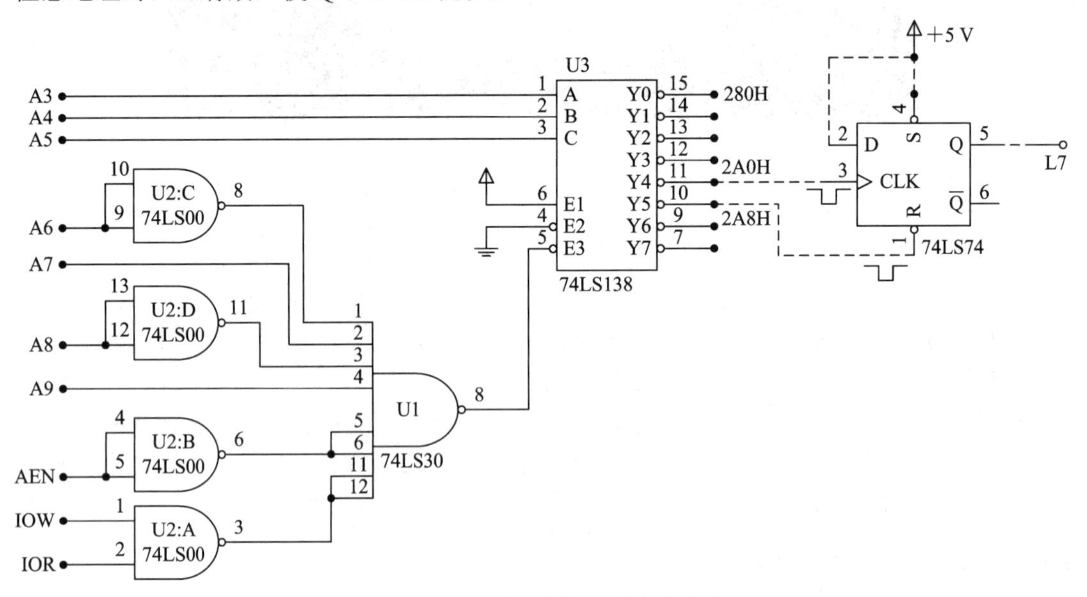

图 3.4.1　I/O 端口地址译码实验电路

(2) 接线。

- I/O 地址 Y4 的 2A0H～2A7H 接 D 触发器的 CLK。
- I/O 地址 Y5 的 2A8H～2AFH 接 D 触发器的 R。
- D 触发器 D 接 D 触发器的 S，D 触发器的 S 接 +5 V。
- D 触发器 Q 接 LED 的 L7。

(3) Proteus 仿真电路。

根据图 3.4.1 所示的 I/O 端口地址译码实验接线图，结合 8086 核心板最小系统电路，搭建如图 3.4.2 所示的 Proteus 仿真电路。仿真电路与 TPC-ZK 实验系统硬件电路一致，以确保在 Proteus 仿真环境下调试成功的程序与 TPC-ZK 实验系统兼容。本章中的实验均为接口实验，8086 CPU 仅使用低 10 位地址总线访问 I/O 端口，端口地址范围为 0000H～03FFH，因此图 3.4.2(a)给出了 8086 最小系统及地址锁存器的简化电路。其中，8086 的地址总线为 74LS373 输出的低 16 位 AB0～AB15，数据总线为 AD0～AD15。

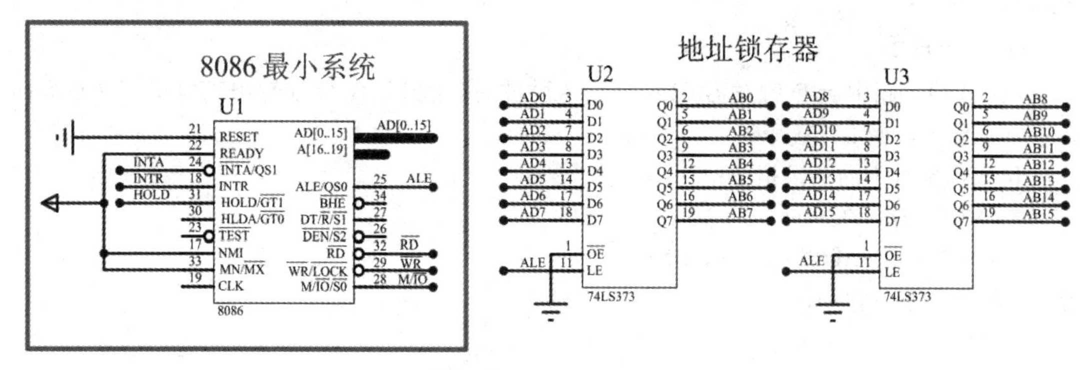

(a) 8086最小系统与地址锁存器的简化电路

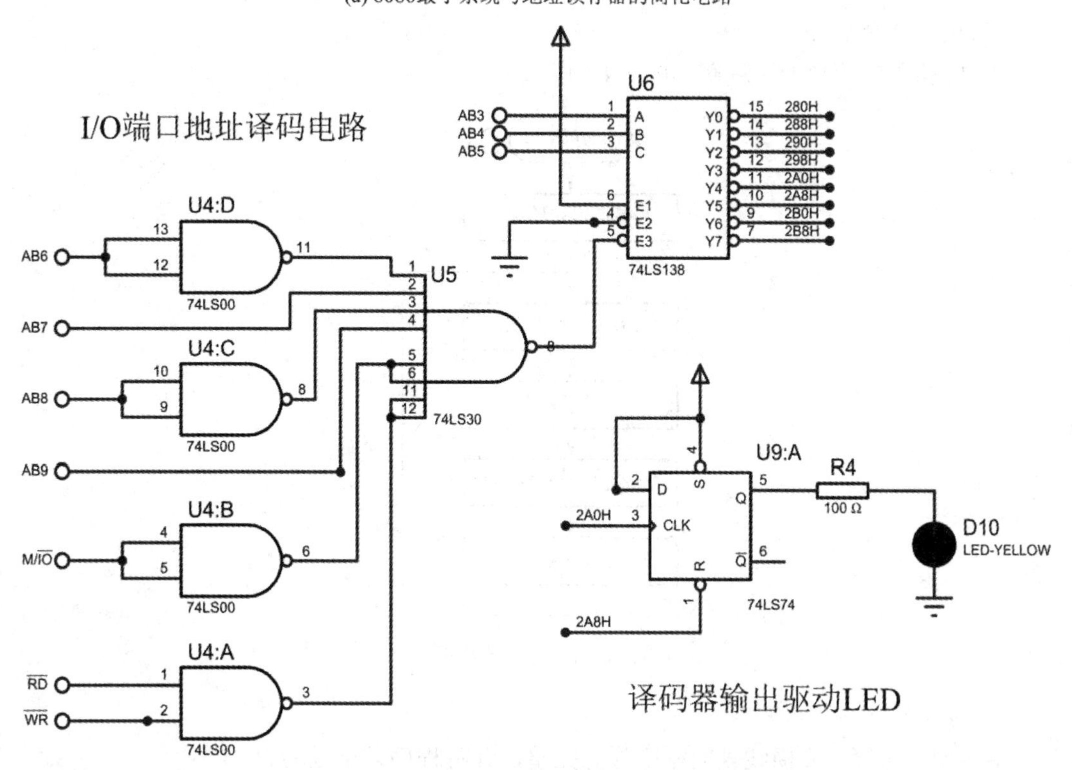

(b) I/O端口地址译码电路

图 3.4.2　I/O 端口地址译码仿真电路的原理图

在最小系统与地址锁存器的基础上，增加图 3.4.2(b)所示的译码电路以及 LED 驱动电路，构成了本实验的完整电路原理图。

图 3.4.2 用到的元器件包括 8086、74LS373、74LS00、74LS30、74LS138、74LS74、电阻 RES 以及 LED-YELLOW。在本书后续的实验电路中，如未做说明，均采用图 3.4.2(b)所示的译码电路。为了减少重复，之后的 Proteus 仿真实验电路均省略最小系统、地址锁存器及译码器的电路部分。

3. 实验内容

利用译码器电路输出的负脉冲控制 L7 闪烁发光(亮、灭、亮、灭……)，时间间隔通过软件延时来实现。

4. 编程提示

(1) 实验电路中当 D 触发器 CLK 端输入脉冲时，上升沿使 Q 端输出高电平，L7 点亮；R 端加低电平，则 L7 熄灭。

例如，执行下面两条指令：

```
MOV   DX，2A0H
OUT   DX，AL(或 IN   AL，DX)
```

使 Y4 输出一个负脉冲。

```
MOV   DX，2A8H
OUT   DX，AL(或 IN   AL，DX)
```

使 Y5 输出一个负脉冲。

(2) 实验程序的参考流程图如图 3.4.3 所示。

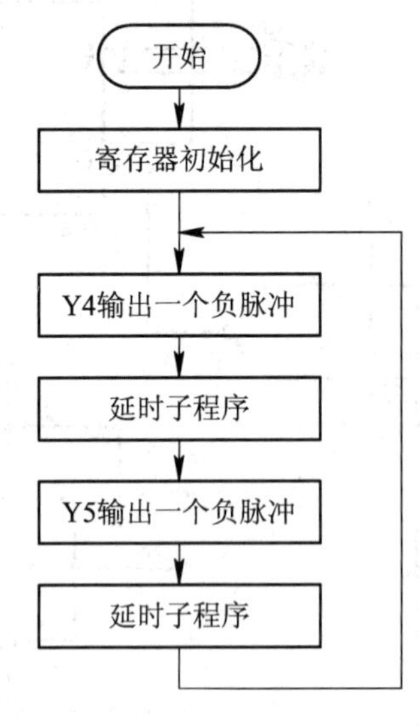

图 3.4.3　程序流程图

(3) 参考程序。

将下列参考程序中横线处的程序补充完整，并将程序调试成功。

```
outport1    equ 2a0h
outport2    equ 2a8h
code segment
```

```
        assume cs: code
start:  mov dx, outport1
        out dx, al                ; Y4 输出负脉冲，L7 点亮
        ________________          ; 调用延时子程序
        ________________
        ________________          ; Y5 输出负脉冲，L7 熄灭
        ________________          ; 调用延时子程序
        jmp start
        mov ah, 4ch
        int 21h
        delay   proc near         ; 延时子程序
        mov bx, 20                ; 修改计数值可改变计数时长
        zz:   mov cx, 2000
   z:   loop z
        dec bx
        jne zz
        ret
        delay   endp
        code ends
        end start
```

5. 实验步骤

(1) Proteus 仿真

① 在 Proteus 中新建工程(可自命名，扩展名为.pdsprj)，注意控制器选择“8086”，并绘制实验电路图。

② 添加汇编代码，编译代码直至成功。

③ 如果程序不能正常工作，可打开调试窗口进行调试直至成功。

④ 运行仿真程序，观察 LED 灯的亮灭。

(2) 硬件实验

① 根据实验电路图，连接 TPC-ZK 实验平台电路。

② 实验开发环境中对 Proteus 仿真调试成功的代码再次编译调试。

③ 运行程序，观察实验台上 LED 灯的亮灭。

6. 思考题

若要求译码器输出的端口地址在 380H～3BFH 之间配置，当访问 3A0H 端口时，L7 点亮，当访问 3B0H 端口时，L7 熄灭，硬件软件应如何修改？

学生实验报告

实验题目	I/O 端口地址译码

1. 实验目的

掌握 I/O 端口地址译码电路的工作原理。

2. 实验内容

利用 74LS138 译码器电路构成 I/O 端口地址译码电路，当执行输入/输出指令时，相应的地址译码输出端输出负脉冲，用于控制 L7 闪烁发光(亮、灭、亮、灭……)，时间间隔通过软件延时实现。

(1) 画出 Proteus 实验电路图。

(2) 绘制程序流程图。

(3) 程序代码。

请将下列参考程序中横线处的程序补充完整。

```
    outport1          equ 2a0h
    outport2          equ 2a8h
code segment
    assume cs: code
start: mov dx, outport1
    out dx, al                  ; Y4 输出负脉冲，L7 点亮
    _______________             ; 调用延时子程序
    _________________
    _________________           ; Y5 输出负脉冲，L7 熄灭
    ______________              ; 调用延时子程序
    jmp start
    mov ah, 4ch
    int 21h
delay     proc near             ; 延时子程序
               mov bx,2000      ; 修改计数值可改变计数时长
zz:       mov cx,0
z:        loop z
          dec bx
          jne zz
          ret
delay     endp
code      ends
               end start
```

3. 运行结果

教师评价	评价教师签名： 年　　月　　日

3.4.2　可编程并行接口 8255

1. 实验目的

(1) 了解 8255 芯片的工作原理及其与 8086 CPU 接口电路的设计。

(2) 掌握 8255 工作方式 0 下的设置以及输入/输出操作的编程方法。

2. 实验原理

(1) 实验电路。

8255 是 Intel 公司生产的可编程外围接口电路芯片，它有 A、B、C 三个 8 位端口寄存器，通过 24 位端口线与外部设备相连，其中 C 口可分为上半部和下半部。这 24 根端口线全部为双向三态。三个端口可分成两组来使用，可分别工作于三种不同的工作方式下。在不同的工作方式下，8255 可以只作为输入口或输出口使用，其中端口 A 可以作为输入/输出双向接口使用。

8255 与 8086 的接口线路连接方便，其数据线、端口选择信号线、读写信号线分别与 8086 的数据总线低 8 位、地址线、读写控制线对应相连，片选端 $\overline{CS}$ 连接地址译码器的输出端。

8255 基本输入/输出接口的实验电路接线图如图 3.4.4 所示。8255 的数据线、端口选择线、读写信号线已经与系统连接好了，无须连接。8255 的 C 口用作输入口，连接逻辑电平开关 K0～K7；A 口用作输出口，连接 LED 显示电路 L0～L7；8255 的片选端 $\overline{CS}$ 接译码器 Y1(288H～28FH)。图中实线部分为系统已连接好的线路，虚线部分需要在实验台上连线。

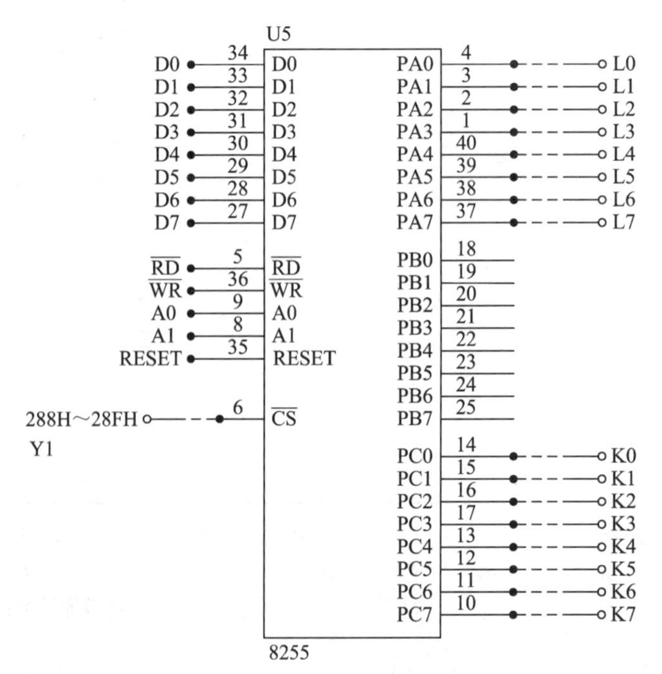

图 3.4.4　8255 基本输入/输出接口的实验接线图

(2) 接线。

- 8255 的 PC0～PC7 接逻辑开关的 K0～K7。
- 8255 的 PA0～PA7 接 LED 显示的 L0～L7。
- 8255 的 $\overline{CS}$ 接 I/O 译码器的 Y1(288H～28FH)。

(3) Proteus 实验电路。

根据图 3.4.4 所示 8255 基本输入/输出接口的实验接线图，结合 8086 核心板最小系统电路，搭建图 3.4.5 所示的 Proteus 仿真电路。仿真电路的 LED 驱动电路及开关电路与实验台硬件电路的有所区别，但状态一致。当开关状态为 ON 时，输出高电平；开关状态为 OFF 时，输出低电平。当 LED 的输入端(PAD0～PAD7)为 1 时，LED 灯点亮；当输入为 0 时，LED 灯熄灭。8255 的地址端口 A0、A1 分别与 8086 地址总线的 A1、A2 端口相连，因此仿真电路中 8255 的端口地址与实验系统不同，A 口、B 口、C 口及控制寄存器的地址依次为 288H、28AH、28CH 和 28EH。在 Proteus 仿真环境下调试成功的程序移植到 TPC-ZK 实验系统时，需要修改端口地址。此仿真电路省略了 8086 最小系统及 I/O 端口地址译码器电路，省略的电路部分如图 3.4.2 所示。

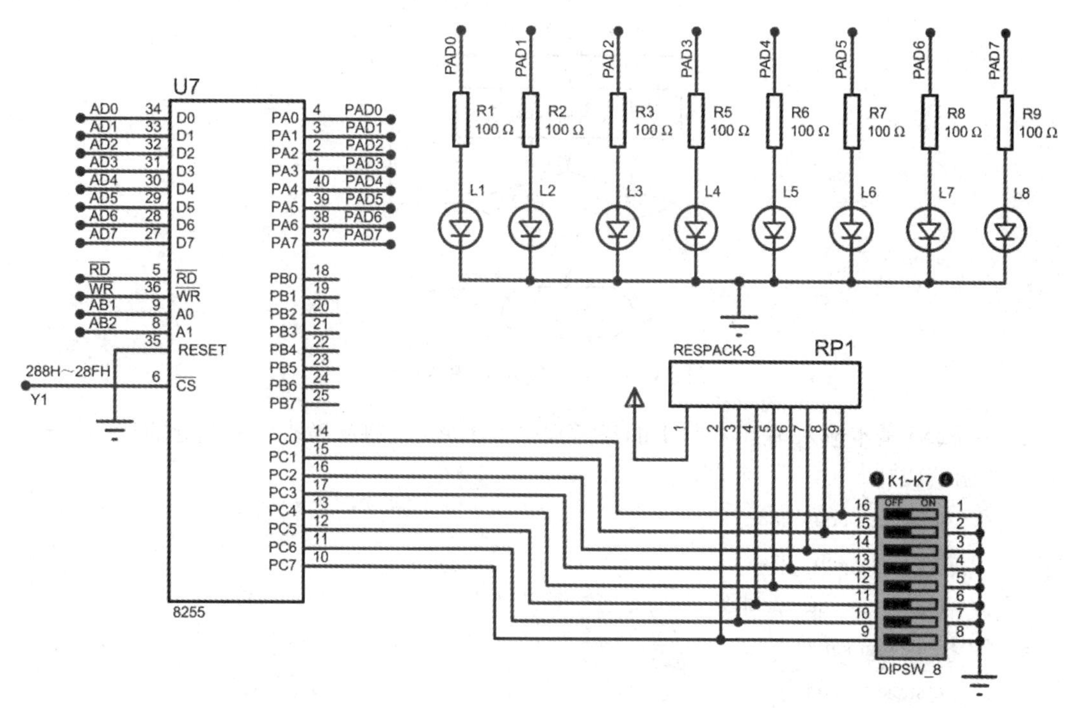

图 3.4.5　8255 基本输入/输出接口的仿真实验电路原理图

图 3.4.5 用到的元器件包括 8255、电阻 RES、LED-YELLOW、DISPSW_8 以及 RESPACK-8。

3. 实验内容

实验 1：8255 基本输入/输出。

将实验的线路连接好后，编写程序，将 8255 的 C 口作为输入口，输入信号由 8 个逻辑电平开关提供；将 8255 的 A 口作为输出口，其内容由发光二极管来显示。

实验 2：流水灯。

8255 的 A 口作为输出口，编程使 L0～L7 灯轮流点亮，实现流水灯效果，时间间隔通过软件延时来实现。

4. 编程提示

(1) 按照图 3.4.4 连接实验电路，8255 控制寄存器端口地址为 28BH，A 口的地址为 288H，C 口的地址为 28AH。

(2) 8255 基本输入/输出实验 1 的参考流程图如图 3.4.6 所示。

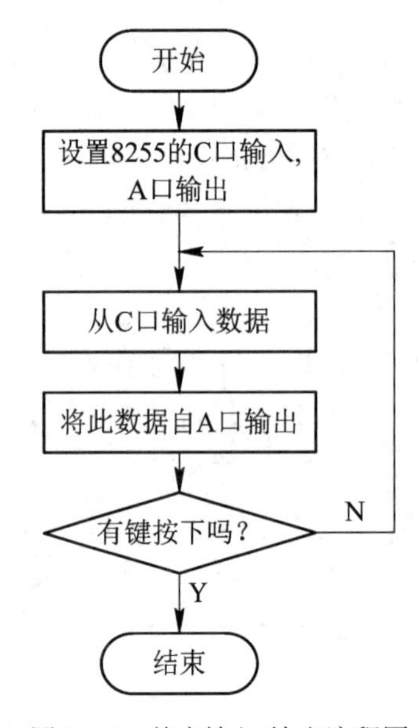

图 3.4.6　基本输入/输出流程图

(3) 8255 基本输入/输出实验 1 的参考程序如下所示，将参考程序横线处的代码补充完整，并调试成功。

```
        io8255a    equ    288h
        io8255c    equ    28ah
        io8255cr   equ    28bh
        code segment
        assume cs: code
start:  mov dx, io8255cr              ；设 8255 C 口作为输入，A 口作为输出
        mov al, _________
        _________________
inout: mov dx, io8255c                ；从 C 口输入数据
        _________________
        mov dx, _________              ；从 A 口输出刚才从 C 口输入的数据
        _________________
```

```
mov ah, 6                ; 是否有键按下
mov dl, 0ffh
int 21h
jz start                 ; 如无，则继续 C 口输入，A 口输出
mov ah, 4ch
int 21h
code ends
end start
```

5. 实验步骤

(1) Proteus 仿真。

① 在 Proteus 中新建工程(可自命名，扩展名为.pdsprj)，注意控制器选择“8086”，绘制实验电路图。

② 添加汇编代码，编译直至成功。

③ 如果程序不能正常工作，可打开调试窗口进行调试直至成功。

④ 运行仿真程序，拨动仿真面板上的开关，观察 LED 灯的亮灭。

(2) 硬件实验。

① 根据实验电路图，连接 TPC-ZK 实验平台电路。

② 实验开发环境中对 Proteus 仿真调试成功的代码再次编译调试。

③ 运行程序，拨动开关，观察实验台上 LED 灯的亮灭。

6. 思考题

如果要求 8255 的端口地址配置为 2A0H～2AFH 之间的偶地址，即 A 口、B 口、C 口及控制口的地址分别为 2A0H、2A2H、2A4H，2A6H，接口电路应如何修改？

学生实验报告

实验题目	可编程并行接口 8255

1. 实验目的

(1) 了解 8255 芯片的工作原理及其与 8086CPU 接口电路的设计。

(2) 掌握 8255 工作方式 0 下的工作方式设置以及输入/输出操作的编程方法。

2. 实验内容

实验 1：将实验的线路连接好后，编写程序，将 8255 的 C 口作为输入口，输入信号由 8 个逻辑电平开关提供，A 口作为输出口，其内容由发光二极管来显示。

实验 2：8255 的 A 口作为输出口，编程使 L0～L7 轮流点亮，实现流水灯，时间间隔通过软件延时实现。

完成以下工作：

(1) 画出实验 1 的 8255 基本输入/输出电路图。

(2) 绘制程序流程图。

绘制实验 2 流水灯的程序流程图。

(3) 程序代码。

① 将下列参考程序中横线处的程序补充完整。

```
io8255a     equ     288h
io8255c     equ     28ah
io8255cr    equ     28bh
code segment
    assume cs: code
start: mov dx, io8255cr              ; 设 8255 C 口作为输入，A 口作为输出
    mov al, __________
    ________________
inout: mov dx, io8255c               ; 从 C 口输入数据
    _________________
    mov dx, __________               ; 从 A 口输出刚才从 C 口输入的数据
    _________________
    mov ah, 6                        ; 是否有键按下
    mov dl, 0ffh
    int 21h
    jz start                         ; 如无，则继续 C 口输入，A 口输出
    mov ah, 4ch
    int 21h
code ends
    end start
```

② 写出实验 2 流水灯的程序代码，要求注释清晰明了。

3. 运行结果及分析

总结实验过程，分析实验结果以及遇到的问题。

4. 思考题

如果要求设置 8255 的端口地址为 2A0H～2AFH 之间的偶地址，即 A 口、B 口、C 口及控制口的地址分别为 2A0H、2A2H、2A4H，2A6H，接口电路应如何修改？

教师评价	评价教师签名： 年　　月　　日

3.4.3　七段数码管

1. 实验目的

(1) 了解七段数码管显示器的显示原理。

(2) 进一步熟悉 8255 接口电路的设计，掌握查表及七段数码管显示程序的编写。

2. 实验原理

(1) 实验电路。

8255 驱动 4 位七段数码管显示的电路连线如图 3.4.7 所示。将 8255 的 A 口 PA0～PA7 分别与七段数码管段码的输入端 a～dp 相连，位选驱动输入端 S0～S3 与 PC0～PC3 对应相连。七段数码管的驱动电路见图 3.2.6。如只使用 1 位或 2 位数码管，可将不用的数码管位选输入端接地或悬空。8255 与 8086 CPU 的数据线、地址线、控制线对应相连，片选端接译码器输出 Y1(288H～28FH)。图 3.4.7 中的实线部分的线路已在实验系统中连接，虚线部分需要在实验时连线。

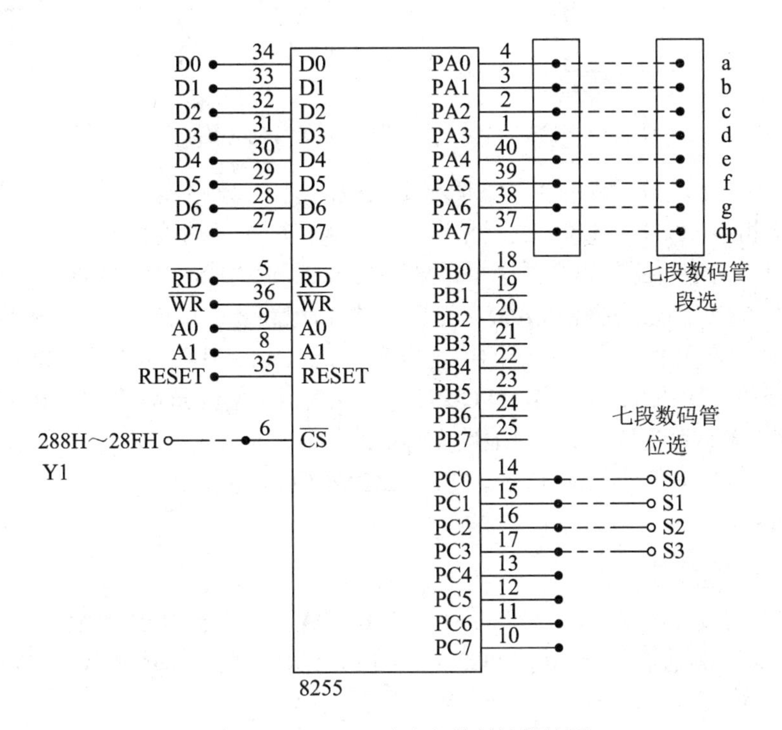

图 3.4.7　8255 驱动七段数码管接线图

(2) 接线。

- 8255 的 PA0～PA7 接数码管的 a～dp。
- 8255 的 $\overline{\text{CS}}$ 接译码器的 Y1(288H～28FH)。
- 静态显示 1 位，数码管的 S0 接 8255 的 PC0 或高电平。
- 动态显示 2～4 位，数码管的 S0～S3 接 8255 的 PC0～PC3。

(3) Proteus 实验电路。

根据图 3.4.7 的 8255 驱动七段数码管实验接线图，结合 8086 核心板最小系统电路，搭建如图 3.4.8 所示的 Proteus 仿真电路。

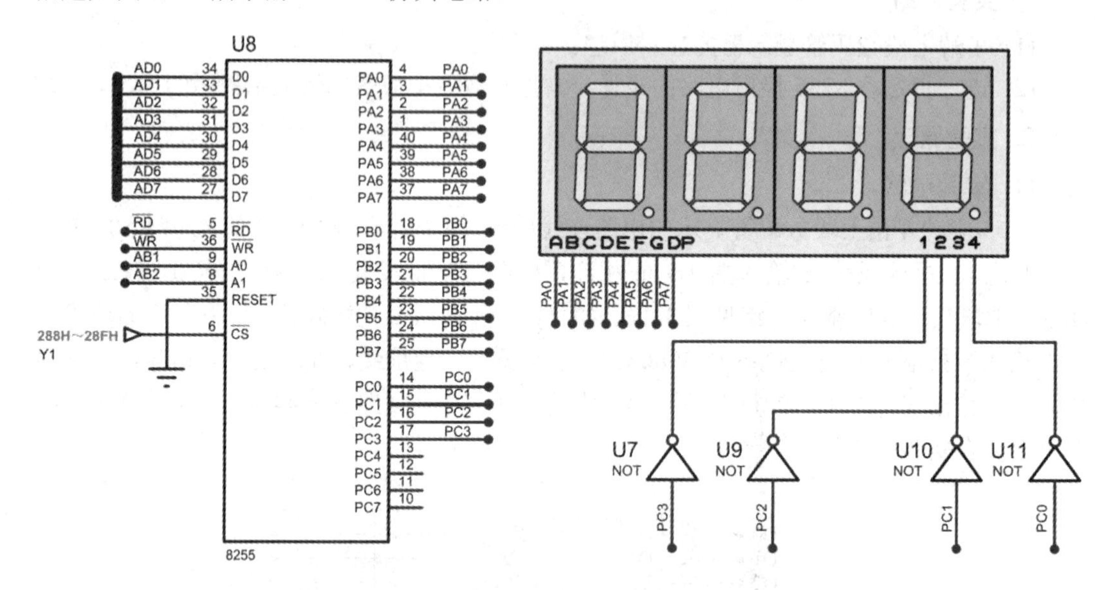

图 3.4.8　8255 驱动七段数码管仿真实验电路原理图

图 3.4.8 中，七段数码管为 4 位共阴极七段数码管，段码的输入端 a～dp 依次与 8255 的 PA0～PA7 相连，PC0～PC3 经过反相器分别与 4 位阴极驱动端相连。当 PC 口任意一位输出高电平时，对应位的数码管被选中，显示 PA 口所输出段码对应的数字。8255 的 A0、A1 分别与 8086 CPU 地址总线的 A1、A2 相连，接口电路及端口地址与图 3.4.5 相同。8255 的 A 口、B 口、C 口及控制字寄存器的地址依次为 288H、28AH、28CH 及 28EH。把 Proteus 仿真环境下调试成功的程序移植到 TPC-ZK 实验系统时，需注意修改端口地址。此仿真电路省略了 8086 最小系统及 I/O 端口地址译码电路，省略的电路如图 3.4.2 所示。

图 3.4.8 用到的元器件包括 8255、7SEG-MPX4-CC 以及 NOT。

3. 实验内容

实验 1：静态显示。

按图 3.4.7 连接好电路，将 8255 的 A 口 PA0～PA7 分别与七段数码管的段码的输入端 a～DP 相连，位码驱动输入端 S0 接 PC0。在七段数码管最低位循环显示十进制数字 0～9，时间间隔使用软件延时来实现。

实验 2：动态显示。

S0～S3 分别接 PC0～PC3，编程在数码管上显示实验者学号的最后 4 位。

4. 编程提示

(1) 实验台上的七段数码管为共阴型，段码采用同相驱动，当输入端加高电平时，选中的数码管点亮，位码加反向驱动器，位码输入端高电平选中。七段数码管段码表如表 3.4.1 所示。

表 3.4.1　共阴极七段数码管段码表

显示字形	g	f	e	d	c	b	a	段码
0	0	1	1	1	1	1	1	3FH
1	0	0	0	0	1	1	0	06H
2	1	0	1	1	0	1	1	5BH
3	1	0	0	1	1	1	1	4FH
4	1	1	0	0	1	1	0	66H
5	1	1	0	1	1	0	1	6DH
6	1	1	1	1	1	0	1	7DH
7	0	0	0	0	1	1	1	07H
8	1	1	1	1	1	1	1	7FH
9	1	1	0	1	1	1	1	6FH
A	1	1	1	0	1	1	1	77H
B	1	1	1	1	1	0	0	7CH
C	0	1	1	1	0	0	1	39H
D	1	0	1	1	1	1	0	5EH
E	1	1	1	1	0	0	1	79H
F	1	1	1	0	0	0	1	71H

(2) 静态显示程序参考流程图如图 3.4.9 所示。

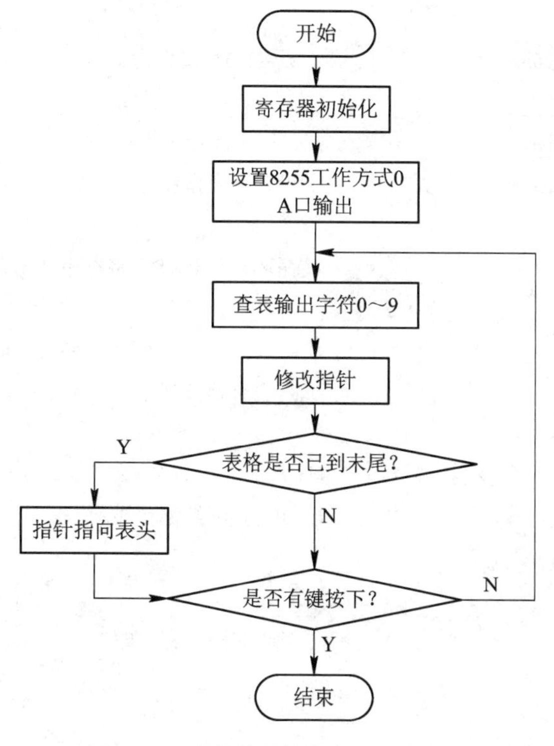

图 3.4.9　七段数码管静态显示流程图

(3) 实验 2 需要使用 4 位七段数码管显示 4 位数字，4 位数码管的段码输入端均与 PA 口相连，位码输入端分别与 PC0～PC3 相连，此时应采用动态扫描法逐位显示。动态扫描法是利用人眼的视觉暂留效应，4 个数码管轮流点亮，如果每个数码管点亮的时间为 0.1～0.4 s，人眼观察到的结果就是 4 个数码管同时显示。动态扫描的基本流程如下：

送数码管段码→送位码(点亮数码管)→延时→位码全为 0(关闭数码管)

然后重复送下一位数码管显示的段码和位码，可由高位到低位，也可以由低位到高位依次扫描显示。

动态显示稳定的关键是延时时间，延时过短则数码管亮度过低，延时过长则数码管会闪烁，需要多次调试找到合适的延时时间。

(4) 实验 1 静态显示的参考程序如下所示，将参考程序横线处的程序补充完整，并调试运行。

```
          data segment
          io8255a    equ  288h
          io8255c    equ  28ah
          io8255cr   equ  28bh
          led   db 3fh, 06h, 5bh, 4fh, 66h, 6dh, 7dh, 07h, 7fh, 6fh
          data ends
          code segment
          assume cs: code, ds: data
start:    mov ax, data
          mov ds, ax
          mov dx, io8255cr                 ; 设 8255A 口作为输出
          mov al, ________
          ________________
          mov bx, offset led               ; 设置查表指针
          mov cx, 10
leddisp: _____________                     ; 循环显示 0～9，将程序补充完整
          …
          …
          mov ah, 6                        ; 是否有键按下
          mov dl, 0ffh
          int 21h
          jz leddisp                       ; 如无，继续循环显示
          mov ah, 4ch
          int 21h
                                           ; 软件延时子程序略
          code ends
          end start
```

5. 实验步骤

(1) Proteus 仿真。

① 在 Proteus 中新建工程(可自命名，扩展名为 .pdsprj)，注意控制器选择“8086”，绘制实验电路图。

② 添加汇编代码，编译直至成功。

③ 如果程序不能正常工作，可打开调试窗口进行调试直至成功。

④ 运行仿真程序，观察七段数码管的显示。

(2) 硬件实验。

① 根据实验电路图，连接 TPC-ZK 实验平台电路。

② 实验开发环境中对 Proteus 仿真调试成功的代码再次编译调试，注意修改端口地址。

(3) 运行程序，观察实验台上七段数码管的显示变化。

6. 思考题

(1) 实验电路不变，将静态显示改为 9～0，即减一显示，程序应如何修改？

(2) 如果将 8255 的 PB 口驱动改为共阳极数码管，则接口电路应如何修改？

学生实验报告

实验题目	七段数码管

1. 实验目的

(1) 了解七段数码管显示器的显示原理。

(2) 进一步熟悉 8255 接口电路的设计，掌握查表及七段数码管显示程序的编写。

2. 实验内容

实验 1：静态显示：按图 3.4.7 连接好电路，将 8255 的 A 口 PA0～PA7 分别与七段数码管的段码驱动输入端 a～dp 相连，位码驱动输入端 S0 接 PC0，在七段数码管最低位循环显示十进制数字 0～9，时间间隔使用软件延时实现。

实验 2：动态显示：s3～s0 分别接 PC3～PC0，编程在数码管上显示实验者学号的最后 4 位。

完成以下内容：

(1) 在 Proteus 中绘制实验电路图。

(2) 程序流程图。

绘制实验 2 七段数码管动态显示学号后 4 位的程序流程图。

(3) 程序代码。

① 将下列参考程序横线处及空白处的程序补充完整。

```
data segment
io8255a     equu    288h
io8255c     equ     28ah
io8255cr    equ     28bh
led         db 3fh, 06h, 5bh, 4fh, 66h, 6dh, 7dh, 07h, 7fh, 6fh
data ends
code segment
     assume cs: code, ds: data
start: mov ax, data
    mov ds, ax
    mov dx, io8255cr              ; 设 8255A 口作为输出
        mov al, __________
        ________________
        mov bx, offset led        ; 设置查表指针
        mov cx, 10
leddisp: ________________         ; 循环显示 0～9，将程序补充完整
                                  ; 要求注释清晰明了











    mov ah, 6                     ; 是否有键按下
    mov dl, 0ffh
    int 21h
    jz leddisp                    ; 如无，继续循环显示
    mov ah, 4ch
    int 21h
; 补充软件延时子程序
```

; 或在 leddisp 主程序段中使用软件延时

```
code ends
        end start
```

② 写出实验内容 2 七段数码管动态显示的程序代码，要求注释清晰明了。

3. 运行结果及分析

总结实验过程，分析实验结果以及遇到的问题。

教师评价	评价教师签名： 年　　月　　日

3.4.4　中断控制器 8259

1. 实验目的

(1) 掌握 PC 中断处理系统的基本原理，以及 8259 中断控制器与 8086 CPU 的接口电路。

(2) 学会编写中断服务程序。

2. 实验原理

(1) 实验原理。

PC 用户可使用的硬件中断只有可屏蔽中断，可屏蔽中断由 8259 中断控制器管理。中断控制器接收外部的中断请求信号，经过优先级判别等处理后向 CPU 发出可屏蔽中断的请求。IBM PC 内有一片 8259 中断控制器提供 8 个中断源。8 个中断源的中断请求信号线 IRQ0～IRQ7 在主机的 62 线 ISA 总线插座中可以引出，系统已设定中断请求信号的触发方式为“边沿触发”，中断结束方式是“普通结束方式”。对于 PC/AT 及 286 以上的微机内又扩展了一片 8259 中断控制器，IRQ2 用于两片 8259 之间级联，对外可以提供 16 个中断源。IBM PC/AT 的中断源如表 3.4.2 所示。

表 3.4.2　IBM PC/AT 的中断源

中断源	中断类型号	中断功能
IRQ0	08H	时钟
IRQ1	09H	键盘
IRQ2	0AH	保留
IRQ3	0BH	串行口 2
IRQ4	0CH	串行口 1
IRQ5	0DH	硬盘
IRQ6	0EH	软盘
IRQ7	0FH	并行打印机
IRQ8	070H	实时时钟
IRQ9	071H	用户中断
IRQ10	072H	保留
IRQ11	073H	保留
IRQ12	074H	保留
IRQ13	075H	协处理器
IRQ14	076H	硬盘
IRQ15	077H	保留

TPC-ZK 实验系统总线区 IRQ 接到了 3 号中断 IRQ3 上，即进行中断实验时，所用中断类型号为 0BH。USB 核心板上的 IR10 接到了 10 号中断 IRQ10 上，所用中断类型为 072H。8259 与 8086 的接口电路如图 3.4.10 所示。实验系统中，主片 8259 的偶地址为 20H，奇地址为 21H；从片的偶地址为 A0H，奇地址为 A1H。

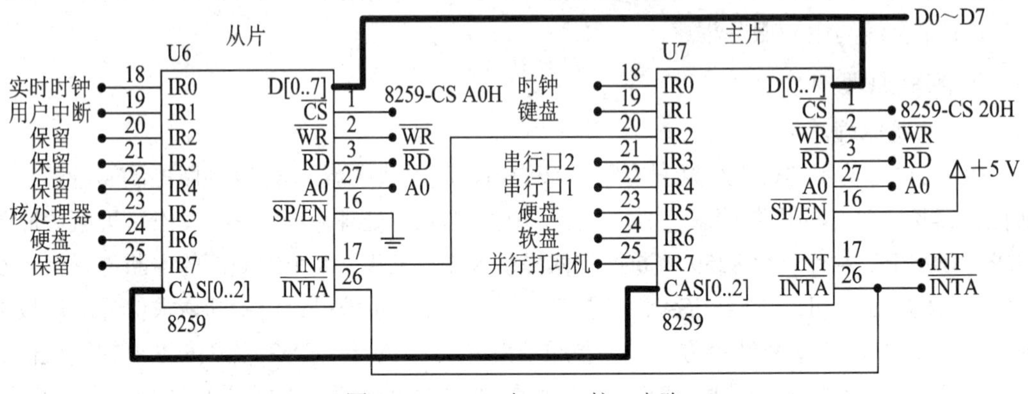

图 3.4.10　8259 与 8086 接口电路

(2) 接线。

- 单脉冲 2 接 IRQ 的总线。
- 单脉冲 1 接 IRQ10 的 USB 核心板。

(3) Proteus 仿真电路。

根据 8086CPU 中断控制系统的基本原理，以及 8259A 中断控制器与 8086 接口电路的工作原理，搭建图 3.4.11 所示的 Proteus 仿真电路。其中，图 3.4.11(a)为 8259A 中断控制器的实验原理图。8259A 的数据线 D0～D7 与 8086 的数据总线低 8 位 AD0～AD7 对应相连，读写控制线 $\overline{RD}$ 、$\overline{WR}$ 与 CPU 的 $\overline{RD}$ 、$\overline{WR}$ 对应相连，中断请求端 INT、中断响应端 $\overline{INTA}$ 分别与 CPU 的可屏蔽中断请求输入端 INTR、中断响应输出端 $\overline{INTA}$ 对应相连，8259A 的地址线 A0 接 CPU 地址总线的 A1，片选端 $\overline{CS}$ 接地址译码器的 Y4 输出(2A0H)，因此仿真电路中 8259A 的偶地址为 2A0H，奇地址为 2A2H。8259A 的中断请求输入端 IR3 接单脉冲电路，将其作为中断请求信号。

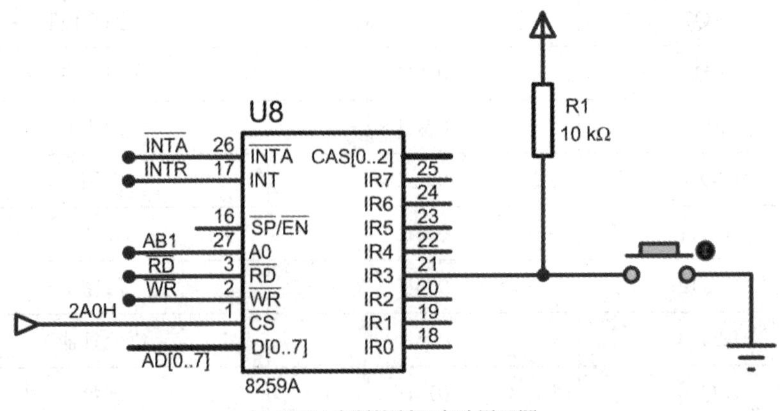

(a) 8259A中断控制器实验原理图

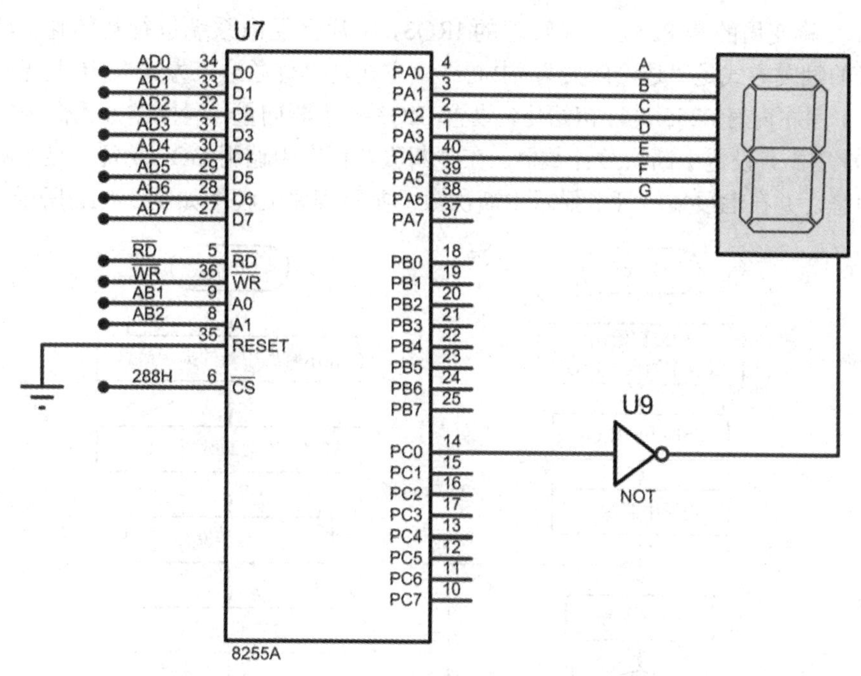

(b) 8255 驱动一位共阴极七段数码管中断次数的实验电路原理图

图 3.4.11　8259A 可编程中断控制器的实验原理图

图 3.4.11(b)为 8255 驱动一位七段共阴极数码管显示中断次数的实验电路原理图。七段数码管的段码输入端 A～G 依次与 8255 的 PA0～PA6 相连，PC0 经过反相器与阴极驱动端相连。当 PC0 输出高电平时，数码管被选中，显示 PA 口所输出段码对应的数字。8255 的片选端 $\overline{\text{CS}}$ 接地址译码器的 Y1 输出(288H)，地址线 A0、A1 分别接 CPU 地址总线的 A1、A2。此仿真电路省略了 8086 最小系统及 I/O 端口地址译码器电路，省略的电路部分如图 3.4.2 所示。

图 3.4.11 用到的元器件包括 8259A、8255、7SEG-COM-CAT-GRN、NOT、RES 和 BUTTON。

注意：本实验硬件电路使用的是 PC 提供的 8259A 控制器，其中断初始化程序已由系统管理程序设定，Proteus 仿真软件无法提供该电路的仿真。因此，Proteus 仿真电路重新设定了 $\overline{\text{CS}}$ 及 A0 的地址，仿真电路中 8259 的地址与实验电路中的不同，且仿真电路中的 8259 需初始化后才能进行仿真实验。

3. 实验内容

使用中断 IRQ3，手动产生单脉冲 2 作为中断请求信号。要求每按一次开关产生一次中断，在显示器上显示“Pulse Interrupt！”，并在七段数码管上显示中断次数，中断 10 次后实验结束。实验系统七段数码管驱动电路连线参考图 3.4.7。

4. 编程提示

(1) 参考流程。

硬件实验使用的是 8259 主片管理的 IRQ3，主片已经由系统进行初始化，设定中断请求信号的触发方式是“边沿触发”，中断结束方式是“普通结束方式”，因此无须进行初始化。在主程序内对 8255 进行初始化，设置 IRQ3 的中断向量，写操作方式命令字 OCW1 允许 IRQ3 中断，设置中断次数计数器。在中断服务程序中调用 DOS 功能，显示响应中断的提示信息，并在七段数码管上显示中断次数。实验程序流程图如图 3.4.12 所示。

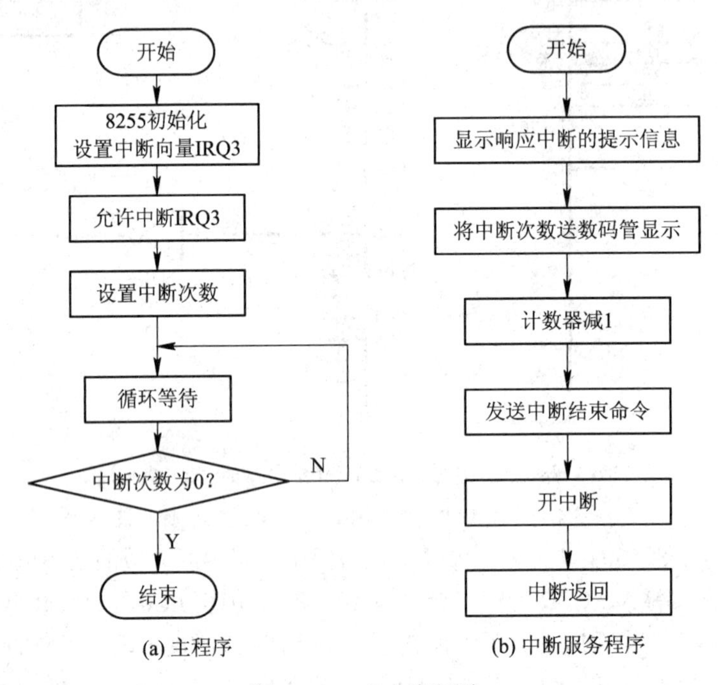

(a) 主程序　　(b) 中断服务程序

图 3.4.12　参考流程图

(2) 参考程序。

Proteus 仿真实验参考程序如下，需要注意的是此参考程序仅适用于在图 3.4.11 所示的 8259 仿真实验原理图的基础上进行的 Proteus 仿真实验，不适用于 TPC-ZK 实验系统的硬件实验。进行硬件实验时，需根据硬件系统电路进行修改。

根据图 3.4.11 仿真实验原理图，在横线处补充填写程序中的端口地址及命令字。

```
; 8255 端口地址
PA8255    EQU   ________      ; PA 口地址
PC8255    EQU   ________      ; PC 口地址
CTL8255   EQU   ________      ; 控制字寄存器地址
; 8259 命令字
ICW1      EQU   ________      ; 单片 8259, 上升沿中断, 要写 ICW4
ICW2      EQU   ________      ; IRQ3 中断类型号为 63H
ICW4      EQU   ________      ; 工作在 8086 方式，中断非自动结束
OCW1      EQU   ________      ; 开放所有中断源
P8259   EQU    2A0H           ; 8259 的偶地址
O8259   EQU    2A2H           ; 8259 的奇地址
```

```
DATA     SEGMENT
TABLE    DB 3FH, 06H, 5BH, 4FH, 66H, 6DH, 7DH, 07H, 7FH, 6FH        ; 段码
DATA     ENDS
CODE     SEGMENT
         ASSUME CS: CODE, DS: DATA
START:   MOV   AX, DATA
         MOV   DS, AX
         MOV   DX, CTL8255               ; 8255 初始化
         MOV   AL, 80H
         OUT   DX, AL
         CLI                             ; 8259 初始化
         MOV   AX, 0                     ; 设置 63H 号的中断向量
         MOV   ES, AX
         MOV   SI, 63H*4                 ; 63H × 4 的中断向量地址
         MOV   AX,   OFFSET INT3         ; 中断服务程序的偏移地址
         MOV   ES:[SI], AX
         MOV   AX, SEG INT3              ; 中断服务程序的段地址
         MOV   ES:[SI+2], AX
         MOV   DX, P8259                 ; 8259 初始化
         MOV   AL, ICW1
         OUT   DX, AL
         MOV   DX, O8259
         MOV   AL, ICW2
         OUT   DX, AL
         MOV   AL, ICW4
         OUT   DX, AL
         MOV   AL, OCW1
         OUT   DX, AL
         MOV   SI, OFFSET TABLE          ; 查表显示中断次数
         MOV   CX, 10
         MOV   DX, PC8255
         MOV   AL, 1
         OUT   DX, AL
         MOV   DX, PA8255
         MOV   AL, [SI]
         OUT   DX, AL                    ; 输出计数值
         STI
         ; 由于 Proteus 中 8086 的模型问题，它取得的中断号是最后
         ; 发到总线上的数据，并非 8259 发出的中断号
```

```
        ; 因此用下面的循环解决这个问题
LP:     MOV DX, P8259                   ; 等待中断，并计数
        MOV AL, 63H
        OUT  DX, AL
        JMP  LP
        ; ---中断服务程序------
INT3:   CLI
        MOV  DX, PA8255
        INC  SI
        MOV  AL, [SI]
        OUT  DX, AL                     ; 输出计数值
        DEC  CX
        JNZ  NEXT
        MOV  CX, 10                     ; 10 次中断后，重新设计数值
        MOV  SI, OFFSET TABLE           ; 显示计数值为“0”
        MOV  AL, [SI]
        OUT  DX, AL
NEXT:   MOV  DX, P8259
        MOV  AL, 20H                    ; 中断服务程序结束
        OUT  DX, AL
        STI
        IRET
        CODE  ENDS
        END START
```

5. 实验步骤

(1) Proteus 仿真。

① 在 Proteus 中新建工程(可自命名，扩展名为.pdsprj)，注意控制器选择“8086”。绘制实验电路图。

② 添加汇编代码，编译直至成功。

③ 如果程序不能正常工作，可打开调试窗口进行调试直至成功。

④ 运行仿真程序，点击按键，观察程序运行结果。

(2) 硬件实验。

① 根据实验电路图，连接 TPC-ZK 实验平台电路。

② 编写实验程序并调试。

③ 运行程序，手动产生中断脉冲信号，观察程序运行结果。

6. 思考题

(1) 硬件实验中如果改为 IRQ10 中断，则程序应如何修改？

(2) 仿真实验的中断请求输入如果改为 IRQ4，则硬件电路及程序应如何修改？

学生实验报告

实验题目	中断控制器 8259

1. 实验目的

(1) 掌握 PC 中断处理系统的基本原理，以及 8259 中断控制器与 8086 CPU 的接口电路。

(2) 学会编写中断服务程序。

2. 实验内容

使用中断 IRQ3，手动产生单脉冲 2 作为中断请求信号，要求每按一次开关产生一次中断，并在显示器上显示“Pulse Interrupt！”，在七段数码管上显示中断次数，中断 10 次后的结束。

(1) 绘制完整的 Proteus 实验电路图。

(2) 程序流程图。

绘制同时显示提示信息以及在七段数码管上显示中断次数的程序流程图。

(3)　程序代码。

① 根据图 3.4.11 仿真实验原理图，填写参考程序中的端口地址及命令字。

```
; 8255 端口地址
PA8255      EQU    __________     ; PA 口地址
PC8255      EQU    __________     ; PC 口地址
CTL8255     EQU    __________     ; 控制字寄存器地址
; 8259 命令字
ICW1        EQU    __________     ; 单片 8259，上升沿中断，要写 ICW4
ICW2        EQU    __________     ; IRQ3 中断号为 63H
ICW4        EQU    __________     ; 工作在 8086 方式，中断非自动结束
OCW1        EQU    __________     ; 开放所有中断源
```

② 写出适用于 TPC-ZK 实验系统的程序代码，要求注释清晰明了。

3. 实验运行结果及分析

(1) 总结实验过程，分析实验结果以及遇到的问题。

(2) 仿真实验例程与硬件实验程序的主要区别是什么？实验结果相同吗？分别描述仿真实验和硬件实验的实验现象。

教师评价	评价教师签名： 年　月　日

3.4.5　中断控制器和并行接口综合实验

1. 实验目的

(1) 进一步熟悉 8259 和 8255 接口电路的设计，掌握中断处理程序的编写。

(2) 掌握 8255 工作方式 1 的使用和编程。

2. 实验原理

(1) 实验原理。

8255 工作方式 1 也称作选通输入/输出(strobe input/out)方式。在这种工作方式下，A 口和 B 口作为数据口，均可工作于输入或输出方式。而且，这两个 8 位数据口的输入、输出数据都能锁存，但它们必须在联络信号控制下才能完成 I/O 操作。端口 C 的 6 根线用来产生或接收这些联络信号。

如果 8255 的 A 口和 B 口都工作于方式 1 选通输入方式，则它们的端口状态、联络信号如图 3.4.13 所示。

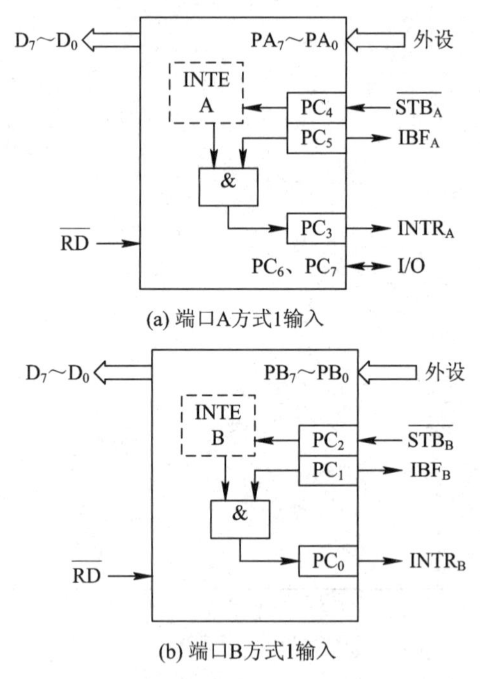

图 3.4.13　8255 方式 1 选通输入口

各联络信号的功能如下所述。

• $\overline{STB}$：选通输入信号，低电平有效，由外部输入。当该信号有效时，8255 将外部设备通过端口数据线 $PA_7 \sim PA_0$(对于 A 口)或 $PB_7 \sim PB_0$(对于 B 口)输入的数据送到所选端口的输入缓冲器中。

• IBF：输入缓冲器，输出高电平有效。作为 STB 的回答信号，是用来通知外设送来的数据已被接收。当 CPU 用输入指令取走数据后清除。

• INTR：中断请求信号。它是 8255 向 CPU 发出的中断请求信号，高电平有效。只有当 $\overline{STB}$、IBF 和 INTE 三者都是高电平时，INTR 才能被置为高电平。当进入中断服务程序后，由 $\overline{RD}$ 信号清除。

· INTE：中断允许。对 8255 的 A 口而言，是由 PC4 置位来实现的；对 8255 的 B 口而言，则是由 PC2 置位来实现。在执行输入指令前，应事先将其置位，允许 I/O 申请中断。

如果 8255 的 A 口和 B 口都工作于方式 1 选通输出方式，则它们的端口状态、联络信号如图 3.4.14 所示。

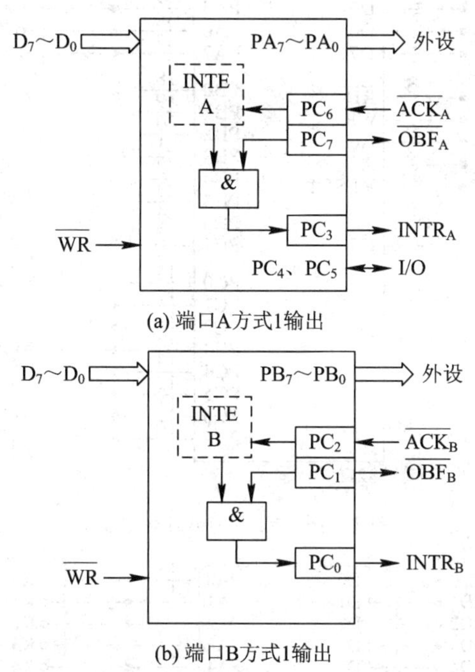

(a) 端口A方式1输出

(b) 端口B方式1输出

图 3.4.14　8255 方式 1 选通输出口

各联络信号的功能如下所述。

· $\overline{OBF}$：输出缓冲器满信号，此引脚信号方向为输出信号，当信号为低电平时有效。当它为低电平时，表示 CPU 已将数据写到 8255 的指定输出端口，即数据已被输出锁存器锁存，并出现在端口数据线 PA_7～PA_0 和 PB_7～PB_0 上，通知外设将数据取走。

· $\overline{ACK}$：外设的回答信号，低电平有效，由外设送给 8255。作为对 $\overline{OBF}$ 的响应信号，表示外设已将数据从 8255A 的输出缓冲器中取走，清除 $\overline{OBF}$。

· INTR：中断请求信号，高电平有效。在中断允许的情况下，当输出设备已收到 CPU 输出的数据之后，该信号变为高电平，可用于向 CPU 提出中断请求，要求 CPU 再输出一个数据给外设。只有当 $\overline{ACK}$、$\overline{OBF}$ 和 INTE 都为 1 时，才能使 INTR 置 1。进入中断服务程序，执行写指令，$\overline{WR}$ 有效时，将其复位为低电平。

· INTE：中断允许。8255 的 A 口由 PC6 的置位来实现，8255 的 B 口仍是由 PC2 的置位来实现。

(2) 实验电路。

8255 PA 口工作在方式 1 输出口的实验电路如图 3.4.15 所示，INTR(PC3)接 8259 的 IRQ3 中断请求输入端，$\overline{ACK}$ 由单脉冲信号电路提供。方式 1 输入口的实验电路如图 3.4.16

所示，INTR(PC3)接 8259 的 IRQ3 中断请求输入端，$\overline{STB}$ 由单脉冲信号电路提供。实验电路中的实线部分在系统中已经连接，虚线部分需要在实验中连线。

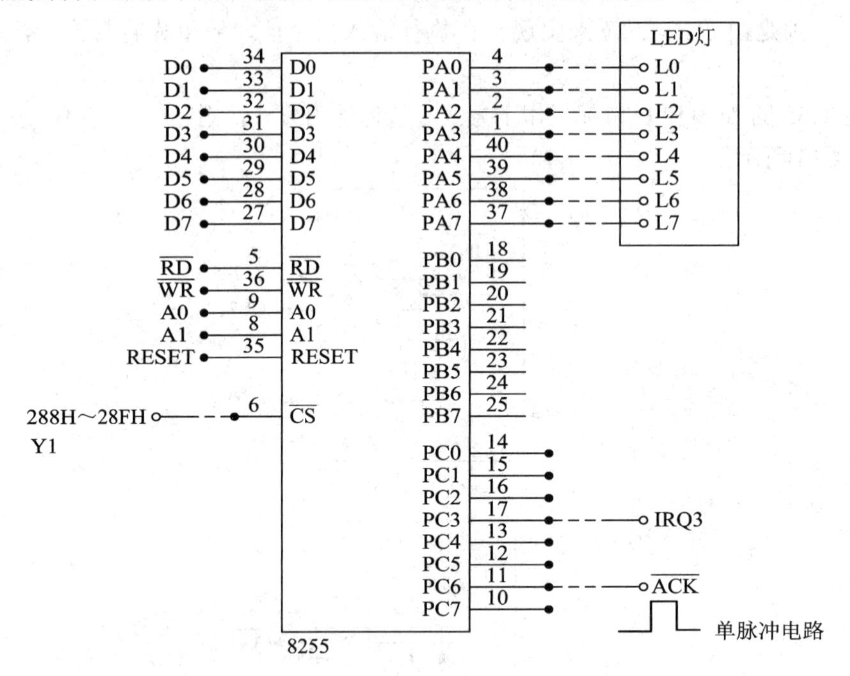

图 3.4.15　8255 方式 1 输出口

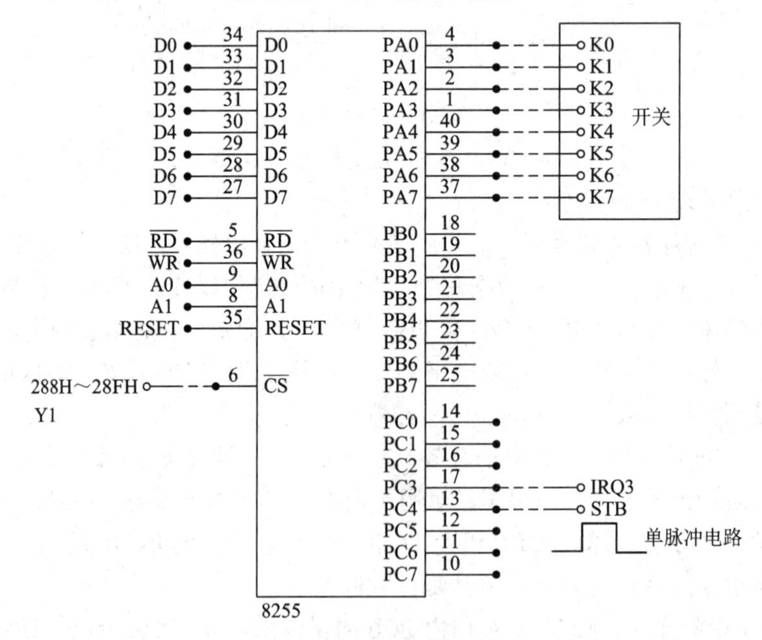

图 3.4.16　8255 方式 1 输入口

(3) 接线。

输出口：

- 8255 的 PA0～PA7 接 LED 的 L0～L7；
- 8255 的 PC3 接 IRQ3；

- 8255 的 PC6 接单脉冲 2；
- 8255 的 CS 接 I/O 译码器的 Y1(288H～28FH)。

输入口：

- 8255 的 PA0～PA7 接开关输入的 K0～K7；
- 8255 的 PC3 接 IRQ3；
- 8255 的 PC4 接单脉冲 2；
- 8255 的 CS 接 I/O 译码器的 Y1(288H～28FH)。

3. 实验内容

实验 1：方式 1 输出口。

每按一次单脉冲产生一个正脉冲，使 8255 产生一次中断请求，让 CPU 进行一次中断服务：并依次输出 01H、02H、04H、08H、10H、20H、40H、80H 使 L0～L7 依次发光，中断 8 次后结束。

实验 2：方式 1 输入口。

每按一次单脉冲产生一个正脉冲，使 8255 产生一次中断请求，让 CPU 进行一次中断服务：读取逻辑电平开关预置的 ASCII 码，在屏幕上显示其对应的字符，中断 8 次结束。

4. 编程提示

当 8255 工作在选通方式 1，并且允许中断时，程序由主程序和中断服务程序组成。主程序的功能包括 8255 初始化，设置中断向量，设置 INTE 允许中断，等待中断及结束中断。中断服务程序的主要功能是实现数据的输入/输出。在本实验中 8255 方式 1 的输出/输入均使用 PA 口，中断请求信号连接到 8259 的 IRQ3 中断请求输入端，根据实验要求，方式 1 输出及输入的参考流程图分别如图 3.4.17 和图 3.4.18 所示。

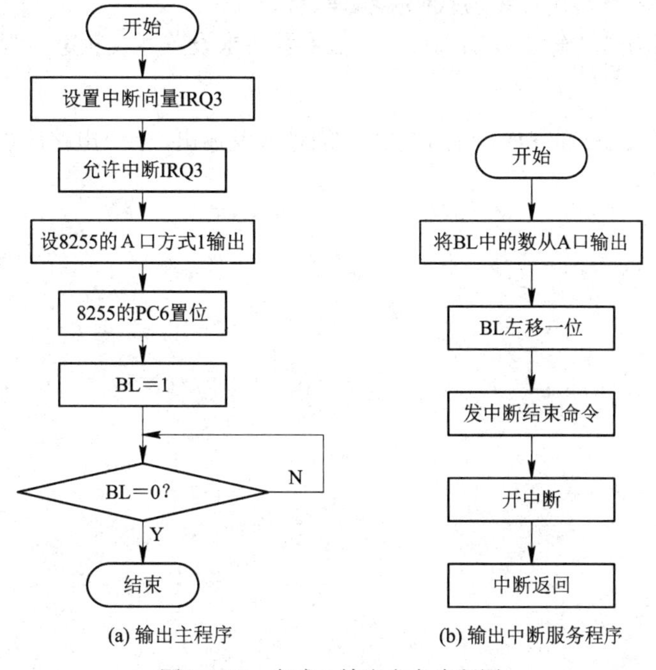

(a) 输出主程序　　(b) 输出中断服务程序

图 3.4.17　方式 1 输出参考流程图

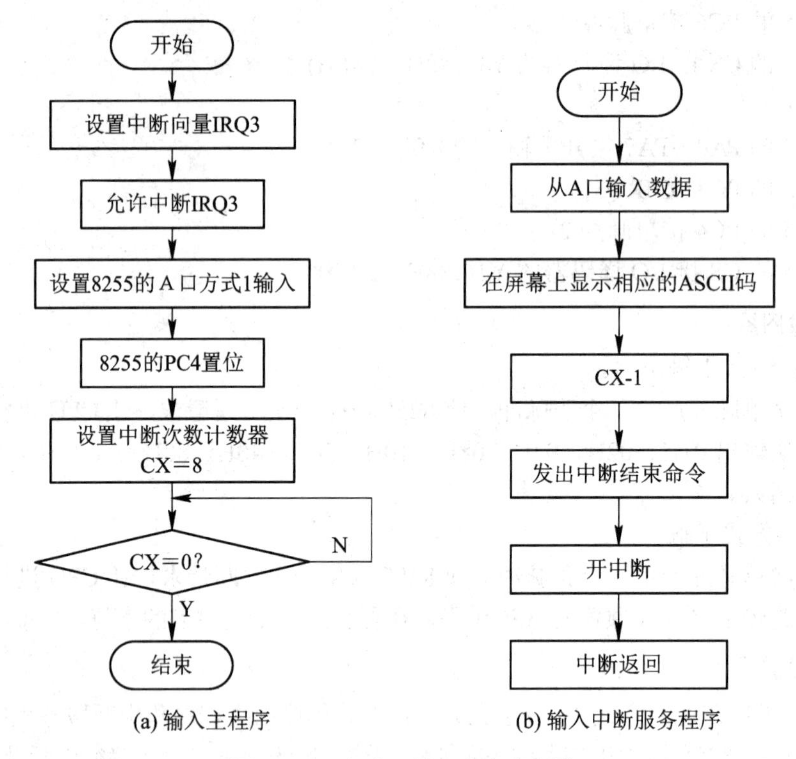

(a) 输入主程序　　(b) 输入中断服务程序

图 3.4.18　方式 1 输入参考流程图

5. 实验步骤

(1) 根据实验电路图，连接 TPC-ZK 实验平台电路。

(2) 在实验开发环境中，编写代码并编译调试。

(3) 分别运行方式 1 输出及输入程序，按实验要求设置开关状态，观察运行结果。

6. 思考题

如果改为使用 8255 的 PB 口工作方式 1 的输入及输出，接口电路应如何修改？程序应如何修改？

学生实验报告

实验题目	中断控制器和并行接口综合实验

1. 实验目的

(1) 进一步熟悉 8259 和 8255 接口电路的设计，掌握中断处理程序的编写。

(2) 掌握 8255 工作方式 1 的使用和编程。

2. 实验内容

实验 1：方式 1 输出口。每按一次单脉冲产生一个正脉冲，使 8255 产生一次中断请求，让 CPU 进行一次中断服务：并依次输出 01H、02H、04H、08H、10H、20H、40H、80H 使 L0～L7 依次发光，中断 8 次后结束。

实验 2：方式 1 输入口。每按一次单脉冲产生一个正脉冲，使 8255 产生一次中断请求，让 CPU 进行一次中断服务：读取逻辑电平开关预置的 ASCII 码，在屏幕上显示其对应的字符，中断 8 次后结束。

完成以下实验要求。

(1) 在 proteus 中绘制实验电路原理图。

(2) 程序流程图。

分别绘制实验 1 和实验 2 的程序流程图。

(3) 程序代码。

写出实验程序代码，要求注释清晰明了。

3. 运行结果

总结实验过程，分析实验结果，以及遇到的问题。

教师评价	评价教师签名： 年　　月　　日

3.4.6　可编程定时/计数器 8253

1. 实验目的

(1) 学习可编程定时/计数器 8253 与 8086 CPU 的接口方法。

(2) 掌握 8253 的基本工作原理和编程方法，采用示波器和 LED 观察并显示不同工作方式下的输出。

2. 实验原理

(1) 实验电路。

8253 方式 0 的实验电路连线图如图 3.4.19 所示。将计数器 U10 设置为方式 0，单脉冲输出与 CLK0 相连，GATE0 接 +5 V 电源，OUT0 接 L0 或逻辑笔。

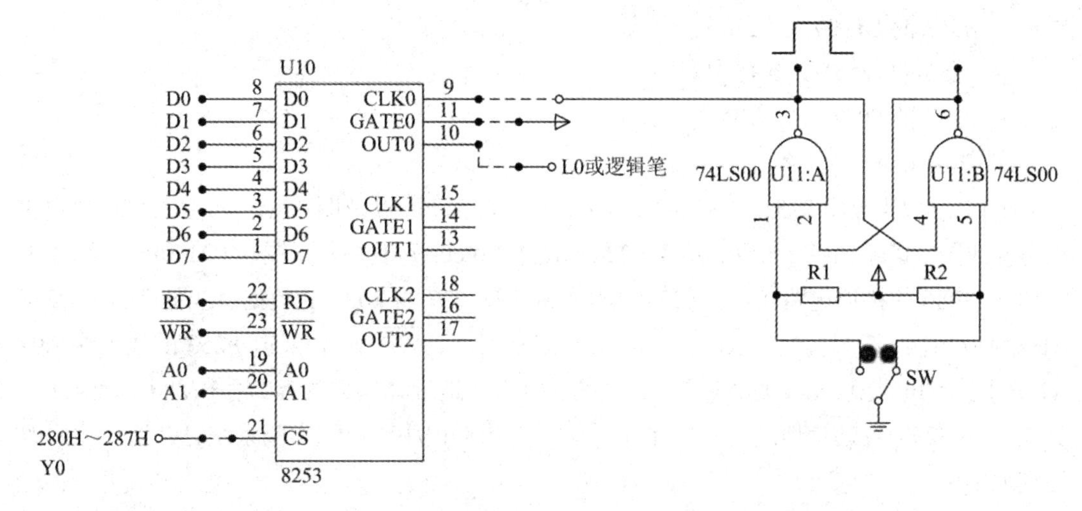

图 3.4.19　8253 方式 0 的实验电路连线图

8253 方式 3 的实验电路连线图如图 3.4.20 所示，将计数器 0 和计数器 1 的工作方式均设置为方式 3，1 MHz 时钟信号接 CLK0 作为计数器 0 的输入，OUT0 与 CLK1 相连，OUT1 接 LED 显示 L0 或逻辑笔，观察 OUT1 输出电平的变化。

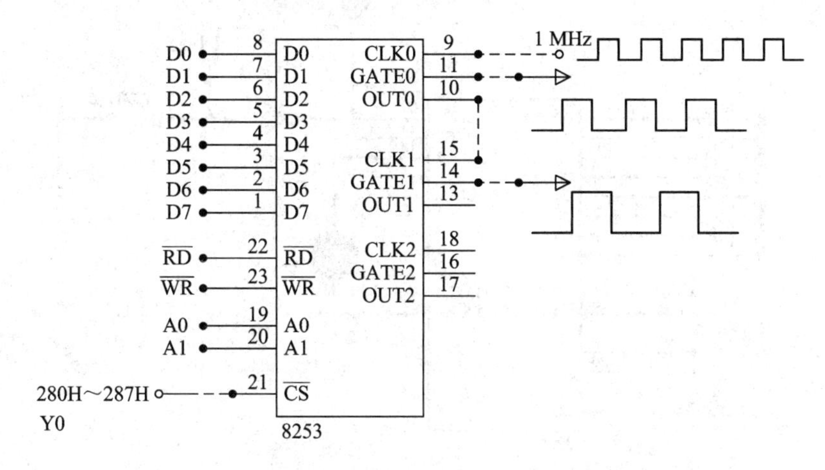

图 3.4.20　8253 方式 3 的实验电路连线图

(2) 接线。

方式 0 接线：

- 8253 的 $\overline{CS}$ 接 IO 地址译码器的 Y0(280H～287H)。
- 8253 的 GATE0 接 +5 V。
- 8253 的 CLK0 接单脉冲。
- 8253 的 OUT0 接 LED 的 L0。

方式 3 接线：

- 8253 的 $\overline{CS}$ 接 IO 地址译码器的 Y0(280H～287H)。
- 8253 的 GATE0 接 +5 V。
- 8253 的 CLK0 接 1 MHz 时钟。
- 8253 的 OUT0 接 8253 的 CLK1。
- 8253 的 GATE1 接 +5 V。
- 8253 的 OUT1 接 LED 的 L0。

(3) Proteus 仿真电路。

根据定时/计数器 8253 与 8086 接口电路的工作原理，以及图 3.4.19 和图 3.4.20 的实验电路接线图，搭建如图 3.4.21、图 3.4.22 所示的 Proteus 仿真电路。图 3.4.21 和图 3.4.22 中 8253 与 8086 的接口电路相同，8253 的数据线 D0～D7 与 8086 的数据总线低 8 位 AD0～AD7 对应相连，读写控制线 $\overline{RD}$ 、$\overline{WR}$ 与 CPU 的 $\overline{RD}$ 、$\overline{WR}$ 对应相连，8253 的地址线 A0、A1 分别接 CPU 地址总线的 A1 和 A2，片选端 $\overline{CS}$ 接地址译码器的 Y0 输出(280H)，因此仿真电路中 8253 各通道地址与实验系统不同。将仿真程序移植到实验系统时，请注意修改通道地址。

图 3.4.21 和图 3.4.22 用到的元件包括 8253、8255、NOT、RES、BUTTON、LED-YELLOW、激励源 DCLOCK 以及虚拟仪器 OSCILLOSCOPE。

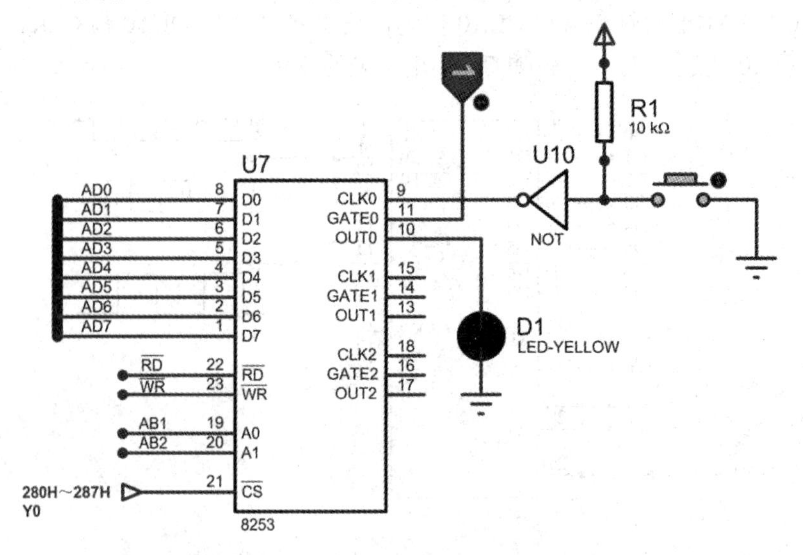

图 3.4.21　8253 方式 0 的仿真电路原理图

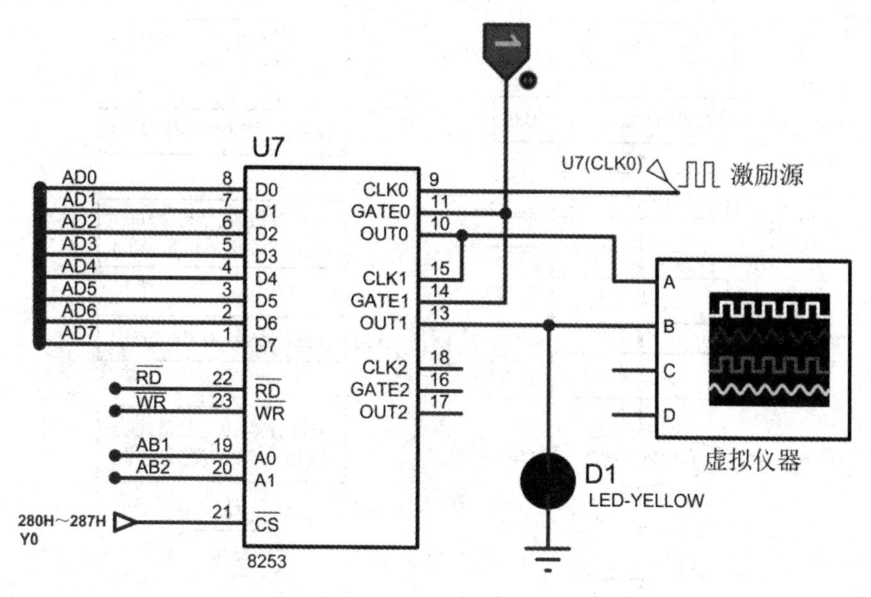

图 3.4.22　8253 方式 3 的仿真电路原理图

3. 实验内容

实验 1：方式 0 实验。

将计数器 0 设置为方式 0，计数器初值设置为 N(N≤0FH)，手动输入单脉冲，编程在屏幕上显示计数值，并同时用逻辑笔或 LED 观察 OUT0 电平的变化(当输入 N + 1 个脉冲后，OUT1 变为高电平，LED 灯点亮)。

实验 2：方式 3 实验。

将计数器 0 和计数器 1 均设置为方式 3，计数初值设置为 1000，观察 OUT1 输出电平的变化(对应 LED 灯的亮灭，频率为 1 Hz)。

4. 编程提示

实验系统 8253 中各通道地址如下：

(1) 控制寄存器地址：283H；

(2) 计数器 0 地址：280H；

(3) 计数器 1 地址：281H；

(4) 计数器 2 地址：282H；

(5) CLK0 连续时钟：1 MHz。

定时/计数器的编程主要是初始化编程，包括设置命令字及设置计数器初值两个步骤。所有计数器的命令字均写入到控制寄存器，计数器初值写入到各计数器。程序参考流程图如图 3.4.23 所示。

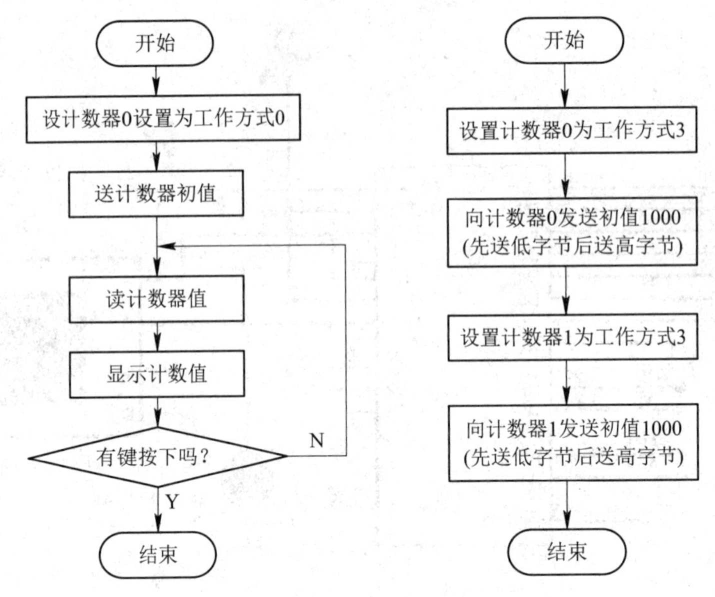

图 3.4.23　参考流程图

5. 实验步骤

(1) Proteus 仿真。

① 在 Proteus 中新建工程(可自命名，扩展名为.pdsprj)，注意控制器选择“8086”，绘制实验电路图。

② 添加汇编代码，编译直至成功。

③ 如果不能正常工作，则打开调试窗口进行调试直至成功。

④ 运行实验 1 的仿真程序，手动按键，输入单脉冲信号，观察 LED 灯的状态；运行仿真程序 2，观察示波器及 LED 灯的状态。

(2)　硬件实验。

① 根据实验电路图，连接 TPC-ZK 实验系统电路。

② 实验开发环境中对 Proteus 仿真调试成功的代码再次编译调试，注意修改通道地址。

③ 运行实验 1 的程序，手动输入单脉冲信号，观察屏幕显示的计数值及 LED 灯的状态；连接并输入 1 MHz 时钟信号，运行实验 2 的程序，观察 LED 灯的状态。

6. 思考题

(1) 在方式 0 实验中，如果改为使用计数器 2 实现同样的功能，硬件电路和软件程序应该如何修改？

(2) 在方式 3 实验中，实验电路及输入时钟信号的频率不变，LED 灯的状态改为点亮 2 s，熄灭 2 s，程序应该如何修改？

学生实验报告

实验题目	可编程定时/计数器(8253)

1. 实验目的

(1) 学习可编程定时/计数器 8253 与 8086 CPU 的接口方法。

(2) 掌握 8253 的基本工作原理和编程方法，采用示波器和 LED 显示观察不同工作方式下的输出。

2. 实验内容

实验 1：将计数器 0 设置为方式 0，计数器初值为 N(N≤0FH)，手动输入单脉冲，编程在屏幕上显示计数值，并同时用逻辑笔或 LED 观察 OUT0 电平变化(输入 N + 1 个脉冲后，OUT1 变为高电平，LED 灯点亮)。

实验 2：将计数器 0 和计数器 1 均设置为方式 3，计数初值为 1000，观察 OUT1 输出电平的变化(LED 灯亮灭，频率为 1 Hz)。

完成以下实验要求。

(1) 画出 Proteus 实验电路图。

写出图 3.4.19 所示仿真电路图中，8253 各通道的地址：

计数器 0 地址为_________；计数器 1 地址为____________________；

计数器 2 地址为_________；控制寄存器地址为__________________。

(2) 绘制程序流程图。

(3) 完成程序代码。

3. 运行结果

总结分析实验过程，分析实验结果以及遇到的问题。

教师评价	评价教师签名： 年　　月　　日

3.4.7　模/数转换器 ADC0809

1. 实验目的

了解模/数转换的工作原理，掌握 ADC0809 与 CPU 的接口方式及编程方法。

2. 实验原理

(1) 实验电路。

实验电路连线如图 3.4.24 所示。ADC0809 的数据线与 8086 的低 8 位数据总线相连，地址输入端 ADDA～ADDC 连接地址总线 A0～A2，通过端口地址选中 8 路模拟通道中的一路进行转换。利用实验台左下角电位器 RW1 输出 0～5 V 直流电压送入 ADC0809 通道 0(IN0)，通过执行输出(OUT)指令启动 AD 转换，$\overline{\text{IOW}}$ 低电平有效，产生 ALE、START 信号；执行输入(IN)指令，$\overline{\text{IOR}}$ 低电平有效，产生 OE 信号，读取转换结果，验证输入电压和转换后数字的关系。图 3.4.24 所示实验电路中 IN0 地址为 298H。

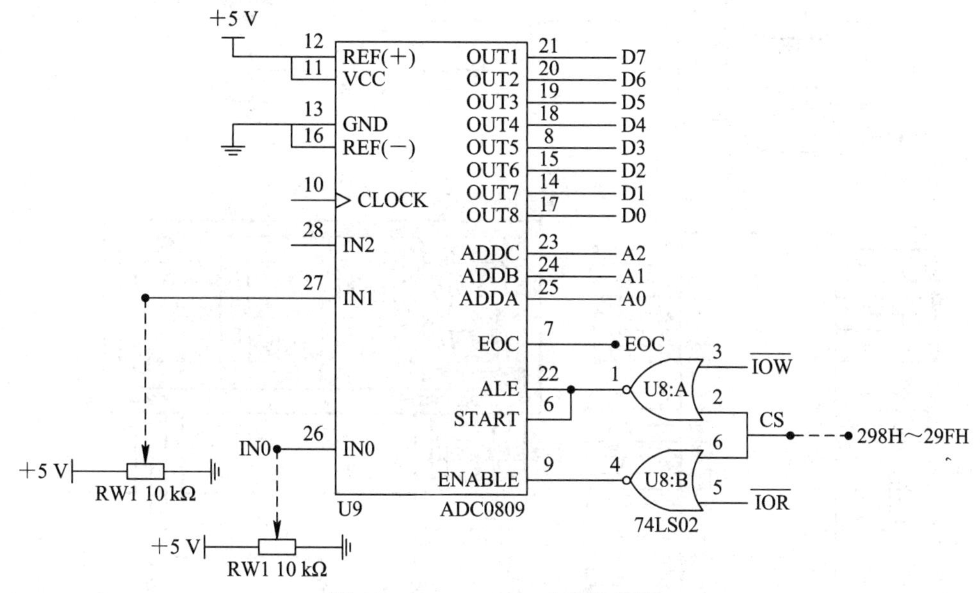

图 3.4.24　ADC0809 电路连线图

(2) 接线。

- ADC0809 的 CS 接 I/O 地址的 Y3(298H～29FH)。
- ADC0809 的 IN0 接 0～5 V 直流信号。

(3) Proteus 仿真电路。

根据模/数转换器 ADC0809 与 8086 接口电路的工作原理，参考图 3.4.24 所示的实验电路接线图，搭建如图 3.4.25 所示的 Proteus 仿真电路。仿真电路原理图中，ADC0809 的数据线与 8086 的低 8 位数据总线相连，ADDA～ADDC 分别连接地址总线的 A1～A3，端口译码器的输出端 Y2(290H)与 8086 读写控制端配合，选中 8 路模拟通道中的一路进行转换。因此，模拟通道 IN0 的地址为 290H，滑动变阻器的输出作为模拟通道 IN0 的输入信号。

仿真电路中的第二部分为 8255 驱动 4 位共阴极七段数码管显示 AD 转换结果，可根据需要选择其中 2 位以十六进制显示(00H～FFH)，或选择 3 位以十进制显示(000～255)。

8255 的 PA 口、PB 口、PC 口及控制端口的地址分别为 288H、28AH、28CH、28EH。编写及调试仿真程序时，需要注意仿真电路端口地址与实验系统端口地址的区别。

图 3.4.25 所示的仿真电路原理图用到的元件包括 ADC0809、8255A、74HC02、DCLOCK、7SEG-MPX4-CC、RES-VAR、NOT、AC VOLTMETER。

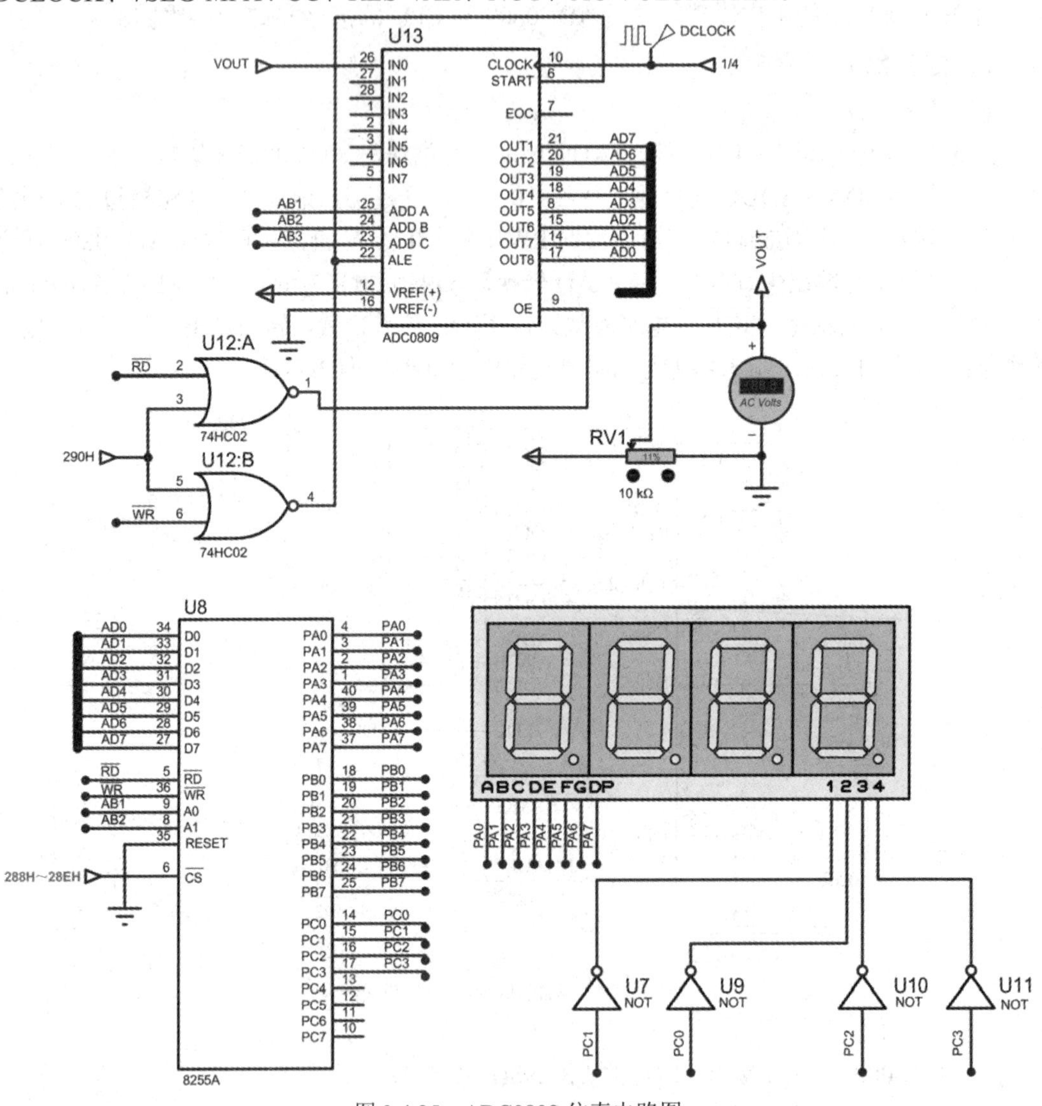

图 3.4.25　ADC0809 仿真电路图

3. 实验内容

实验 1：编写程序循环采样 IN0 的电压信号，进行转换，并将转换结果在显示屏上显示。旋转电位器 RW1，显示转换结果为 00H～FFH。

实验 2：显示屏上显示转换结果的同时，用 8255 驱动两位七段数码管显示转换结果(00～FFH)或 3 位数码管以十进制形式显示转换结果(000～255)。

4. 编程提示

(1) 按图 3.4.24 连接实验电路，IN0 地址为 298H，IN1 地址为 299H。8255 的接线可

参考七段数码管实验电路，片选端 $\overline{CS}$ 接 288H，A 口、B 口、C 口、控制口的地址分别为 288H、289H、28AH、28BH。

注意：实验电路与 Proteus 仿真电路的地址线连接方式不同，各端口地址亦不同。调试程序时，注意修改相应端口的地址。

(2) IN0 单极性输入电压与转换后数字的关系为

$$N = \frac{U_i}{U_{REF} / 256}$$

(3) 完成一次 A/D 转换的程序段。

```
MOV DX, 口地址
OUT DX, AL                              ; 启动 AD 转换
…
…                                       ; 延时 100 μs
IN AL，DX                               ; 读取转换结果
```

(4) 实验 1 参考流程如图 3.4.26 所示。

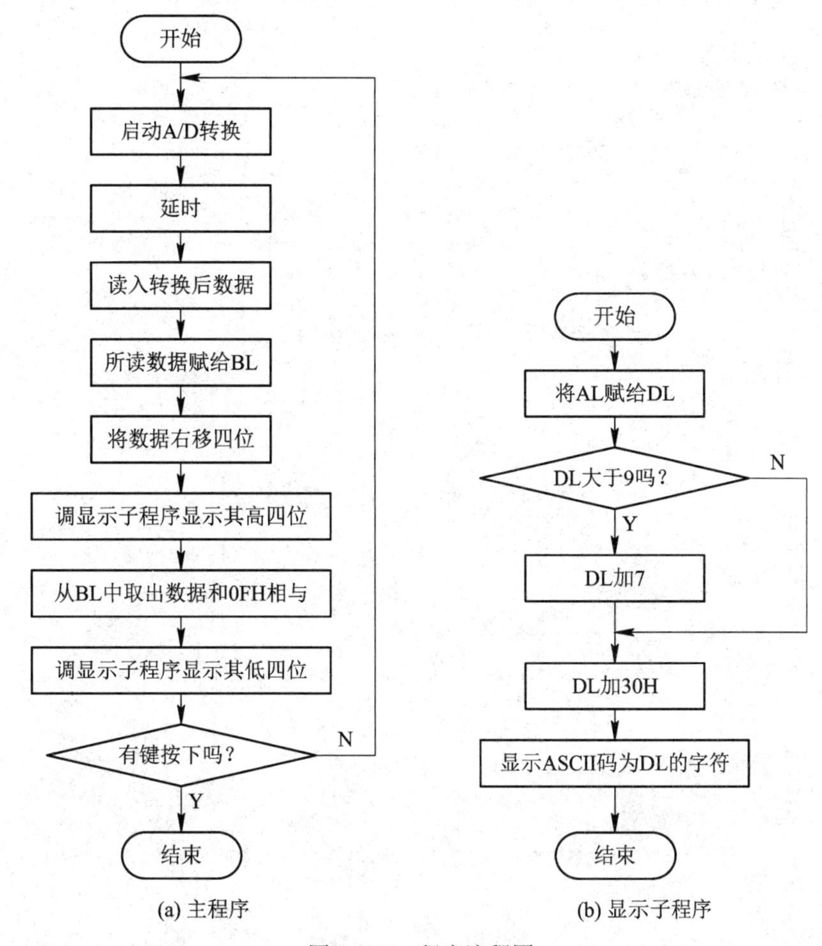

(a) 主程序　　　　(b) 显示子程序

图 3.4.26　程序流程图

5. 实验步骤

(1) Proteus 仿真。

① 在 Proteus 中新建工程(可自命名，扩展名为.pdsprj)，注意控制器选择“8086”，绘制实验电路图。

② 添加汇编代码，编译直至成功。

③ 如果程序不能正常工作，打开调试窗口进行调试直至成功。

④ 运行仿真程序，调节电位器输出电压的大小，观察七段数码管的显示结果。

(2) 硬件实验。

① 根据实验电路图，连接 TPC-ZK 实验平台电路。

② 实验开发环境中对 Proteus 仿真调试成功的代码再次进行编译调试。

③ 运行程序，调节实验台上 SW1 电位器输出电压的大小，观察七段数码管与显示屏上显示结果的变化。

6. 思考题

如果输入的模拟电压为 0～+5 V，要求使用 3 位数码管显示输入电压，显示格式为 0.00～4.95，程序应如何修改？

学生实验报告

实验题目	模/数转换器 ADC0809

1. 实验目的

了解模/数转换的工作原理，掌握 ADC0809 与 CPU 的接口方式及编程方法。

2. 实验内容

实验 1：编写程序循环采样 IN0 的电压信号，进行转换，并将转换结果在显示屏上显示。旋转电位器 SW1，显示转换结果为 00H～FFH。

实验 2：显示屏上显示转换结果的同时，用 8255 驱动两位或 3 位七段数码管显示转换结果。

完成以下实验内容。

(1) 在 Proteus 中绘制实验电路图。

(2) 程序流程图。

绘制实验 2 的程序流程图。

(3) 程序代码。

写出实验 2 的程序代码，要求注释清晰明了。

3. 实验结果及分析

总结实验过程，分析实验结果以及遇到的问题。

教师评价	评价教师签名： 年　　月　　日

3.4.8　数/模转换器 DAC0832

1. 实验目的

了解数/模转换器的工作原理，掌握 DAC0832 与 CPU 的接口方式及编程方法。

2. 实验原理

(1) 实验电路。

实验电路连线图如图 3.4.27 所示。

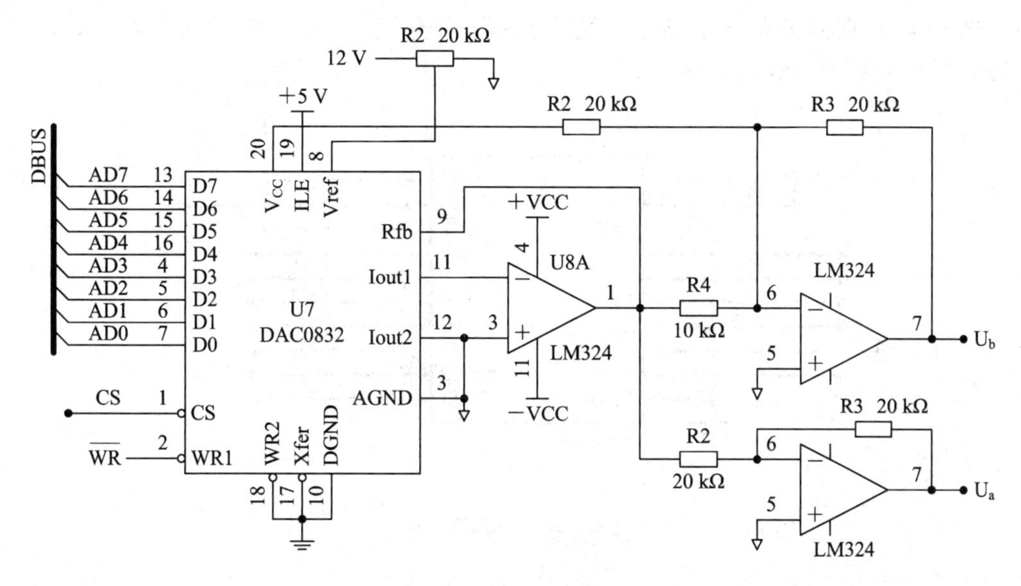

图 3.4.27　DAC0832 实验电路接线图

DAC0832 采用单缓冲方式，其数据输入端连接 8086 CPU 的数据总线低 8 位 D0～D7，片选端接地址译码器的输出(290H)，高电平有效的 ILE(允许输入锁存控制端)接 V_{CC}，低电平有效的两个控制端 $\overline{XFER}$ 和 $\overline{WR2}$ 接地，使这 3 个控制端始终有效；仅 $\overline{WR1}$ 与 CPU 的 $\overline{WR}$ 相连，将其作为 CPU 向 DAC 输出数据进行转换的控制端。

DAC0832 为电流输出型 DA 转换器，需要使用运算放大器将电流输出转换为电压输出。如图 3.4.27 的输出电路具有两个输出端 U_a 和 U_b，其中，输出 U_a 的电路为单极性输出电路，输出电压 U_a 与输入数据 N 的关系为

$$U_a = \frac{U_{REF}}{256} \times N$$

式中，U_{REF} 为参考电压。8 位 DAC 的输入数据范围为 00H～FFH，对应的电压输出约为 0～5 V。

输出端 U_b 对应的电压转换电路为双极性输出电路，输出电压 U_b 与输入数据 N 的关系为

$$U_b = \frac{2U_{REF}}{256} \times N - 5$$

对应的电压输出范围约为 −5～＋5 V。

注意： 因 DAC 本身固有的量化误差，其输入数据为 FFH 时，输出电压略低于 U_{REF}。

当执行输出指令输出数据给 DAC0832 后，用万用表测量单极性输出端 U_a 和双极性输出端 U_b 的电压，验证输入数据与输出电压之间的线性关系。

(2) 接线。

DAC0832 的 $\overline{CS}$ 接 IO 地址译码器的 Y2(290H～297H)。

(3) Proteus 仿真电路。

根据数/模转换器的工作原理以及图 3.4.27 所示的实验电路，设计如图 3.4.28 所示的 Proteus 仿真电路原理图。此电路 DAC 的地址与实验电路相同，仿真程序可直接移植到 TPC-ZK 实验环境下运行。

图 3.4.28 所示的仿真电路原理图用到的元件包括 DAC0832、LM324、RES、DC VOLTMETER 以及 OSCILLOSCOPE。

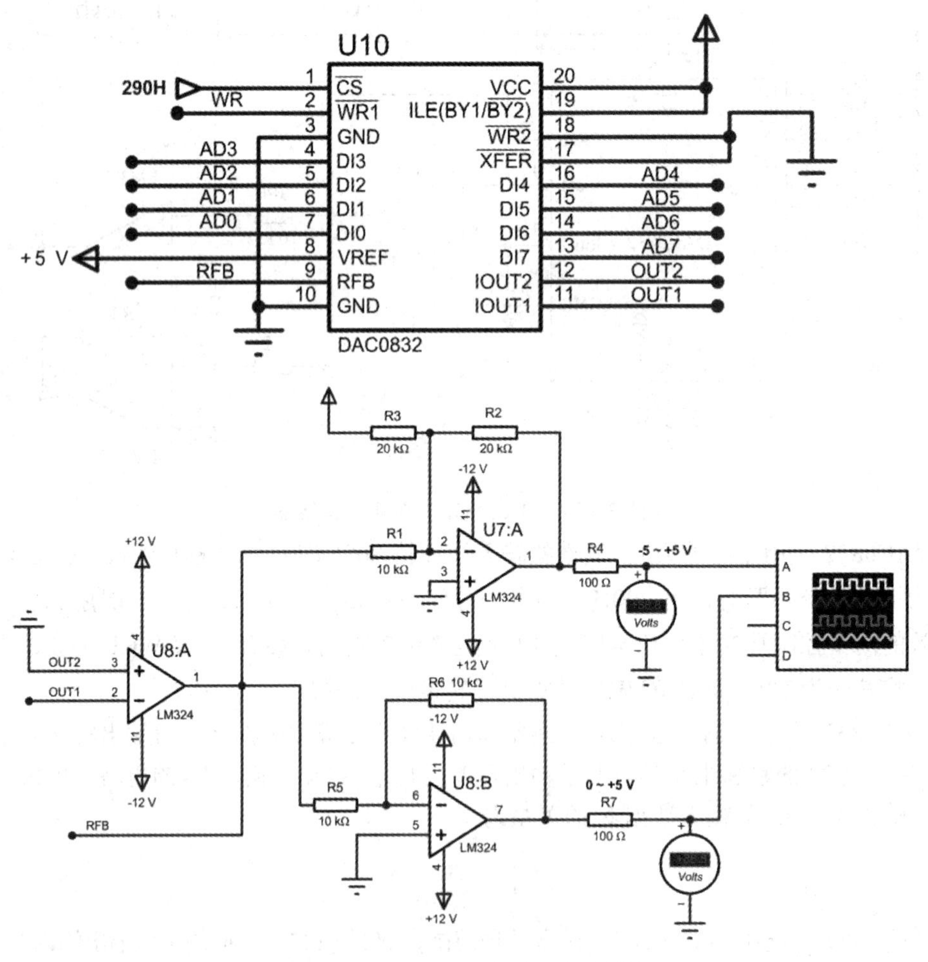

图 3.4.28　DAC0832 仿真电路原理图

3. 实验内容

实验 1：建立 Proteus 工程文件，绘制仿真电路图，在 U_a 和 U_b 的信号端增加示波器和电压表，编写输出锯齿波程序，观察示波器及电压表的输出值。

实验 2：按照实验电路接线图连接电路，编写程序输出数据给 DAC0832，用万用表测

量单极性输出端 U_a 和双极性输出端 U_b 的电压，验证输入数据与输出电压之间的线性关系。

4. 编程提示

(1) 8 位 D/A 转换器 DAC0832 的口地址为 290H，输入数据与输出电压的关系为

$$U_a = \frac{U_{REF}}{256} \times N , \quad U_b = \frac{2U_{REF}}{256} \times N - 5$$

式中，U_{REF} 表示参考电压，N 表示数据。为了编程方便，实验台上的参考电压设定为 5.12 V。

(2) 当 CPU 输出到 DAC0832 的数据从 0 递增到 FFH 时，再加 1 回到 0 并循环递增，则会在单极性输出端 U_a 输出锯齿波。基于这一原理，将需要输出的波形按周期分割成若干个采样点，将每个采样点的电压值转换为 00～FFH 之间的数据，建立数据表格，循环查表输出，即可在 U_a 输出端得到相应的波形。

(3) 实验 1 输出锯齿波的参考程序流程如图 3.4.29 所示。

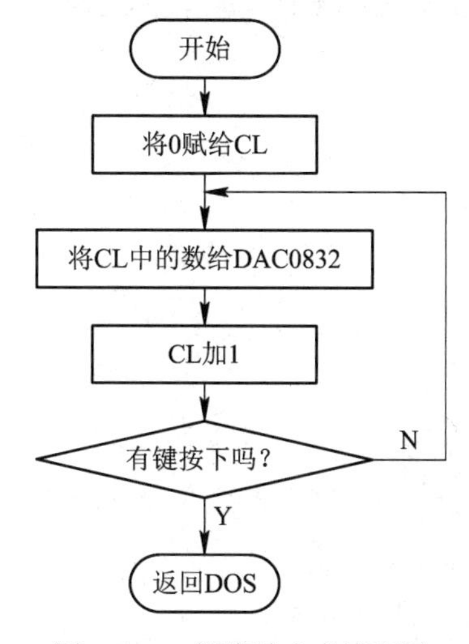

图 3.4.29　锯齿波参考流程图

5. 实验步骤

(1) Proteus 仿真。

① 在 Proteus 中新建工程(可自命名，扩展名为.pdsprj)，注意控制器选择“8086”，并绘制实验电路图。

② 添加汇编代码，编译直至成功。

③ 如果程序不能正常工作，打开调试窗口进行调试直至成功。

④ 运行仿真程序，观察示波器及电压表的输出。

(2) 硬件实验。

① 根据实验电路图，连接 TPC-ZK 实验平台电路。

② 在实验开发环境中对 Proteus 仿真调试成功的代码再次编译调试。

③ 运行程序，用万用表测量输出端电压，验证输入数据与输出电压之间的关系。

6. 思考题

如果要在 U_a 端输出正弦波，则程序应如何修改？

学生实验报告

实验题目	数/模转换器 DAC0832

1. 实验目的

了解数/模转换器的工作原理，掌握 DAC0832 与 CPU 的接口方式及编程方法。

2. 实验内容

实验 1：建立 Proteus 工程文件，绘制仿真电路图，在 U_a 的信号端增加示波器和电压表，将 U_a 的输出信号作为示波器的输入信号，编写程序，在 U_a 输出锯齿波。

实验 2：按照实验电路接线图连接电路，编写程序输出数据给 DAC0832，用万用表测量单极性输出端 U_a 和双极性输出端 U_b 的电压，验证输入数据与输出电压之间的线性关系。

完成以下实验要求。

(1) Proteus 实验电路图。

(2) 程序流程图。

绘制实验内容 DAC0832 输出锯齿波的程序流程图。

(3) 程序代码。

写出实验内容 DAC0832 输出锯齿波的程序代码，要求注释清晰明了。

3. 运行结果及分析。

总结分析实验过程，分析实验结果以及遇到的问题。实验过程中，当输出的数据分别为 00H、20H、80H、A0H、FFH 时，对应的输出电压是多少？

教师评价	评价教师签名： 年　　月　　日

第 4 章 基于 Proteus 的综合实验设计

本章给出了 Proteus 若干综合实验，涵盖自动化、物联网、测控等诸多专业内容，这些实验意在进一步提高学生的软硬件综合设计和实践的能力。

综合实验设计的总体要求如下：

(1) 培养学生的团队合作能力，以及综合应用专业知识解决实际问题的能力。

(2) 学生按照自愿的原则组成实验小组，以小组为单位完成综合实验的分析、设计、调试，撰写综合实验报告。

(3) 分析综合设计目的，系统规划设计实验内容、实验步骤等。

(4) 详细的系统设计，绘制系统总体框图、硬件连线框图、软件流程图等。

(5) Proteus 电路原理图设计，要求界面美观、功能完善、硬件连线合理。

(6) 软件设计，根据电路原理图设计结果及软件流程图，完成源程序代码的设计，以及代码的静态调试。

(7) 硬件与软件的综合调试，包括基本功能调试，以及考虑到系统的不同工况，进行综合系统调试。

(8) 总结实验过程，分析实验结果，撰写实验报告。

4.1 炉温控制系统

4.1.1 设计目的、设计内容及设计要求

1. 设计目的

(1) 将微机原理及接口技术课程的基本原理与工程实际相结合，综合运用课程所讲授的计算机基本知识、汇编语言程序设计、接口电路设计等相关内容，完成一个具有实际应用意义的炉温控制系统的设计。通过上述设计使学生把所学的相关理论知识得以融会贯通，有效地培养学生的创新思维能力和独立分析问题、解决问题的能力。

(2) 实现炉温数据的采集、输出、显示、升温降温控制等功能，锻炼学生系统开发设计与程序实践的能力。

(3) 通过实验电路和程序的测试，培养学生电路检查与软件调试能力。

2. 设计内容

本设计主要需要完成以下功能：

(1) 采集模拟量的温度数据。

(2) 设计温度控制相关程序，实现温度与设定值比较。

(3) 控制模拟量，实现升温与降温控制。

3. 设计要求

(1) 参加设计的学生需要根据设计内容，自主完成资料查询、电路设计、程序编写等工作。

(2) 根据设计要求，自行构建硬件电路，编写程序，实现规定的系统功能。

(3) 采取分工合作的方式，每组 2 人，自行完成分工内容，主要分工包括系统设计、硬件原理框图、程序流程图、硬件电路、软件程序等。

(4) 各组独立完成实验，可以添加自己认为的新功能，最后进行演示验收。主要验收形式包括实验结果和实验报告。

4.1.2 系统设计

1. 系统总体设计

炉温控制系统设计主要包括两个方面的内容：系统硬件设计和系统软件设计。硬件系统设计需要综合考虑硬件资源，根据系统设计内容和设计要求考虑所用的芯片，既要从功能上考虑，又要考虑编程或实现简单。系统总体设计框图如图 4.1.1 所示。

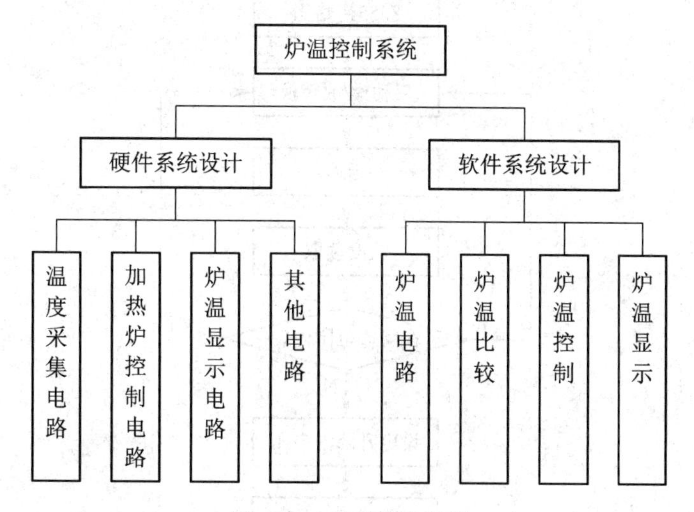

图 4.1.1　总体设计框图

2. 系统硬件设计

通过分析设计内容，设计硬件系统框图如图 4.1.2 所示。

硬件设计、开发与调试过程需要按照设计内容分步实现。硬件电路设计可以按照图 4.1.2 中①、②、③的三个通路逐步实现，每一步调试完成确认没有问题后再设计下一步，这样的调试才容易排查问题。

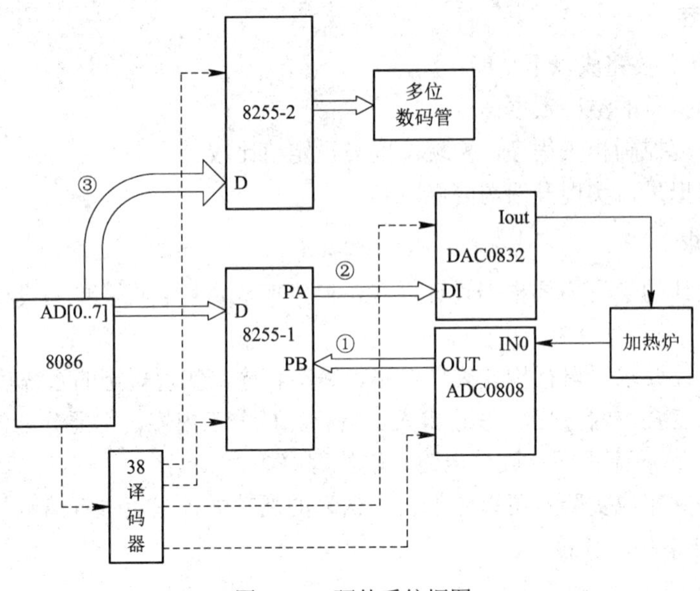

图 4.1.2　硬件系统框图

3. 系统软件设计

炉温控制系统软件包括芯片初始化、模/数转换、温度控制，数/模输出等，程序流程图如图 4.1.3 所示。

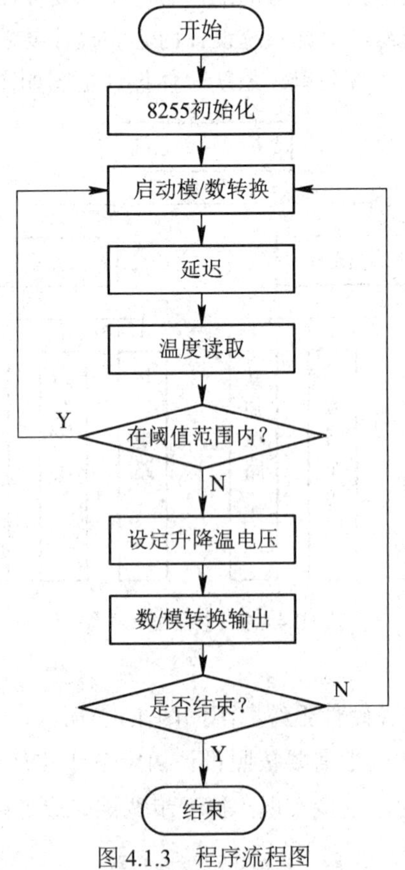

图 4.1.3　程序流程图

4.1.3　设计步骤与调试

1. 电路原理图

炉温控制电路功能模块较多，实验电路较为复杂，主要涉及 8086 及其附属模块、3-8 线译码器模块、8255-1 模块、ADC0808 模块、DAC0832 模块等，各模块电路原理图如图 4.1.4～图 4.1.9 所示。完成电路原理图设计，并回答问题。

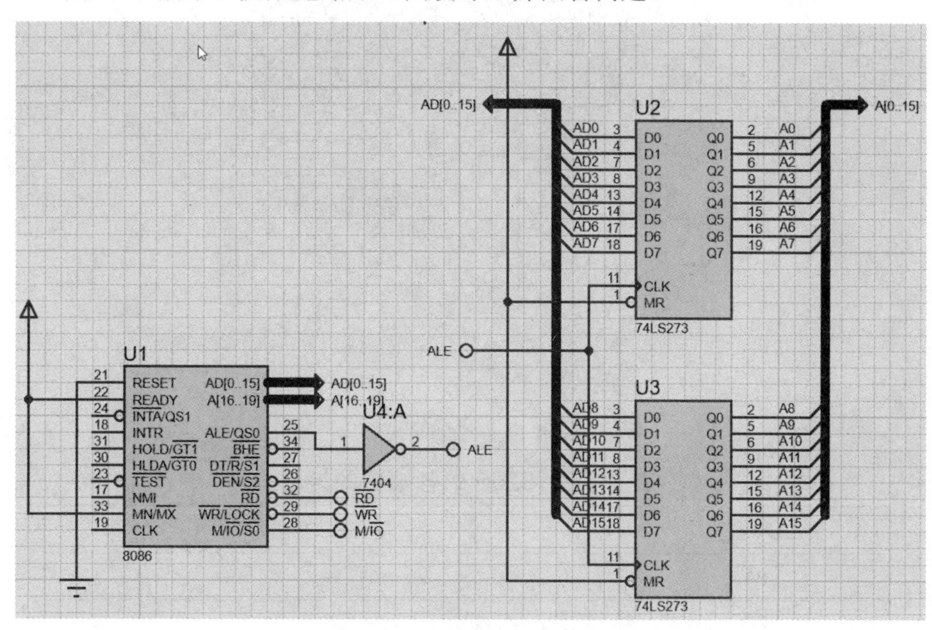

图 4.1.4　CPU 及地址锁存模块

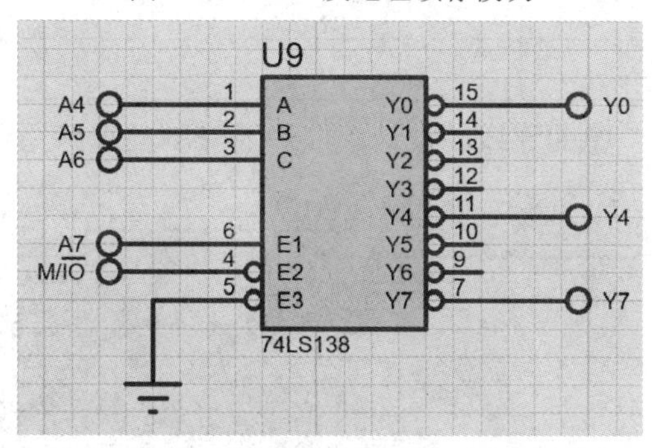

图 4.1.5　74LS138 译码器模块

(1) 写出图 4.1.4、图 4.1.5 所示的电路原理图中译码器输出端 Y0、Y4 和 Y7 对应的地址范围并填入表 4.1.1。

表 4.1.1　译码器输出端的地址范围

译码器输出端	地 址 范 围
Y0	
Y4	
Y7	

(2) 写出图 4.1.6 所示的电路原理图中 8255 的 PA、PB、PC 以及控制端口的地址，并填入表 4.1.2 中。

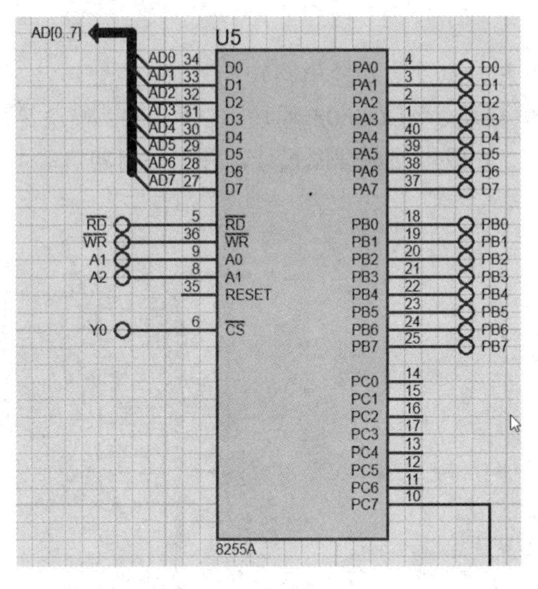

图 4.1.6　8255A 模块

表 4.1.2　8255 的各端口的地址

I/O 端口	端 口 地 址
PA	
PB	
PC	
控制端口	

(3) 补充完成图 4.1.7 中的连线，设计读取炉温 IN0 的电路原理图。

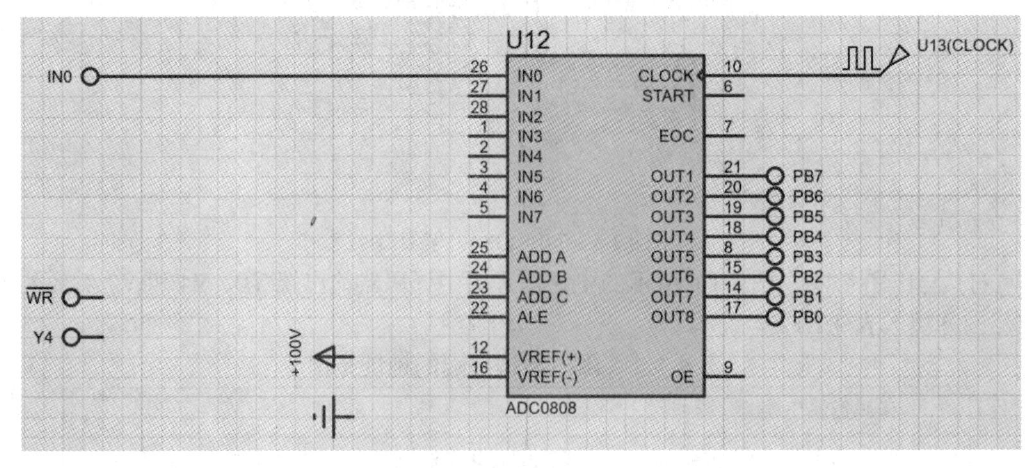

图 4.1.7　ADC0808 模块

(4) 思考图 4.1.8 所示的 DAC0832 模块的数/模转换输出为什么是双极性的。

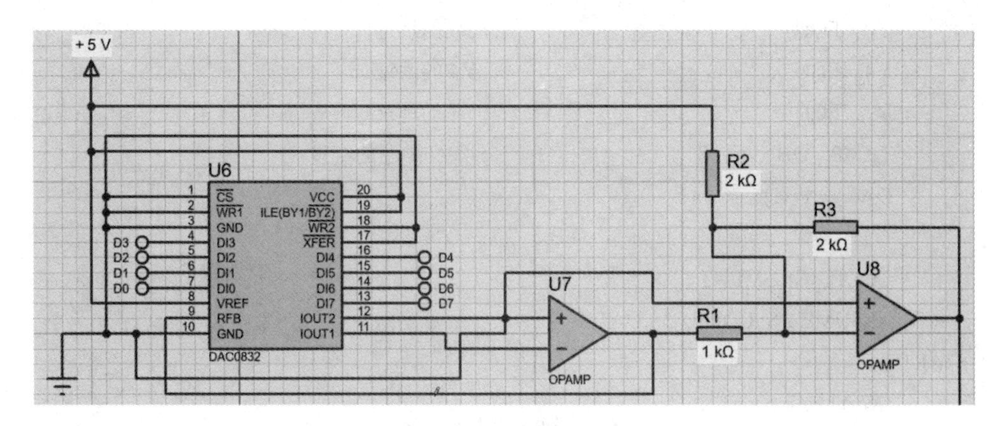

图 4.1.8　DAC0832 模块

(5) 加热炉模块的部分电路如图 4.1.9 所示，自行阅读 OVEN 的官方文档，完成炉温检测与控制系统的完整电路设计。

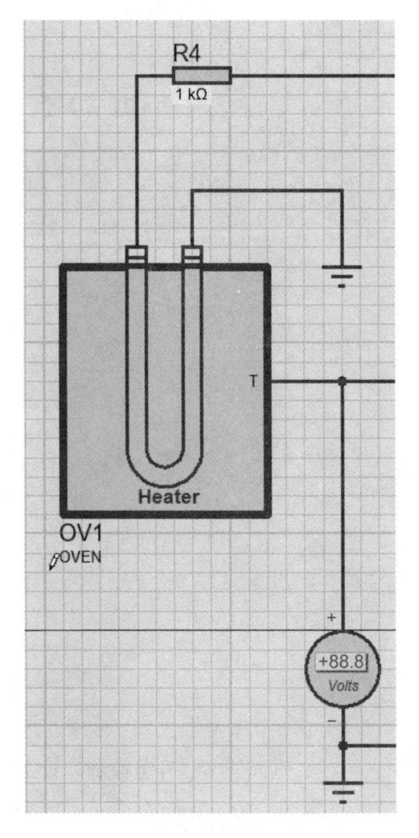

图 4.1.9　加热炉模块

2. 程序编写

根据图 4.1.3 所示的程序流程图，编写炉温检测与控制程序如下，补充填写空白处的代码，完成程序并调试。

```
DATA SEGMENT
```

```
        Y0   EQU   ____________          ; Y0 的地址
        Y4   EQU   ____________          ; Y4 的地址
        Y7   EQU   ____________          ; Y7 的地址
        TEMP   DB      ?                 ; 定义炉温的变量
        DATA   ENDS

        CODE   SEGMENT
        ASSUME CS: CODE, DS:DATA
START:
        ; Write your code here
        MOV   AX, DATA
        MOV   DS, AX
        MOV   DX, Y0+6                   ; 8255 初始化
        MOV   AL, ________
        OUT   DX, AL
   EE:  MOV   AL, 0                      ; 启动模/数转换
        MOV   DX, Y4
        OUT   DX, AL
        MOV   CX, 60H                    ; 软件延时，等待转换结束
        LOOP  $
        ; 读取温度
        ____________
        ____________
        ; 存储温度
        ____________
        ; 温度比较
        CMP   AL, ____________
        JB   UP
        CMP   AL, ____________
        JA   DOWN
        JMP   NEXT
UP:     MOV   AL, 85H                    ; 升温控制，设定升温电压
        MOV   DX, Y0
        OUT   DX, AL
        JMP   NEXT
DOWN:                                    ; 降温控制，设定降温电压
        ______________
        ______________
        ______________
```

```
    NEXT:  JMP   EE
ENDLESS: JMP   ENDLESS
         CODE   ENDS
         END   START
```

扩展内容：仿照上述示例，设计完成 8255-2 模块的硬件电路图、程序流程图以及程序编写。

3. 调试过程及记录

(1) 利用断点调试，在温度存储语句中设置断点，观察温度数值是否被正常读取。

(2) 在硬件电路图中增加电压表或电压探头，观察温度控制是否能输出电压。

4. 思考题

基于上述方法的炉温控制系统设计合理吗？实验过程中能很好地控制炉温吗？为什么？

4.2 电子时钟

4.2.1 设计目的、设计内容及设计要求

1. 设计目的

(1) 将微机原理及接口技术课程的主要技术原理与工程实际相结合，综合运用课程所讲授的计算机基本知识、汇编语言程序设计、接口电路设计等相关内容，完成一个相对具有实际意义的电子时钟，使学生把所学的相关理论知识得以融会贯通，有效地培养学生的创新思维能力和独立分析问题、解决问题的能力。

(2) 实现电子时钟的计时、显示及重新计时等功能，锻炼学生开发系统设计与程序实践的能力。

(3) 通过实验电路和程序的测试，培养学生电路检查与软件调试能力。

2. 设计内容

本设计主要需要完成以下功能：

(1) 中断、并行接口、定时/计数器的初始化。

(2) 定时/计数器每计时 1 s 触发中断，在数码管上显示时、分、秒。

(3) 设置清零控制，当按下清零键时，定时/计数器清零，从 00-00-00 开始重新计时。

3. 设计要求

(1) 参加设计的学生需要根据设计内容，自主完成资料查询、电路设计、程序编写等工作。

(2) 根据设计要求，自行构建硬件电路，编写程序，实现规定的系统功能。

(3) 采取分工合作的方式，每组 2 人，自行完成分工内容，主要分工包括系统设计、硬件原理框图、程序流程图、硬件电路、软件程序等。

(4) 各组独立完成本实验，可以添加自己认为的新功能，最后进行演示验收。主要验收形式包括实验结果和实验报告。

4.2.2　系统设计

1. 系统总体设计

电子时钟设计主要包括两个方面的内容：系统硬件设计和系统软件设计。硬件系统设计需要综合考虑硬件资源，根据系统设计内容和设计要求考虑所用的芯片，既要从功能上考虑，又要考虑编程或实现简单。

分析系统功能，完成系统结构设计，参考图 4.1.1，绘制系统总体设计框图。

2. 系统硬件设计

根据系统总体设计结果，分析系统的硬件电路模块的组成，完成系统硬件设计，参考图 4.1.2，绘制系统硬件框图。

3. 系统软件设计

电子时钟的软件设计包括各种芯片的初始化、计时模块、显示模块等，各模块的主要功能如下：

(1) 芯片初始化：包括 8259、8253 和 8255 的初始化。

(2) 时钟核心算法：如何处理秒、分和时的累加。

(3) 中断模块：何时触发中断，中断程序如何执行。

绘制程序流程图，并清晰地列出上述模块的流程过程。

提示：可以参照 4.2.3 节给出的程序补全完成程序流程图。

4.2.3　设计步骤与调试

1. 实验原理图设计

按照硬件系统设计图，实验功能模块很多，电路复杂，主要涉及 8086 及其附属模块、4-16 线译码器模块、8253 模块、8255 模块、8259 模块、7SEG-MPX8-CC 数码管等。图 4.2.1～图 4.2.3 分别给出了译码器模块、8259 模块以及 8253 模块的参考电路原理图，分析原理图，完成其他模块原理图的设计，并回答问题。

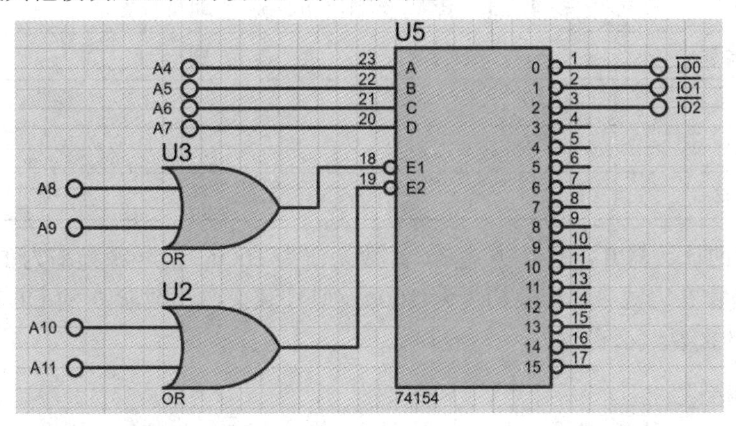

图 4.2.1　4-16 线译码器模块

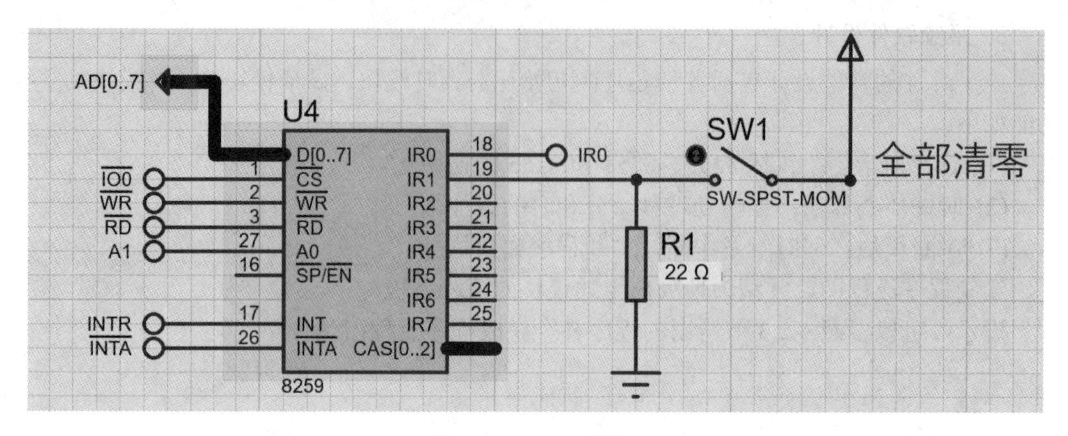

图 4.2.2　8259 模块

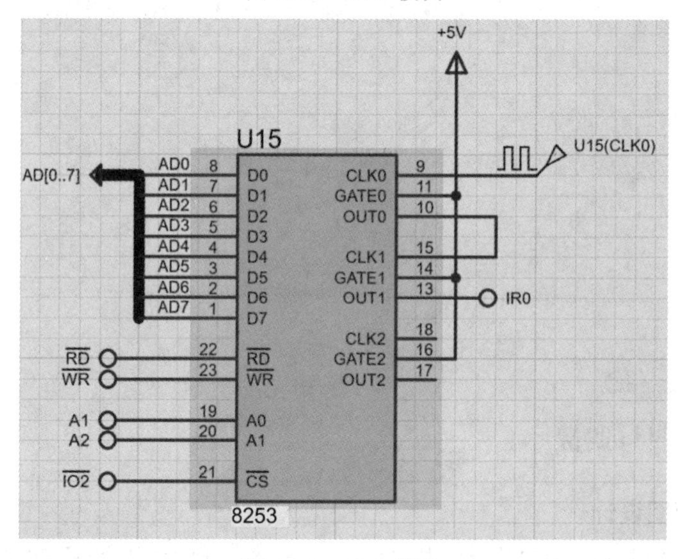

图 4.2.3　8253 模块

(1) 4-16 译码器模块如图 4.2.1 所示，写出译码器输出 IO0、IO1 和 IO2 对应的地址范围并填入表 4.2.1 中。

表 4.2.1　译码器输出 I/O 对应地址

译码器输出	地 址 范 围
IO0	
IO1	
IO2	

(2) 8253 的计数器 0 工作在方式 3，计数初值为 1000，信号源频率为 10 MHz；8253 的计数器 1 工作在方式 3，计数初值为 1000，信号源来自计数器 0 的 OUT 端，频率是 1000 Hz。为什么要这么设置？

2. 程序编写

分析系统功能，依据程序流程图，在横线处填写代码，补充完成程序的编写。

```
OUT_PORT    MACRO    PORT, DATA
; 定义一个输出专用的宏，PORT 代表端口地址，DATA 代表要输出的 8 位数据
; 参考 8255 初始化程序补充完成
____________________
____________________
____________________
ENDM

SET_INT    MACRO X, Y
; 中断向量设置，X 为中断向量，Y 为中断子程序名
; 为下列程序写注释
PUSH    DS                        ; ____________________
MOV     AX, 0
MOV     DS, AX                    ; ____________________
MOV     DI, X*4
MOV     AX, OFFSET Y
MOV     [DI], AX                  ; ____________________
MOV     AX, SEG Y
MOV     [DI+2], AX                ; ____________________
POP     DS                        ; ____________________
ENDM

INIT_8259    MACRO    INI_A, ICW1, ICW2, ICW4
; 8259 初始化，INI_A 为偶数口地址，ICW1、ICW2、ICW4 为对应要写入的命令
OUT_PORT    INI_A, ICW1
OUT_PORT    INI_A+2, ICW2
OUT_PORT    INI_A+2, ICW4
ENDM

INIT_8253    MACRO    INT8253C, X, A8253, Y
; 8253 初始化，INT8253C 为命令口地址，X 为命令内容，A8253 为计数器 N 的端口，
; Y 为计数初值
____________________
____________________
____________________
____________________
____________________
____________________
ENDM
```

```
        INT_PRO   MACRO    X, NUM, Y, Z
        ; 时钟核心算法，X 表示当前计数单元，NUM 表示当前计时最大值(60,24)，
        ; Y 表示下一计数单元，Z 为存放转换后的 LED 编码的存储单元
        LOCAL   AA
        XOR   BX, BX                    ; 异或，BX 置零
        MOV   AX, BX
        MOV   AL, X
        CMP   AL, NUM                   ; 比较秒计数是否到 60
        JNE   AA                        ; 不是，则转 AA
        INC   Y                         ; 是，则分钟加一
        MOV   AL, 0                     ; 令秒 = 0
        MOV   X, AL
AA:     MOV   BL, 10
        DIV   BL                        ; 无符号数除法
                                        ; AL = AX/SRC 的商，AH = AX/SRC 的余数
        MOV   BL, AL                    ; AL 为商，给 BL
        MOV   AL, LED[BX]
        ; 商作为高位，寄存器相对寻址，将数组首址作为位移量
        ; 用寄存器记录下标，用于访问数组
        MOV   Z, AL                     ; 将对应编码给高位
        MOV   BL, AH                    ; AH 为余数，给 BL
        MOV   AL, LED[BX]               ; 余数作为低位
        MOV   Z+1, AL                   ; 将对应编码给低位
        ENDM

        DATA   SEGMENT
        IO0   EQU                       ; ______________________
        IO1   EQU                       ; ______________________
        IO2   EQU                       ; ______________________

        TIMERS   EQU        1000        ; 计数初值
        LED   DB                        ; ______________________
                                        ; 数码管对应编码

        PORTA   EQU   IO1
        PORTB   EQU   IO1+2
        PORTC   EQU   IO1+4
        PORT_CON   EQU   IO1+6
```

```
        T_HOUR   DB   0                    ; 用于小时计数
        T_MIN   DB   0                     ; 用于分计数
        T_SEC   DB   0                     ; 用于秒计数
        TEMP   DB   0

        HOUR   DB   0, 0, 40H              ; 40H 是什么____
        MIN   DB   0, 0, 40H
        SEC   DB   0, 0
        DATA   ENDS

        STACK SEGMENT PARA STACK 'STACK'
        DW 1024      DUP (?)
        STACK ENDS

        CODE   SEGMENT PUBLIC 'CODE'
        ASSUME CS: CODE, DS:DATA, SS: STACK
START:
        ; Write your code here
        MOV   AX, DATA
        MOV   DS, AX
        MOV   AX, STACK
        MOV   SS, AX

        CLI                                ; 关中断，可保护代码
          ; 设置中断向量，在横线处填写注释
        SET_INT   80H, INT_0               ; ______________________
        SET_INT   81H, INT_1               ; ______________________
        ; 初始化 8259 及 8253
        INIT_8259   IO0, 13H, 80H, 03H
        OUT_PORT   IO1+6,____________      ; ______________________
        INIT_8253   _____________          ; ______________________
        INIT_8253   _____________          ; ______________________

        OUT_PORT  IO0+2, 00H               ; ______________________
        STI
DIS:
        CALL       DISPLAY
        JMP        DIS
```

```
; 中断服务程序
INT_0   PROC                                ; 中断服务程序 0，核心算法
CLI
PUSH   AX
INC   T_SEC
INT_PRO   T_SEC, 60, T_MIN, SEC            ; 显示秒
INT_PRO   T_MIN, 60, T_HOUR, MIN           ; 显示分
INT_PRO   T_HOUR, 24, TEMP, HOUR           ; 显示小时
POP   AX
STI
IRET                                        ; 中断返回指令
INT_0   ENDP

INT_1   PROC                                ; 中断服务程序 1，全部清零
CLI
MOV T_HOUR,0
MOV T_MIN,0
MOV T_SEC,0
STI
IRET                                        ; 中断返回指令
INT_1 ENDP

DISPLAY PROC NEAR
; led 显示子程序，自行编写
```

```
    DISPLAY   ENDP
此处补充填写延时子程序









    CODE   ENDS
    END START
```

3. 调试过程及记录

(1) 仿真运行 1 min 以上，观察电子时钟显示是否正确。

(2) 按下所有清零按钮，观察电子时钟计时是否重置。

4. 思考题

基于上述方法设计电子闹钟，设定计时初值，当计时到零时，报警灯或者警铃发出报警信号，论述具体实现方法。

4.3　多路数据采集与显示系统

4.3.1　设计目的、设计内容及设计要求

1. 设计目的

(1) 将微机原理及接口技术课程主要技术原理与工程实际相结合，综合运用课程所讲授的计算机基本知识、汇编语言程序设计、接口电路设计等相关内容，完成一个实际应用意义的多路数据采集系统，使学生把所学的相关理论知识得以融会贯通，有效地培养学生的创新思维能力和独立分析问题、解决问题的能力。

(2) 实现多路模拟信号的巡回采集、转换、输出、显示等功能，锻炼学生系统开发设

计与程序实践的能力。

(3) 通过实验电路和程序的测试，培养学生电路检查与软件调试能力。

2. 设计内容

本设计要求实现 3 路模拟电压信号的采集与显示，需要完成以下主要功能：

(1) 利用电位器、信号发生器等产生 3 路连续变化的模拟信号。

(2) 对 3 路模拟信号进行定时、巡回采样。

(3) 在数码管上实时显示由电位器产生的两路模拟电压值，数值小数点后保留 2 位。

(4) 将其中一路由信号发生器产生的信号转换后的数据，再经 DAC 转换为模拟信号送至示波器显示。

3. 设计要求

(1) 参加设计的学生需要根据设计内容，自主完成资料查询、电路设计、程序编写等工作。

(2) 根据设计要求，自行构建硬件电路，编写程序，实现规定的系统功能。

(3) 采取分工合作的方式，每组 2 人，自行完成分工内容，主要分工包括系统设计、硬件原理框图、程序流程图、硬件电路、软件程序等。

(4) 各组独立完成本实验，可以添加自己认为的新功能，最后进行演示验收。主要验收形式包括实验结果和实验报告。

4.3.2　系统设计

1. 系统总体设计

多路数据采集与显示系统设计主要包括两个方面的内容：系统硬件设计和系统软件设计。硬件系统设计需要综合考虑硬件资源，根据系统设计内容和设计要求考虑所用的芯片，既要从功能上考虑，又要考虑编程或实现简单。

根据设计目的和设计内容，需要有电位器和正弦信号发生器产生模拟输入信号，定时/计数器产生采样周期，A/D 转换器进行模拟信号的转换与采集，七段数码管和示波器对采样值进行显示。

分析系统功能，完成系统结构设计，参考图 4.1.1，绘制系统总体设计框图。

2. 系统硬件设计

本设计要求实现 3 路模拟电压信号的采集与显示，其中由两个电位器分别产生两路 0～+5 V 的电压信号，由一个信号发生器产生频率为 10 Hz、电压范围为 0～+5 V 的正弦信号。利用 8253 构成定时通道，ADC0808 作为模拟信号的输入通道。模拟信号的采样周期为 1 ms，当 8253 定时时间到时，申请 NMI 非屏蔽中断，在中断服务程序中完成模拟信号的采集与转换。

两路电位器产生的模拟电压通过 7 段数码管显示，各需要 3 位数码管显示 1 位整数(包括小数点)、2 位小数，显示值范围为 0.00～4.98。可分别使用两组 4 位数码管显示，利用 8255 的 PA 口输出段码，PC 口输出位码，PC 口的低 6 位控制两路模拟电压值的显示。DAC0832 将采集的正弦信号转换后的数据再转换为模拟量，并送示波器显示。

根据系统总体设计结果，分析系统的硬件电路模块的组成，完成系统硬件设计，参考图 4.1.2，绘制系统硬件框图。

3. 系统软件设计

多路数据采集与显示系统设计的软件设计包括各种芯片的初始化、计时模块、数据采集模块、数/模转换模块、显示模块等，各模块的主要功能如下：

(1) 主程序模块：对各个芯片进行初始化，包括 8253 和 8255 的初始化、NMI 中断向量的设置、多个模块的调度及时序配合。

(2) 中断模块：触发中断。

(3) 数据采集模块：实现 3 路模拟输入的巡回采样与转换。

(4) 显示模块：实现 3 路数据的转换与循环显示。

绘制程序流程图，并清晰地列出上述模块的流程过程。

4.3.3 设计步骤与调试

1. 实验原理图设计

按照硬件系统设计图，实验功能模块很多，电路复杂，主要涉及 8086 及其附属模块、3-8 译码器模块、8253 模块、8255 模块、ADC0809、DAC0832、7SEG-MPX4-CC 数码管等。图 4.3.1～图 4.3.4 分别给出了译码器模块、ADC0809 模块、8255 模块以及 8253 模块的参考电路原理图，分析原理图，完成其他模块原理图的设计，并回答问题。

(1) 地址译码器模块如图 4.3.1 所示，写出译码器输出 Y0、Y1、Y2 和 Y3 对应的地址范围并填入表 4.3.1 中。

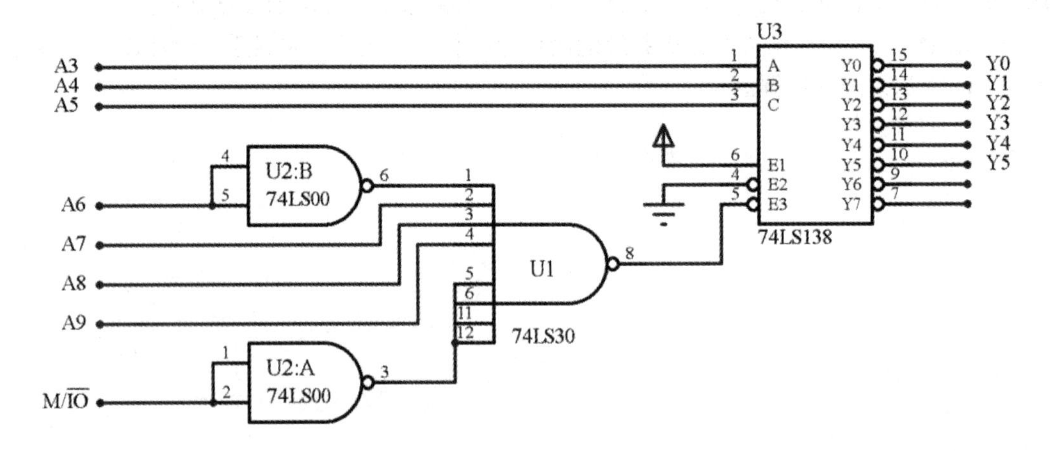

图 4.3.1　地址译码器电路原理图

表 4.3.1　译码器输出的地址范围

译码器输出	地 址 范 围
Y0	
Y1	
Y2	
Y3	

(2) ADC0808 电路原理图如图 4.3.2 所示。当执行输出指令时，启动 AD 转换；执行输入指令，且地址为 Y2 对应范围内的偶地址时，读取转换后的数字量。根据图 4.3.2，写出模拟通道 IN0、IN1 和 IN2 的地址，并填入表 4.3.2 中。

表 4.3.2　模拟通道的地址

模拟通道	地　　址
IN0	
IN1	
IN2	

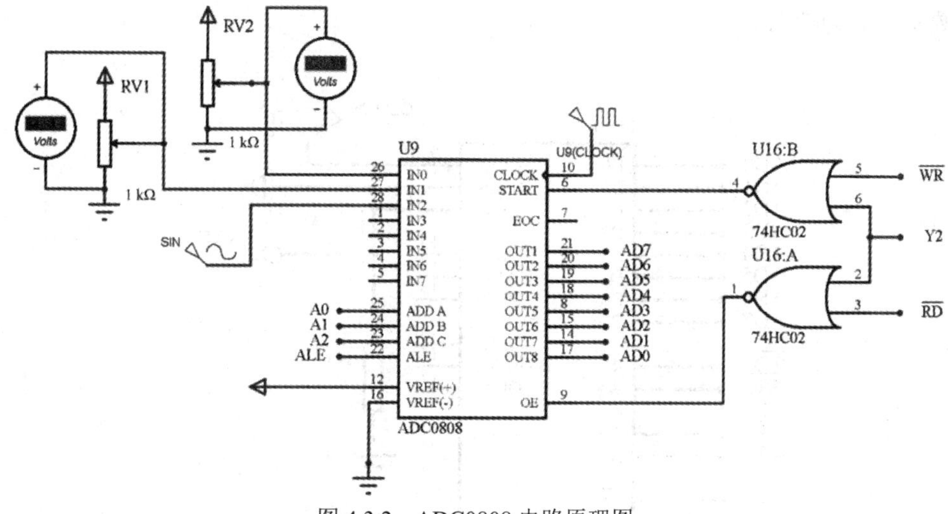

图 4.3.2　ADC0808 电路原理图

(3) 图 4.3.3 所示为 8255 驱动两组 4 位七段数码管显示 IN0 和 IN1 输入模拟的电压的电路原理图，写出 8255 各端口的地址，并填入表 4.3.3 中。

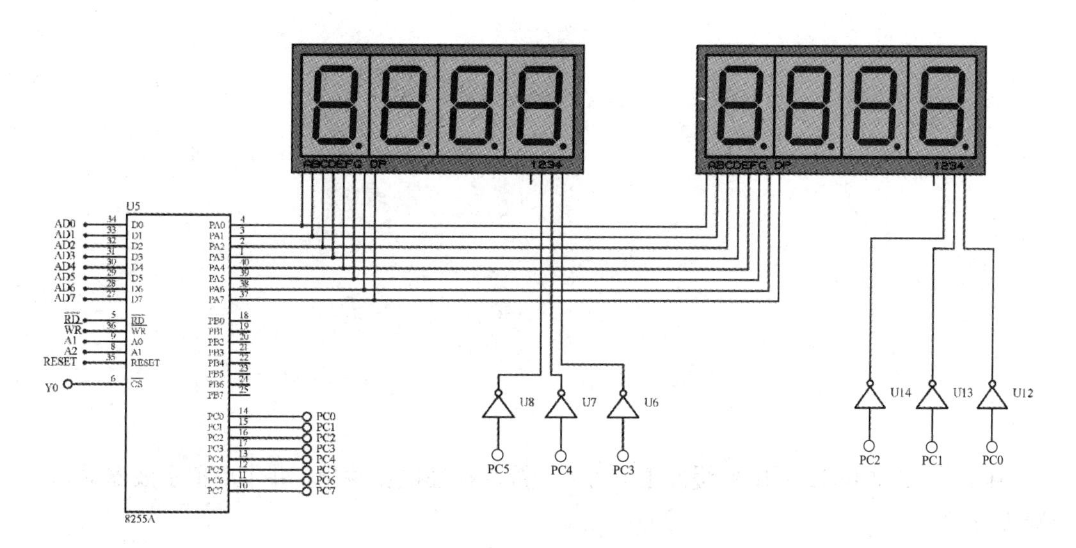

图 4.3.3　8255 电路原理图

表 4.3.3　8255 各端口的地址

8255 端口	地　　址
PA 口	
PB 口	
PC 口	
命令口	

(4) 图 4.3.4 所示为 8253 模块的电路原理图。如果信号源频率为 10 kHz，要求模拟信号采样周期为 1 ms，即每 1 ms 产生一次 NMI 中断信号，应如何设置计数器 0 的工作方式

和计数初值？为什么？

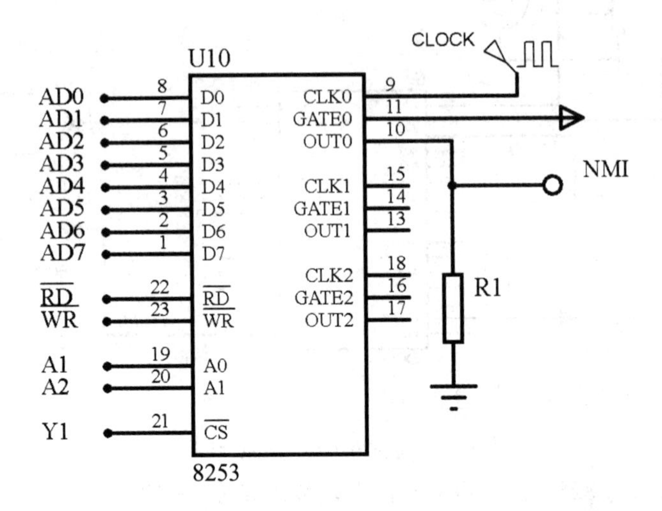

图 4.3.4　8253 模块电路原理图

(5) 绘制 DAC0832 采用单缓冲工作方式，接单极性电压输出，并用虚拟示波器显示的电路原理图。

2. 程序编写

部分实验参考程序如下，根据设计要求和程序流程图，将程序补充完整并调试运行。

　　；端口地址定义

```
        PA8255   EQU     ________          ; 8255 的 A 口
        PB8255   EQU     ________          ; 8255 的 B 口
        PC8255   EQU     ________          ; 8255 的 C 口
        PCR8255 EQU      ________          ; 8255 的命令口
        P8253_0    EQU   __________        ; 8253 计数器 0
        P8253_CR   EQU   __________        ; 8253 控制字寄存器
        P0808IN0   EQU   __________        ; ADC0808 模拟通道 IN0
        P0808IN1   EQU   __________        ; ADC0808 模拟通道 IN1
        P0808IN2   EQU   ________          ; ADC0808 模拟通道 IN2
        P0808RD    EQU   ________          ; 读取转换结果的偶地址
        P0832      EQU   ________          ; DAC0832 地址
        ; 数据段定义
        DATAS SEGMENT
        OGR   1000H
        TSEG DB 3FH, 06H, 5bH, 4fH,66H, 6DH, 7dh, 07H, 7FH, 6FH; 0～9 段码
        FLAG DB 2                               ; AD 采集结束标志
        ADSEG DB 3FH, 3FH, 3FH, 3FH, 3FH, 3FH   ; 6 位数码管对应显示的段码
        DATAS ENDS
        CODES SEGMENT
        ASSUME CS: CODES, DS: DATAS
START:  MOV AX,DATAS
        MOV DS,AX
        MOV AL, __________                ; 8255 初始化命令字
        MOV DX, PCR8255
        OUT DX, AL
        MOV AL, _________                 ; 8253 初始化命令字
        MOV DX, P8253_CR
        OUT DX, AL
        MOV DX, P8253_0                   ; 设置计数器 0 计数初值
                                          ; 补充代码，完成 8253 初始化
        PUSH ES                           ; NMI 中断向量初始化
                                          ; 补充代码，完成 NMI 中断向量的初始化
        POP ES
AGAIN: NOP
        CALL DISP                         ; 调用 8255 显示子程序
        JMP AGAIN
        ; NMI 中断服务程序，8253 定时时间到，申请 NMI 中断
        ; 在中断服务程序中进行模拟信号的采集和转换
        NMI_SERVICE    PROC   NEAR
```

```
        ; 保护现场，代码略
        MOV DX, P0808IN0
        OUT DX, AL                    ; 启动 IN0 的模/数转换
        LEA SI, ADSEG
ADIN:   CALL DELAY                    ; 等待 A/D 转换结束
        MOV DX, P0808RD
        IN AL, DX
        MOV BL, 5                     ; 将数字量转换为电压值
        MUL BL                        ; 转换结果 × 5/255 得到整数部分
        MOV BL, 255
        DIV BL
        MOV BX, OFFSET TSEG
        XLAT                          ; 转换成段码
        OR AL, 80H                    ; 整数部分加小数点
        MOV [SI], AL
        MOV CX, 2
ZH1:    INC SI                        ; 转换小数部分
        MOV AL, AH
        MOV BL, 10
        MUL BL                        ; 余数*10 / 255 得到小数部分
        MOV BL, 255
        DIV BL
        MOV BX, OFFSET TSEG
        XLAT
        MOV [SI],AL
        LOOP ZH1
        DEC FLAG
        JZ ADIN2
        MOV DX, P0808IN1
        OUT DX, AL
        INC SI
        JMP ADIN
ADIN2:  MOV DX, P0808IN2              ; 启动 IN2 转换
        OUT DX, AL
        CALL DELAY
        IN AL, DX
        MOV DX, P0832                 ; 数据送 DAC0832 转换并显示
        OUT DX, AL
        MOV FLAG, 2
```

```
; 恢复现场，代码略
IRET
NMI_SERVICE ENDP
; 补充完成 8255 显示子程序及若干延时子程序的编写
```

3. 调试过程及记录

因为电路模块较多，功能复杂，可采用分模块编程调试的方法。由简单到复杂，完成电路硬件设计与软件编程的联合调试。

(1) 按功能模块进行原理图设计以及程序编写，编译链接，并仿真调试，直至全部模块完成，仿真运行成功。

(2) 改变电位器的大小，观察七段数码管的输出结果是否正确。

(3) 改变信号发生器的频率及波形，观察示波器的输出结果。

4. 思考题

如果将 NMI 中断改为 8259 管理的外部可屏蔽中断源 IRQ，则应如何设计？

附　　录

附录 1　常用 DOS 功能调用(INT21H)表

AH	功　能	入 口 参 数	出 口 参 数
00	程序终止 (同 INT20H)	CS＝程序段前缀	
01	键盘输入并回显		AL＝输入字符
02	显示输出	DL＝输出字符	
03	异步通信输入		AL＝输入字符
04	异步通信输出	DL＝输出数据	
05	打印机输出	DL＝输出字符	
06	直接控制台 I/O	DL＝FF(输入)， DL＝字符(输出)	AL＝输入字符
07	键盘输入(无回显)		AL＝输入字符
08	键盘输入(无回显) 检测 Ctrl+Break		AL＝输入字符
09	显示字符串	DS:DX＝串地址 ($ 为串结束字符)	
0A	键盘输入到缓冲区	DS:DX＝缓冲区首地址， (DS:DX)＝缓冲区字符串最大长度	(DS:DX+1)＝实际输入字符数
0B	检验键盘状态		AL＝00 有输入， AL＝FF 无输入
0C	清除输入并请求指定的输入功能	AL＝输入功能号(1、6、7、8、A)	
0D	磁盘复位		清除文件缓冲区
0E	指定当前默认磁盘驱动器	DL＝驱动器号(0＝A，1＝B，…)	AL＝驱动器数
0F	打开文件	DS:DX＝FCB 首地址	AL＝00 文件找到， AL＝FF 文件未找到

续表一

AH	功　能	入 口 参 数	出 口 参 数
10	关闭文件	DS:DX=FCB 首地址	AL=00 目标修改成功， AL=FF 文件中未找到文件
11	查找第一个目录项	DS:DX=FCB 首地址	AL=00 找到， AL=FF 未找到
12	查找下一个目录项	DS:DX=FCB 首地址 (文件名中带*或?)	AL=00 找到， AL=FF 未找到
13	删除文件	DS:DX=FCB 首地址	AL=00 删除成功， AL=FF 未找到
14	顺序读	DS:DX=FCB 首地址	AL=00 读成功； AL=01 文件结束，记录无数据； AL=02 DTA 空间不够； AL=03 文件结束，记录不完整
15	顺序写	DS:DX=FCB 首地址	AL=00 写成功， AL=01 盘满， AL=02 DTA 空间不多
16	建文件	DS:DX=FCB 首地址	AL=00 建立成功， AL=FF 无磁盘空间
17	文件改名	DS:DX=FCB 首地址， (DS:DX+1)=旧文件名， (DS:DX+17)=新文件名	AL=00 成功， AL=FF 未成功
19	读取当前默认磁盘驱动器		AL=默认的驱动器号 (0=A，1=B，2=C,…)
1A	设置 DTA 地址	DS:DX=DTA 地址	
1B	取默认驱动 FAT 的信息		AL=每簇的扇区数， DS:DX=FAT 标识字符， CX=物理扇区的大小， DX=默认驱动器的簇数
1C	取任一驱动器 FAT 的信息	DL=驱动器号	同上
21	随机读	DS:DX=FCB 首地址	AL=00 读成功， AL=01 文件结束， AL=02 缓冲器溢出， AL=03 缓冲器不满
22	随机写	DS:DX=FCB 首地址	AL=00 写成功， AL=01 文件结束， AL=02 缓冲区溢出

续表二

AH	功　能	入 口 参 数	出 口 参 数
23	测定文件大小	DS:DX=FCB 首地址	AL=00 成功，文件长度填入 FCB； AL=FF 未找到
24	设置随机记录号	DS:DX=FCB 首地址	
25	设置中断向量	DS:DX=中断向量， AL=中断类型号	
26	建立程序段前缀	DX=新的程序段前缀	
27	随机分块读	DS:DX=FCB 首地址， CX=记录数	AL=00 读成功； AL=01 文件结束； AL=02 缓冲区太小，传输结束； AL=03 缓冲器不满； CX=读取的记录数
28	随机分块写	DS:DX=FCB 首地址， CX=记录数	AL=00 写成功， AL=01 盘满， AL=02 缓冲区溢出
29	分析文件名	DS:DX=FCB 首地址， DS:SI=ASCIIZ 串， AL=控制分析标志	AL=00 标准文件， AL=01 多义文件， AL=FF 非法盘符
2A	读取日期		CX=年， DH:DL=月:日(二进制)
2B	设置日期	CX:DH:DL=年:月:日	AL=00 成功， AL=FF 无效
2C	读取时间		CH:CL=时:分， DH:DL=秒:1/100 秒
2D	设置时间	CH:CL=时:分， DH:AL=秒:1/100 秒	AL=00 成功， AL=FF 无效
2E	置磁盘自动读写标志	AL=00 关闭标志， AL=01 打开标志	
2F	读取磁盘缓冲区的首址		ES:BX=缓冲区首址
30	读取 DOS 版本号		AH=发行号， AL=版号
31	结束并驻留	AL=返回码， DX=驻留区大小	
33	Ctrl+Break 检测	AL=00 取状态， AL=01 置状态(DL)； DL=00 关闭检测， DL=01 打开检测	DL=00 关闭，Ctrl+Break 检测； DL=01 打开，Ctrl+Break 检测

续表三

AH	功　能	入 口 参 数	出 口 参 数
35	读取中断向量		AL＝中断类型号， ES:BX＝中断向量
36	读取空闲磁盘空间	DL＝驱动器 (0＝默认，1＝A，2＝B，…)	成功：AX＝每簇扇区数， BX＝有效簇数， CX＝每扇区字节数， DX＝总簇数； 失败：AX＝FFFF
38	设置/读取国家信息	DS:DX＝信息区首地址	DX＝国家码(国际电话前缀码)， AX＝错误码
39	建立子目录(MKDIR)	DS:DX＝ASCIIZ 串地址	AX＝错误码
3A	删除子目录(RMDIR)	DS:DX＝ASCIIZ 串地址	AX＝错误码
3B	改变当前目录 (CHDIR)	DS:DX＝ASCIIZ 串地址	AX＝错误码
3C	建立文件	DS:DX＝ASCIIZ 串地址	成功：AX＝文件代号； 失败：AX＝错误码
3D	打开文件	DS:DX＝ASCIIZ 串地址； AL＝0 读， AL＝1 写， AL＝2 读/写	成功：AX＝文件代号； 失败：AX＝错误码
3E	关闭文件	BX＝文件号	失败：AX＝错误码
3F	读文件或设备	DS:DX＝数据缓冲区地址， DX＝文件号， CX＝读取的字节数	读成功：AX＝实际读入字节数； AX＝0 已到文件尾； 读出错：AX＝错误码
40	写文件或设备	DS:DX＝数据缓冲区地址， DX＝文件号， CX＝写入的字节数	写成功：AX＝实际写入字节数； 写出错：AX＝错误码
41	删除文件	DS:DX＝ASCIIZ 串地址	成功：AX＝00； 失败：AX＝错误码(2,5)
42	移动文件指针	BX＝文件号， CX:DX＝位移量， AL＝移动方式(0,1,2)	成功：DX:AX＝新指针的位置； 失败：AX＝错误码
43	设置/读取文件属性	DS:DX＝ASCIIZ 串地址； AL＝0 取文件属性， AL＝1 置文件属性； CX＝文件属性	成功：CX＝文件属性； 失败：AX＝错误码

续表四

AH	功　能	入 口 参 数	出 口 参 数
44	设备文件 I/O 控制	BX=文件代号； AL=0　取状态， AL=1　置状态 DX， AL=2,4　读数据， AL=3,5　写数据， AL=6　取输入状态， AL=7　取输出状态	成功：CX=设备信息； 失败：AX=错误码
45	复制文件号	BX=文件号 1	成功：AX=文件号 2； 失败：AX=错误码
46	人工复制文件号	BX=文件号 1， CX=文件号 2	成功：AX=文件号 2； 失败：AX=错误码
47	读取当前目录路径名	DL=驱动器号， DS:SI=ASCIIZ 串地址	成功：(DS:SI)=ASCIIZ 串； 失败：AX=错误码
48	分配内存空间	BX=申请内存容量	成功：AX=分配内存首地址； 失败：AX=最大可用空间
49	释放内存空间	ES=内存起始段地址	失败：AX=错误码
4A	调整已分配的存储块	ES=原内存起始段地址； BX=再申请的容量	成功：BX=最大可用空间； 失败：AX=错误码
4B	装配/执行程序	DS:SI=ASCIIZ 串地址； ES:BX=参数区首址； AL=0　装入执行， AL=3　装入不执行	失败：AX=错误码
4C	带返回码结束	AL=返回码	
4D	读取返回码		AX=返回代码
4E	查找第一个匹配文件	DS:DX=ASCIIZ 串地址， CX=属性	AX=出错码(02，18)
4F	查找下一个匹配文件	DS:DX=ASCIIZ 串地址 (文件名中带？或*)	AX=出错码(18)
54	读取盘自动读写标志		AL=当前标志值
56	文件改名	DS:DX=ASCIIZ 串(旧)， ES:DI=ASCIIZ 串(新)	AX=出错码(03，05，17)
57	设置/读取文件日期和时间	BX=文件号； AL=0　读取， AL=1　设置(DX：CX)	成功：DX：CX=日期和时间； 失败：AX=错误码

续表五

AH	功　能	入口参数	出口参数
58	读取/设置分配策略码	AL=0 取码， AL=1 置码(BX)； BX=策略码	成功：AX=策略码； 失败：AX=错误码
59	读取扩充错误码	BX=0000	AX=扩充错误码， BH=错误类型， BL=建议的操作， CH=错误场所
5A	建立临时文件	CX=文件属性， DS:DX=ASCIIZ 串地址	成功：AX=文件号； 失败：AX=错误码
5B	建立新文件	CX=文件属性， DS:DX=ASCIIZ 串地址	成功：AX=文件号； 失败：AX=错误码
5C	控制文件存取	AL=00 封锁， AL=01 开启； BX=文件号； CX:DX=文件位移； SI:DI=文件长度	失败：AX=错误码
62	读取程序段前缀地址		BX=PSP 地址

注：AH=00～2E 适用 DOS1.0 以上版本；AH=2F 及以上适用 DOS2.0 以上版本；AH=58～62 适用 DOS3.0 以上版本。

附录 2　DEBUG 常用命令

DEBUG 命令	命令格式	功能说明
A (Assemble)	A[地址]	将源程序段汇编到指定地址中，若仅指定偏移地址，默认在 CS 段中
C (Compare)	C 地址 1 长度地址 2	比较从地址 1 到地址 2 之间“长度”个字节的值，发现不等则显示
D (Display)	D [地址] 或 D[地址长度]	显示地址范围或长度的字节单元的内容，若未指定地址，默认从 DS:0 开始显示连续 128 个字节的内容
E (Edit)	E 地址[数据表]	将数据表中的十六进制数字节或字符串写入从指定地址开始的单元中。若未指定数据表，则显示当前字节的值，并等待输入新值
F (Fill)	F 地址长度 数据表 或 F 首址 末址 数据表	将数据表中的字节数值填充到指定的内存单元中。如果数据表不够长，则重复使用；数据表过长，则截断
G (Go)	G[= 首址] [断点地址]…	从指定地址开始，带断点全速执行。若未指定首址，默认从当前 CS:IP 所指处开始。最多设置 10 个断点，断点默认在 CS 段中。若无断点，则连续执行

续表一

<table>
<tr><th>DEBUG 命令</th><th>命令格式</th><th>功 能 说 明</th></tr>
<tr><td>H(Hex)</td><td>H 数 1 数 2</td><td>显示数 1、数 2 的十六进制和与差</td></tr>
<tr><td>I(Input)</td><td>I 端口号</td><td>从端口输入数据并显示</td></tr>
<tr><td>L
(Load)</td><td>L[地址[驱动器号]扇区号扇区数]</td><td>从指定设备的指定扇区号读“扇区数”个扇区信息到指定的地址中。若仅指定偏移地址，则默认为 CS 段；若无驱动器号，则默认为当前盘；若未指定内存地址，则将 CS:80H 处的文件装入 CS:100H 处</td></tr>
<tr><td>M
(Move)</td><td>M 地址 1 长度地址 2
或 M 地址 1 地址 2 地址 3</td><td>将从地址 1 开始的“长度”个字节值传送到地址 2 开始处，或将从地址 1 到地址 2 范围内的字节传送到地址 3 开始处</td></tr>
<tr><td>N
(Name)</td><td>N[驱动器:][路径]文件名[.扩展名]</td><td>定义文件，建立文件控制块 FCB，供 L、W 命令使用。所指定文件的说明存放在 CS:80H 参数区的程序段前缀(PSP)中</td></tr>
<tr><td>O(Output)</td><td>O 端口号数值</td><td>将指定的数值输出到指定的端口上</td></tr>
<tr><td>P(Proceed)</td><td>P[=地址][数值]</td><td>从指定地址开始，单步执行“数值”条指令，每执行 1 条就显示 1 次现场内容。仅指定偏移地址时，则默认在 CS 段中；未指定地址时，则默认从当前 CS:IP 所指处开始执行；未指定“数值”时，则默认为 1</td></tr>
<tr><td>Q(Quit)</td><td>Q</td><td>退出 Debug</td></tr>
<tr><td>R(Register)</td><td>R[寄存器名]</td><td>未指定寄存器时，则显示所有寄存器的值。指定寄存器时，则显示并允许修改该寄存器的值，若直接回车，则原值不变。标志寄存器用“F”表示，也可以按单个标志位显示、修改。各标志位的值的符号如下(不允许直接写 0 或 1)：
<table>
<tr><td></td><td>OF</td><td>DF</td><td>IF</td><td>SF</td><td>ZF</td><td>AF</td><td>PF</td><td>CF</td></tr>
<tr><td>=1</td><td>OV</td><td>DN</td><td>EI</td><td>NG</td><td>ZR</td><td>AC</td><td>PE</td><td>CY</td></tr>
<tr><td>=0</td><td>NV</td><td>UP</td><td>DI</td><td>PL</td><td>NZ</td><td>NA</td><td>PO</td><td>NC</td></tr>
</table></td></tr>
<tr><td>S(Search)</td><td>S 地址长度数据表
或 S 地址 1 地址 2 数据表</td><td>在指定的地址范围内检索数据表中的数据，并显示全部找到的数据地址，否则显示找不到的信息。数据可以是十六进制数或字符串</td></tr>
<tr><td>T(Trace)</td><td>T[=地址][数值]</td><td>从指定地址处开始跟踪执行“数值”条指令，每执行 1 条指令就显示 1 次现场信息。若仅指定偏移地址，则默认在 CS 段中；若未指定地址，则默认为从当前 CS:IP 所指处开始；若未指定数值，则默认为 1</td></tr>
</table>

续表二

DEBUG 命令	命令格式	功能说明
U (Un-assemble)	U[地址] 或 U[地址 1 地址 2]或 U[地址长度]	从指定地址处开始，对“长度”个字节进行反汇编，或对地址 1 与地址 2 之间的字节单元进行反汇编。若仅指定偏移地址，则默认在 CS 段中；若未指定地址，则默认从当前 CS:IP 所指处开始；若未指定长度，则 1 次显示 32 个字节的反汇编内容
W(Write)	W 地址[驱动器号]扇区号扇区数或 W[地址]	将指定地址的内容写入到指定设备的指定扇区中。若未指定驱动器号，则默认为当前盘；若仅指定偏移地址，则默认为 CS 段；若未指定参数或只有地址，则将 N 命令定义的文件存盘。最好在使用 W 命令之前使用 N 命令定义该文件，中间无其他命令

参 考 文 献

[1] 王万强. 微机接口技术及应用：基于 8086 和 Proteus 8 设计与仿真[M]. 西安：西安电子科技大学出版社，2017.

[2] 陈逸菲，孙宁，叶彦斐，等. 微机原理与接口技术实验及实践教程：基于 Proteus 仿真[M]. 北京：电子工业出版社，2016.

[3] 李崇维，段绪红，李德智. 微机原理与接口技术实验教程：基于 Proteus 仿真[M]. 成都：西南交通大学出版社，2019.

[4] 沈美明，温冬蝉. IBM-PC 汇编语言程序设计[M]. 2 版. 北京：清华大学出版社，2001.

[5] 何苏勤，郭青. 32 位微机原理及接口技术[M]. 西安：西安电子科技大学出版社，2017.